양자물리학적 정신치료, 빙의는 없다

양자물리학적 정신치료

빙의는 없다

신경정신과 전문의 **김영우** 지음

Quantum
Physics

전나무숲

어느 한순간도 참된 안식과 평화를 느끼기 힘든 '삶'이란 이름의 굴레는 생명과 영혼, 우주의 법칙을 이해하기 전에는 도저히 벗어날 수 없다.

삶과 죽음과 행복과 고통이 모두 하나인데 굳이 병든 자를 치료하고, 사랑하는 사람을 잃은 마음을 위로할 필요가 있는가?

봄바람에 유난히 흔들리는 나뭇가지의 수다스러움처럼 나는 쓰지 않아도 될 글을 쓰고, 하지 않아도 될 말을 하고 있는 것은 아닐까?

그러나 때 묻은 보석을 하나하나 닦아가듯 빛을 잃은 영혼들을 하나씩 깨워가는 것이 치료자로서 내가 할 일이다. 고통과 질병은 정상적 삶의 일부이지만 이해되고 극복되어야 할 과제이며, 새로운 지식과 경험은 모두가 나누어야 하는 재산이다.

더 나은 치료 방법을 찾고 영혼과 세상에 대한 이해를 더 깊게 하는 데 도움이 되는 일이라면 무엇이든 해야 한다. 자신이 빛을 잃은 보석이라는 사실조차 모른 채 신음하고 있는 수많은 영혼들을 위해.

최면치료 기법, 양자물리학적 해석을 바탕으로 한 자아초월 정신치료

정성덕
신경정신과 전문의 · 의학박사, 목회상담학 박사, 전 영남대학교 부속병원 원장

이 책의 내용을 이해하기 위해 먼저 현대 정신의학의 흐름에 대해 간단히 살펴볼 필요가 있다. 한국 정신의학치료에 정신분석을 기반으로 한 정신분석적 역동정신의학(Psychoanalytic Psychodynamic Psychiatry)이 도입된 지 이미 50여 년이 지났다. 그동안 정통 정신분석은 자아심리학과 대상관계이론, 자기심리학과 포스트모더니즘적 시각의 흐름으로 발전하기에 이르렀다.

한국 정신의학계에도 역동정신치료를 표방한 융 학파, 설리반 학파, 호나이 학파, 라깡 학파 등 여러 연구학회가 생겨 활발하게 학술 활동을 하고 있지만 그 치료 기법의 근간은 자유연상과 해석 및 통찰을 중심으로 전이와 역전이, 전이신경증과 작업동맹, 공감과 훈습 등을 중요 치료 기법으로 사용하고 있다. 그러나 반세기 동안 이 치료 기법들이 해결하지 못한 분야가 드러났는데, 그것은 신비 체험이나 영원성(eternity) 같은 영적 영역의 정신병리에 대한 것이다. 미국에서 1970년대 초부터 자아초월 심리학

(Transpersonal Psychology) 연구가 시작된 것도 이런 공감대에 바탕을 두고 있다.

나는 정신치료에 영적 영역을 포함시켜야 한다는 입장이었으나 영적 현상과 신비 체험에 대한 정신의학 연구자를 국내에서는 찾을 수 없어 20여 년 전 미국으로 건너가 《자아초월 정신치료(Transpersonal Psychotherapy)》의 저자 부어슈테인(Boorstein)을 만나 자아초월 치료 기법을 접하고 그의 사례 연구들을 검토하는 과정을 한 후 그의 저서들을 번역해 국내에 출간하였다. 그는 나의 영성 분석을 위해 전생퇴행요법을 최면치료 전문가에게 의뢰해주었고, LSD 약물요법 대신 그로프(Grof)의 전체 지향 묵상호흡요법(Holotropic Breathwork)도 소개해 2000년 전후 두 번에 걸쳐 그로프의 워크숍에 참석하였다. 이 기법은 무의식을 의식화해 정신분석이 도달하지 못하는 태내 기억과 출산 전후의 기억 되살리기, 가족의 전생에 속한 기억을 의식화하는 훈련, 원형 분석 및 영성 분석 등을 시도한다.

국내에서 자아초월 정신치료에 대한 의사들의 모임은 '명상학회'와 '기독교정신과 전문 의사회' 정도로만 알고 있었는데, 김영우 박사와 몇몇 정신과 전문의들이 이미 오래 전부터 '자아초월 정신의학회'란 이름의 연구 모임을 조직해 새로운 최면치료 기법과 치료 사례, 정신의학에 관련된 새로운 과학 영역들을 연구하고 있다는 사실을 수년 전 알게 되어 그 모임에 참가하게 된 것이 이 추천사를 쓰게 된 인연이다.

역동정신치료나 자아초월 정신치료가 목표로 삼는 것은 무의식 세계로부터 갈등의 원인을 분석해내는 것이다. 최면치료는 이 두 가지 정신치료가 다루는 무의식 영역을 여러 최면 기법으로 직접 밝히고 해결하는데, 프로이트는 최면치료의 경험을 바탕으로 정신분석이론을 창안했다고 보는 학자들이 많다. 김영우 박사가 이 책에 소개한 사례들은 주로 영적 현상과 관계된 증상을 가진 환자들인데, 치료에 사용된 최면치료 기법과 치료 결과의 해석에 양자물리학을 비롯한 첨단 과학 연구 결과들을 응용하고 있는 점이 인상적이다.

융(Jung)이 말한 원형(archetype)이란 것은 '생각의 덩어리(상념체, thought form) 혹은 강력한 의지의 힘이나 특정 '에너지 덩어리'라고도 표현할 수 있는데, 환자 내면에서 형성된 이질적이고 부정적인 생각의 덩어리가 독립된 인격체처럼 형상화해 다중인격이나 빙의 현상에서 보는 귀신이나 악령으로 나타날 수 있는 것이다. 또한 외부에서 들어온 부정적 생각이나 환자 자신이 강화한 의지 덩어리 역시 파괴적 실체로 작용할 수 있고, 이를 제거해야 병이 낫는 것이다. 또한 켄 윌버(Ken Wilbur)는 '홀론(holon)'이란 개념을 소개했는데, 이것은 몸이 세포로 구성되어 있듯 생명을 가진 의식의 최소 단위가 '홀론'이며 홀론이 구체화된 것이 인간의 의식구조이며 이것이 만물을 만드는 기본물질이라는 가설을 내세웠다. 이것은 만물의 구조가 파동과 입자로 구성되어 있다는 양자물리학의 발견과 유사한 것이다. 양자물리학은 이런 구조가 무생물과 생물, 인간과 인간, 인간과 신적 존재 등 만물의 전부가 연결되어 있는 하나의 실체라고 설명한다. 의식은 물질과 완전히 분리되어 존재하는 두 개의 현실이 아니지만 물질 우주의 생성 이전부터 근원적이고 잠재적인 힘으로 존재했을 것으로 추정한다. 그러므로 의식은 우주의 탄생과 그 이후의 흐름을 주도하는 힘으로 볼 수 있다.

정신치료의 궁극적 목표에 대해 김영우 박사는 '개인과 사회 전체의 의식이 우주 전체와 공명할 수 있는 우주의식 차원으로까지 성장할 수 있도록 돕는 것'이라고 말했다. 그러나 역동정신치료는 역동 인자로 우주의식이나 신(God)적 의식에 대한 긍정적 사고가 결여되어 있다. 역동적 요소에 신적 의식을 포함시킨 것이 자아초월 정신의학의 입장이며, 이에 대한 사례 분석을 최초로 출판한 영성분석가가 부어슈타인(Boorstein)이었고, 그로프(Grof)는 LSD로 환각 치료를 한 사례와 묵상호흡요법으로 치료한 사례집이 《환각과 우연을 넘어서(When the impossible happens)》이다. 김영우 박사의 치료 사례들은 이 책에 실린 내용과 아주 비슷한 것이 많다. 즉 최면요법으로 자아초월치료의 명상요법과 묵상호흡요법과 동일한 치료 효과를 보는 것이다. 이것은 자아초월 최면요법이 태내 기억, 전생 기억, 무의식 가운데 잠복해 있는 부정적 에너지와의 조우현상인 혼령이나 악령의 영향을 최면으로 분석하고 각성, 공감시킴으로 빙의 증상과 해리 증상을 치유할 수 있다는 것을 보여주는 획기적이고 대단한 치료 결과라고 할 수 있다. 이런 치료 효과를 얻기까지 꾸준하고 성실하게 환자를 치료하며, 진지하고 순수한 열정으로 계속 새로운 과학을 공부해 정신의학의 영역을 확장해가는 그의 노고에 찬사를 보내며, 한국에도 이런 영성치료자가 있다는 사실이 자랑스럽다.

그는 책의 말미에 '만물의 변화를 이끌어가는 힘의 원천이 우주적 의식인 사랑이라는 것을 알게 되었다'고 말했다. 이것은 우주적 의식과 하나가 되도록 이끄는 힘이며, 치료적 말과 가르침도 이 사랑을 깨닫는 것이며, 양자이론 역시 생명체의 파동이 사랑의 파동이라는 사실을 발견하게 될 것이라고도 말했다. 즉 역동정신치료에서 말하는 공감의 원천이 곧 사랑으로 하나 됨을 의미하며, 자아초월 정신치료는 이런 이해를 통해 우주의식의 수준으로 우리를 이끄는 영성치료로 발전할 수 있는 것이다. 끊임없이 첨단 과학의 새로운 발견들을 공부하고 활용하는 김영우 박사의 자아초월 최면치료는 역동적 정신치료와 자아초월 정신치료의 연결고리 역할을 하며 영적 · 신비적 체험과 증상들을 과학적으로 이해하는 진정한 영성치료의 문을 활짝 열 수 있을 것으로 기대된다. 그래서 이 책은 영성 개발에 관심이 있는 분들은 누구나 읽어야 할 책이며, 특히 인격의 속성에 영성이 필수적이라는 사실을 이해하는 동료 학자들과 영성치료를 시도해보고자 하는 정신과 의사들에게 꼭 일독을 권한다.

세상을 보는 눈을 바꿔줄 책

방건웅
공학박사, 한국뉴욕주립대학교 석좌교수

블랙홀이라는 용어를 처음 사용한 것으로 유명한 미국의 이론물리학자 존 아치볼드 휠러(John Archibald Wheeler, 1911~2008)는 16세에 존스홉킨스 대학에 입학하여 22세에 박사 학위를 마친 천재였으며 아인슈타인의 말년에 같이 공동연구를 하기도 하였다. 그가 세상을 떠나기 전에 자신의 생애를 회고하면서 다음과 같이 말하였다.

"왕성하게 활동하던 1950년대에는 만물은 물질('Everything is particles.') 이라고 생각하였으며, 그 후에는 만물은 에너지('Everything is fields.')라고 생각하였고, 만년에는 만물은 정보('Everything is information.')라고 생각하였다."

이 말을 소개하는 이유는 양자역학의 발전과 더불어 현대 물리학이 세계를 바라보는 관점이 어떻게 변해왔는지를 아주 간결하면서도 극명하게 보여주기 때문이다.

시공간을 바꾸어서 《환단고기(桓檀古記, 한국 상고사에 대한 책)》에 실려 있는 일십당 이맥(李陌, 1455~1528)의 〈태백일사(太白逸史)〉를 살펴보자. 제5장 '소도경전본훈(蘇塗經典本訓)'에 보면 잊혀진 우리의 사상을 엿볼 수 있는데, 만물에 대해 설명한 부분을 보면 사람에게는 심(心), 기(氣), 신(身) 의 삼망(三妄)이 있다 하였다. 그러면서 '이들 셋은 셋이로되 나누어지지 않는 셋'이라고 하였다. 컴퓨터에 비유한다면 마음[心]은 소프트웨어, 기운[氣]은 전기, 몸[身]은 하드웨어에 해당하며 컴퓨터가 작동하려면 이 셋이 유기적으로 결합되어 움직여야 한다. '셋은 셋이로되 나눌 수 없는 셋'이라는 설명이 이들 간의 관계를 얼마나 절묘하게 묘사한 것인지 알 수 있다. 그런데 이 순서를 역으로 바꾸어서 살펴보면 휠러의 말과 똑같은 공통점을 찾을 수 있다. 신(身)은 물질, 즉 입자(particle)에 해당하고, 기(氣)는 에너지, 즉 장(場 field)에 해당하고, 심(心)은 정보(information)에 해당한다. 놀랍지 않은가?

현대 과학이 이와 같은 세계관에 이르기까지 인류가 걸어왔던 길을 잠시 돌아보자. 세상을 물질로 보는 고전 물리학적 세계관은 데카르트(René Descartes, 1596~1650)와 뉴턴(Isaac Newton, 1643~1727)에서 시작한다. 19세기 말이 되도록 서구의 학계는 물질론적 세계관이 완벽하다고 생각하였으며, 켈빈 경은 물리학으로 세상의 모든 것을 설명할 수 있어 더 이상 연구할 것도 없다고까지 공언하였다. 그러나 20세기 초에 아인슈타인이 광전효과(光電效果 photoelectric effect)를 설명하면서 빛이 입자적 성질도 갖는다고 주장하자 많은 물리학자들은 곤경에 빠지게 되었다. 이미 1801년에 영(Thomas Young, 1773~1829)의 이중간섭 실험을 통해 빛이 파동이라는 것이 확인되었는데 아닌 밤중에 홍두깨 격으로 아인슈타인이 입자라고 하니 그럴 수밖에 없었다. 왜냐하면 파동은 운동 현상이고 입자는 물질적 존재이기에 이 두 가지가 같이 공존한다는 것은 상상조차 할 수 없는 것이었기 때문이다.

1924년에는 드 브로이(Louis de Broglie, 1892~1987)가 입자와 파동의 공존 현상을 설명하기 위해 빛의 경우와는 반대로 입자에도 파동 특성이 있다고 주장하면서 물질파의 존재를 제안하였다. 이 예측은 3년 뒤에 전자에서 파동 특성이 확인됨에 따라 만물은 입자건 파동이건 가릴 것 없이 입자와 파동의 양 특성을 모두 지니고 있다는 것이 확인되었다. 같이 있을 수 없는 두 가지 전혀 다른 특성이 공존하는 것을 설명하기 위해 30여 년에 걸쳐 여러 뛰어난 학자들이 논쟁을 벌이고 또 협력하면서 양자역학의 기초가 다져졌다.

20세기에 이루어진 과학사상 가장 뛰어난 이론으로 평가받는 양자역학은 세상을 바라보는 관점에 있어서 고전 물리학과는 전혀 다른 세계관을 제시하였다. 이를 간략히 살펴보자.

첫째로, 순수하게 입자로만 이루어진 물질이라고 하는 것은 존재하지 않으며 세상의 만물은 파동이다. 쉽게 말하면 만물은 출렁이는 물 위의 표면에 그려지는 물결무늬와 같은 존재라는 것이다. 물이 끊임없이 출렁이면서 만물이 생겨나는데, 끊임없이 출렁이게 만드는 힘을 양자역학에서는 영점장(zero point field) 혹은 영점에너지(zero point energy)라고 부른다.

둘째로, 만물은 겉으로 보기에 분리되어 있는 것 같지만 모두가 하나로 연결되어 있다. 이것은 비유하자면 개개인은 나무에 매달린 나뭇잎과 같은 존재로서 나무의 일부분일 따름이다. 개개인이 나와 너는 다르다고 생각하지만 실제로는 같은 나무에 매달려 있는 존재라는 것을 잊고 있을 따름이다. 이것을 양자역학에서는 비국소성(非局所性 non-locality)이라는 전문 용어로 표현한다.

이러한 양자역학의 결론에서 유도되는 세계관은 어떤 것일까? 첫 번째로 물 위에 나타나는 물결과 같은 파동 치는 에너지가 만물의 실체라는 것은 휠러가 말한 것처럼 만물이 실제로는 정보에 지나지 않는다는 것이다. 만물이 정보를 지닌 에너지체라면 생각, 상상, 환각 등도 바로 눈앞에 보이는 실체와 같은 존재라고 할 수 있다. 다만 에너지 밀도가 다를 뿐이다. 에너지 밀도가 낮은 존재는 길게 존재하지 못하고 사라지지만, 집중력을 발휘하여 에너지 밀도가 높아지면 생각을 실체화하는 것도 가능한 것이다. 이것을 두고 혹자는 귀신이라고, 혹은 영(靈)이라고 할 것이다. 두 번째로 물 표면의 무늬는 홀로그램과 같은 성질을 가지고 있어 아무리 작은 일부분이라 하여도 전체에 대한 정보를 담고 있다는 점이다. 이것은 양자역학의 두 번째 특성인 비국소성과도 연결이 되는데 파동으로서의 만물은 정보를 모두 공유하고 있다는 결론에 이르게 된다. 마치 나무가 각 잎사귀의 정보를 모두 알고 있듯이 말이다. 그러니 나는 알고 너는 모르는 것이 있을 수가 없다.

공간적 비국소성은 만물이 공간적으로 아무리 멀리 떨어져 있어도 모두 연결되어 있다는 것으로 생각하면 쉽게 이해된다. 그러나 최근의 연구 결과에 따르면 놀랍게도 비국소성이 시간 차원에서도 성립한다는 것이 밝혀지고 있다. 다시 말하여 과거, 현재, 미래가 동시에 존재하는 것이다. 이렇게 되면 뉴턴역학에서 이야기하는 인과론이나 결정론이 뿌리부터 흔들리는 셈이다. 우리는 다만 시공간이 변하는 한 줄기를 타고 가고 있기 때문에 시간이 흐르는 것처럼 착각하고 있을 뿐이지 위에서 보면 과거, 현재, 미래가 한꺼번에 존재하는 것이다.

이것은 양자역학의 결론 중의 하나, 즉 만물은 움직이는 상태라고 하는 동적 세계관과도 연관이 있다. 뉴턴역학에서는 만물이 입자로 구성되어 있으며 건드리지 않으면 영원히 그대로 있다고 보았다. 즉 정적 세계관에 해당한다. 그러나 파동이 실체라고 보는 양자역학에서는 파동이 사라지면, 즉 물결이 잠잠해지면 만물은 당연히 사라지는 존재에 지나지 않는다. 동적 움직임은 시간과 공간이 같이 변해야 나타날 수 있다. 시간만 변하거나 혹은 공간만 변하는 것은 있을 수가 없다. 다시 말하여 시간과 공간은 나눌 수가 없으며 우리가 시간이 흐른다고 느끼는 것은 착각일 뿐이고 엄밀하게는 '변화'라는 모습으로 나타나는 동적 현상만이 있을 뿐이다. 그러니 과거, 현재, 미래가 존재한다는 것도 우리의 착시에 지나지 않는다. 다만 변화의 속도 차이가 있을 뿐이다.

양자역학에서 제시하는 세계관은 실로 우리가 경험하는 것과는 너무나 달라서 이를 그러려니 하고 생각할 수는 있어도 실체적으로 받아들이기가 매우 어렵다. 그럼에도 불구하고 인류가 만들어낸 과학 이론 중에서 자연현상과 가장 잘 들어맞고, 또한 그 어느 이론보다도 자연현상을 가장 폭넓게 설명하며 또 실용적으로도 전자공학이나 반도체 기술, IT 기술들이 모두 양자역학을 바탕으로 발전하였다는 사실을 생각하면 양자역학에서 유도되는 세계관을 수용하지 않을 수 없다.

양자역학이 이처럼 혁신적인 세계관을 제시하고 있음에도 불구하고 뉴턴역학적 물질론적 세계관이 워낙 오랫동안 여러 분야에서 깊게 뿌리를 내린 데다 우리가 경험적으로 체험하는 사실과도 일치하기 때문에 아직도 여러 학문 분야가 물질론적 세계관의 영향권에서 벗어나지 못하고 있다. 실제로 오늘날 현대의학이 노정(露呈)하고 있는 여러 가지 문제점들은 인간을 물질적 존재로 보는 관점에서 벗어나지 못하고 있기 때문이라고 해도 과언이 아니다. 다시 말하여 앞서 말한 것처럼 심, 기, 신의 세 요소가 어울려 움직이면서 생명현상이 유지되는 것인데 이 중에서 물질에 해당하는 신(身)에만 초점을 맞추어 사람을 진단하고 치료하려고 하니 몸과 관련이 덜한 다른 원인, 예를 들어 에너지 순환이 잘 안 되거나 심리적 요인이 주된 질환에 대해서는 별 뾰족한 수가 없는 상황이다. 특히 정신과의 경우는 이것이 매우 심각한데 정신적 질환이 대부분 소프트웨어상의 문제일 가능성이 매우 높은데도 불구하고 하드웨어적 접근법인 약물치료에 거의 전적으로 의존하고 있기 때문이다.

이러한 상황을 감안할 때 저자가 직접 시행하면서 거두고 있는 그 놀라운 치유 사례들을 보면 최면의학은 정신과 영역을 넓히는 효과만 아니라 소프트웨어적 문제에 대한 제대로 된 접근이라는 중요한 의미가 있다.

저자인 김영우 원장은 이 책에서 특히 많은 사람들이 궁금해 하고 관심을 갖는 빙의와 해리 현상에 대해 집중적으로 다루고 있다. 저자는 많은 환자들을 대상으로 최면치료를 하면서 남다른 통찰력으로 이것이 일반적으로 알려져 있는 것처럼 다른 사람의 영혼이 씌었다거나, 혹은 다른 인격체가 자신의 몸속에 들어와 있다거나 하는 것이 아니라 겉보기에 그렇게 나타나는 것일 뿐이며, 실제로는 에너지적 작용에 지나지 않음을 오랜 세월에 걸친 경험과 최신 연구 자료들을 들어 설득력 있게 차근차근 설명하고 있다.

이것은 존재에 대한 양자역학적 관점, 즉 만물은 에너지적 존재이며 생각도 상상도 에너지적 존재라는 결론과 일맥상통한다. 저자가 주장하듯이 사람의 심신이 쇠약해지면 에너지 주파수가 떨어지고 그 결과 낮은 주파수의 에너지체와 공진하면서 이를 수신한 결과가 빙의나 해리라는 현상으로 나타나는 것이다. 이것은 빙의나 해리가 항상 안 좋은 모습, 혹은 부정적인 양상으로 나타난다는 점으로부터도 확인할 수 있다. 따라서 건강해지면, 혹은 저자가 사용하는 것처럼 밝은 기운, 즉 높은 주파수의 기운을 심상(心象)을 통하여 가까이하면 이러한 현상은 절로 사라진다. 굳이 약물치료에 의존할 필요가 없는 것이다. 이러한 놀라운 내용을 사실에 입각한다는 과학자로서의 자세와 학자적 용기를 갖고 있는 그대로 가감 없이 정리한 것이 이 책이다.

최면치료가 이 책에 소개된 것처럼 신속하게 그러면서도 근본적인 치유효과를 가져오는 놀라운 기전을 이해하려면 현실에 대한 사람의 인식 과정을 살펴볼 필요가 있다. 기억에 대한 연구를 시작할 때 학자들은 감각기관을 통해 입력된 정보가 기억의 형태로 뇌에 기록된다고 보았다. 기억에 대한 연구를 본격적으로 처음 시작한 래슐리(Karl Spencer Lashley, 1890~1958)는 이러한 가설에 따라 뇌 속에서 기억을 담당하는 요소를 '엔그램(engram)'이라고 이름 붙이기도 하였다. 그러나 연구를 하면 할수록 엔그램은 오리무중이었다. 결국 그는 기억이 대뇌 전체에 걸쳐 고루 저장되는 것 같다는 결론에 도달하였다. 래슐리와 함께 기억에 대한 연구를 수행한 프리브램(Kal Pribram, 1919~)은 이를 더욱 발전시켜 봄(David Joseph Bohm, 1917~1992)이 처음 제안한 홀로그램 우주론을 뇌의 기억 및 정보 저장에 적용하였다. 뇌는 감각기관을 통해 들어오는 정보들을 홀로그램처럼 시각화하여 대뇌 전체에 저장한다는 것이 그의 결론이다.

최근에는 라즐로(Ervin Laszlo, 1932~)가 '아카식 장 이론(Akashic field theory)'을 주장하면서 양자역학의 영점장에 우주의 모든 정보가 기록되어 있다고 하였다. 이 내용은 인지학(認智學)의 창시자인 슈타이너(Rudolf Steiner, 1861~1925)가 말한 '우주적 기억' 혹은 '아카식 기록'과 매우 유사하다. 또한 융(Carl Gustav Jung, 1875~1961)이 말한 집합무의식(collective unconsciousness)도 이를 바탕으로 설명할 수 있으며, 유명한 영매인 케이시(Edgar Cayce, 1877~1945)의 '리딩(reading)'도 아카식 정보로부터 온 것으로 알려져 있다.

우주의 모든 정보가 양자역학에서 말하는 영점장에 저장되어 있다는 관점에서 보면 전생에 대해서도 전혀 다른 각도에서 접근하는 것이 가능해진다. 과거, 현재, 미래가 순차적으로 존재한다면 전생이라는 개념이 있을 수 있겠지만 시간적으로 모든 것이 공존하는 양자역학의 관점에서 본다면 전생은 현생, 내생과 동시에 존재하며 전생기억 역시 영점장에 저장된 거대한 정보의 바다에 접속한 것이라고 볼 수 있다. 따라서 빙의나 전생 체험이나 본질적으로는 차이가 없다. 해리 현상도 잠시 동안 다른 정보 체계에 접속된 것이다. 양자역학에서는 모두가 하나이므로 개개인의 고유성이라는 것은 존재하지 않는다. 다만 한 나무에 매달린 잎사귀들 간의 차이 정도가 존재할 뿐이다. 따라서 빙의나 해리 현상이 다른 인격체가 작용하는 것 같아 보여도 자기가 스스로 만들어내는 것이다. 결국 이 세상은 스스로 창조한 것이며 혼자 두고 있는 바둑과 같은 것이다.

양자역학에서 말하는 영점장과 정보적 존재라는 개념을 동양의 오랜 가르침에서는 각각 공(空)과 꿈[夢]이라는 말로 표현하여왔다. 불가에서는 꿈 대신에 색(色)이라는 용어를 쓰기도 한다. 현실세계가 꿈에 지나지 않는다는 것은 최근에야 이해되고 있는데, 이는 뇌의 인지작용과 연관이 있다. 뇌의 정보 처리에 대한 연구가 진행되면서 인간은 뇌 속에 입력된 가상현실에서 살고 있다는 것이 드러나기 시작하였다. 다시 말하여 외부세계가 눈에 보이는 것처럼 실존하는 것이 아니라 내부세계의 투사(投射 projection)에 지나지 않는다는 것이다. 우리는 외부세계가 자기가 만들어낸 세계임에도 불구하고 자신과 관계없는, 자신의 의지와는 상관없이 세계가 돌아간다고 착각하고 있는 것이다.* 양자역학의 기초를 다진 보어(Niels Henrik David Bohr, 1885~1962)는 일찍이 우리는 우리가 만들어낸 무대 위에서 연기하는 배우이자 동시에 관객이라고 하였다. 인식하는 주체가 따로 있는 것이 아니다. 양자역학에서 말하는 것처럼 모두가 하나이기 때문에 상대론적인 세계관은 설 자리를 잃는다. 따라서 자신과 분리되어 자신과 관계없이 돌아가는 대상, 즉 저 밖의 세계란 있지 않다. 모두가 자기가 시공간이라는 스크린 위에 자신의 내면 신념 체계를 투사하여 영화처럼 돌리고 있는 것이다.

내가 정말로 투사를 통해 저 밖의 세계를, 모든 물질들을 만들어낸다는 말인가? 이것은 물질들이 고정불변의 존재이고 우리의 생각으로는 바뀌지 않는 것이라는 고정관념에서 나오는 의문에 지나지 않는다. 양자역학에서는, 거듭 말하지만, 모든 것이 파동이다. 예를 들어 X선 파동으로 만들어진 사람이 우리와 스쳐 지나갔다고 하자. 충돌은커녕 지나갈 때 약간 간섭이 일면서 귀신이 지나갔나 할 것이다. 만물은 파동이기 때문에 내가 생각하는 대로 변한다. 마치 물 위의 물결이 내 생각대로 흔들리고 바뀌는 것으로 이해하면 쉬울 것이다. 내 생각이 강하면 신념이 되면서 물질화가 되는 것이고, 약하면 물결무늬만 약하게 나타났다가 사그라지는 것이다. 따라서 내가 죽으면 외부세계는 모두 사라진다.

논리적으로는 이렇게 결론지어짐에도 불구하고 우리는 밖의 세계가 우

---

* 여기에서 말하는 투사의 개념은 형태주의 심리학, 즉 게슈탈트 심리학의 투사와는 의미가 다르다. 게슈탈트 심리학에서 말하는 투사는 외부세계의 정보를 인지하는 데 있어 산만한 부분집합을 하나의 의미 있는 전체로 인지하는 과정들 중의 하나를 말하는 것이다.

리와 관계없이 영원히 존재하는 것처럼 생각한다. 그 이유는 누군가가 이 세상을 떠났어도 이 세계는 그대로 남는 것으로 보아 내가 죽어도 세상은 그대로 있을 것이라고 여기기 때문이다. 그러나 실제로는 모든 사람들이 공통의 감각 경험을 지니고 있기 때문에 외부세계가 계속 존재하는 것처럼 여겨지는 것일 뿐이다. 죽은 이도 나와 같은 감각 경험을 바탕으로 가상현실을 만들었고 나도 마찬가지이기 때문에 죽은 이가 떠난 다음에도 세상은 그대로 변함없이 있는 것처럼 보이는 것이다. 어린아이들에게 외부세계에 대한 인식이 형성되는 과정을 보면 아이들은 감각기관을 통해 입력된 정보를 바탕으로 신념, 즉 믿음이라는 투사 체계를 부지불식간에 구축하고 이를 토대로 가상현실을 만들어낸다. 감각기관을 통해 입력되는 정보가 같으니 개개인의 내면에 형성된 가상현실이 유사할 수밖에 없다. 모두가 집단최면에 걸려 있는 것과 같다.

현실세계도 결국은 파동이기 때문에 모두가 계속 변하고 있는 존재이다. 다만 변하는 속도가 물질적 존재들은 인간을 포함한 생명체에 비해 느리고, 반대로 인간관계와 같은 역동적 현상들은 변화가 빠르다. 그렇기 때문에 최면치료를 통해 내면의 세계가 변할 때 그 결과가 빠르게 나타나는 부분이 인간관계인 것이다. 내면의 세계가 바뀐 상태로 계속되면 결국은 물질적 부분도 원하는 대로 변하고 삶 전체가 변하게 된다. 이것이 '시크릿'의 비밀이다. 결국 인생은 우리의 내면에 존재하는 신념에 따라 만들어진 창조물인 것이다. 자신의 불행을 외부 환경이나 남의 탓이라고 하는 것은 자기가 만들어놓고는 그것이 원인이라고 비난하는 꼴이어서 상황이 바뀔 수가 없다. 나의 현재 상황은 내 책임이다. 그러니 즐겁고 행복한 인생을 살려면 신념을 바꾸고 볼 일이다. 그러면 '정말' 그렇게 된다. 이것이 최면치료의 핵심이다.

즉 우리는 경험을 바탕으로 만들어진 신념이라는 자기최면을 통해 세상을 만들어 웃고 울고 하는 것이다. 최면에 걸린 우리는 이 세상이 움직이지 않는 고정불변의 확고한 존재라고 여긴다. 누가 최면을 거는 것이 아니라 우리의 감각기관을 통해 들어오는 정보를 100% 맞는 정보라고 착각하면서 우리 스스로가 최면에 걸려 있는 것이다. 예부터 선인들이 말하는 깨달음이라고 하는 것은 결국 최면에서 벗어나는 것을 말한다. 이렇게 본다면 최면으로 정신병만 아니라 모든 질병을 치료할 수 있으며 초능력을 일으킬 수도 있고 사람이 발휘하는 초자연적 현상도 설명이 가능하게 된다.

위의 결론에 따르면 최면치료는 매우 강력한 치료 수단이 될 수 있으며, 또 한편으로는 양날의 칼과 같아서 잘 쓰지 않으면 위험할 수도 있다. 저자는 이러한 위험성을 강력하게 경고하고 있으며, 동시에 최면치료의 뛰어난 효과에 대해서도 말하고 있다. 저자의 최면치료가 얼핏 생각하기에는 단순히 상상하는 것에 지나지 않는 것으로 여겨지기도 하겠지만 만물이 정보라는 양자역학적 관점에서 본다면 최면 암시에 대한 믿음의 정도에 따라 약물 이상으로 강력한 힘을 발휘할 수도 있는 것이다. 저자가 선구자로서 개척하고 있는 최면치료는 우리나라의 척박한 정신의학계를 발전시키는 데 큰 도움이 될 것으로 확신한다. 또한 이 훌륭한 책을 읽고 나면 독자들은 세상을 보는 눈이 달라질 것이다.

기존의 사고방식을 넘어선,
새로운 영역에 대한 창의적·지속적 탐구

심상호
신경정신과 전문의·의학박사, 참선과 정신치료연구원 원장

이 책의 추천사를 쓰게 되어 매우 기쁩니다. 김영우 선생과는 대학 시절부터 선후배 관계로 잘 알고 지낸 사이입니다. 학교는 서로 달랐지만 의과대학 시절부터 서울 소재 의과대학들의 연합 봉사단체에서 활동을 같이 했고, 졸업 후에는 같은 신경정신과 전문의를 했습니다. 군의관 생활을 마치고 나서 저는 정신분석적 정신치료를 주로 공부했는데, 다시 만난 김영우 선생은 최면치료의 대가가 되어 있어 참으로 놀랐습니다. 특히 전생퇴행요법이라는 새로운 자아초월 최면치료 기법을 국내에서는 최초로 시도해 성공했고, 그 결과 《전생여행》이라는 책을 출간해 사회적으로 큰 반향을 일으켰습니다.

이후 우리는 학창 시절 같은 봉사단체의 선배이며 역시 신경정신과 전문의인 장순기 선생님과 함께 주기적으로 최면치료 연구와 치료 사례 토론 모임을 한동안 지속했습니다. 그러다가 이 분야에 흥미를 가지고 있는 다른 정신과 전문의들과 함께 최면치료연구학회를 김영우 선생의 주도로 만들고

시작했습니다. 몇 달에 한 번씩 1박 2일의 일정으로 서로 환자와 치료자가 되어 최면 유도를 하면서 공부했습니다. 그렇게 학회 활동을 시작한 때가 엊그제 같은데 벌써 몇 십 년이 됐습니다. 지금도 이 모임은 1년에 두 번씩 새로운 정신의학에 대한 다양한 주제의 연구를 계속 이어가고 있습니다. 최근에는 양자역학적 정신의학, 자아초월 정신의학 연구회라는 이름으로 학회 활동을 하고 있습니다.

정신분석적 정신치료를 주 전공으로 공부한 저로서는 김영우 선생이 언제 이렇게 정신치료에 대한 깊은 지식과 경험을 가지게 되었는지 놀라울 뿐입니다. 그리고 가장 인상 깊은 것은 기존의 사고방식을 넘어서서 창의적이고 새로운 영역을 계속 탐구하며 개척해나가는 정신입니다. 현대에 이르러 과거 뉴토니안 물리학적 우주의 이해는 한계에 다다라 양자역학적인 이해가 필요해지고, 인간의 정신인 심리 문제에도 과거의 기계적이고 결정론적인 카르테니안적 이해 역시 한계에 봉착한 상황에서 김영우 선생은 열린 사고방식으로 인간의 마음을 이해하는 새로운 길을 계속 개척해가고 있는 것입니다.

그의 노력과 열정은 편견에 사로잡히지 않은 일반인은 물론 여러 분야의 치료 전문가들에게도 앞으로 많은 도움이 되리라 확신합니다. 이 책이 그 가교 역할을 할 것으로 기대합니다.

'치유 과학'의 시대를 맞이하며

강승완

의학박사, 서울대학교 간호대학 부교수, 아이메디씬 대표

김영우 박사님의 오랜 팬으로서, 박사님의 놀라운 치유 사례들이 오랜만에 책으로 다시 출판되어 너무나 반갑고 기쁘며 이렇게 추천의 글을 쓸 수 있어 무척 영광스럽습니다.

비교적 젊은 나이에 통합의학자의 길을 걷기 시작한 저는 이미 어린 시절부터 동양의 정신문화에 깊이 매료되어 있었습니다. 제가 과학을 선택한 이유는 몸으로 드러나는 현상 이면의 영적 근원과 생명의 본질을 과학적으로 규명해보고 싶다는 무모하고 순진한 도전정신 때문이었지요. 그런 저는 의과대학 시절 내내 지극히 기계적이고 유물론적인 현대의학에 깊은 회의를 느낄 수밖에 없었고, 종종 길을 잃고 방황하기도 하였습니다. 그때 깊은 사막 한가운데서 만난 오아시스와 같이 다가온 책이 바로 이 책의 원전인 《영혼의 최면치료》였습니다.

신체적 증상 이면에 숨겨진 영적 의미들, 의식세계에선 이해하지 못했던 삶의 본질에 대한 자각, 감정과 몸의 차원을 초월하여 영적 관점에서 자신

과 세상을 바라보고 깨닫는 것만으로도 근본적인 치유가 될 수 있음을 증명해주는 많은 임상 사례들은 너무나 충격적이었습니다. 저는 그 책을 통해 제 사명을 실천하기 위한 길이 무엇인지, 의과학자로서 구체적으로 어떤 길을 가야 할 것인지를 보다 분명히 알 수 있게 되었습니다.

그리고 꽤 많은 시간이 흘렀습니다. 그 사이 저는 먼 발치에서 박사님을 바라보던 의과대학생에서, 함께 연구하고 미래의 비전을 공유하는 선후배 사이가 되었습니다. 박사님의 치유 기법은 더 간결하면서도 훨씬 강력해졌고, 첫 책이 출간될 당시와는 달리 이러한 영적 치유작용을 설명할 수 있는 과학적 근거와 이론들도 많이 발전했습니다.

무엇보다도, 제가 근무하는 서울대학교 보완통합의학연구소에서는 김영우 박사님, 방건웅 박사님 등과 함께 양자에너지의학연구회를 결성하여 신체에 미치는 의식의 힘과 영적 치유 작용을 과학적으로 규명하기 위한 연구를 진행해왔으며, 몇 해 전 '인간과학에서의 통섭에 이르는 길, 영성과 양자에너지의학'이라는 다소 도발적인 심포지움을 개최하여 '영적 치유(spiritual healing)'의 시대가 열렸음을 선언하였습니다.

짧은 시간에 기적 같은 경제성장을 이뤘지만 OECD 국가 중 자살률 부동의 1위인 부끄러운 현실, 하루가 멀다 하고 학교폭력·성폭력·살인 등 자신과 타인의 영혼을 파괴하는 끔찍한 행위들이 벌어지는 이 총체적 위기를 극복하고 지속 가능한 사회로 거듭나려면 보다 근원적인 치유가 필요하다고 생각됩니다. 고대 티벳의학에서는 삶의 모든 고통과 질병이 탐(貪)·진(瞋)·치(痴) 3독, 즉 탐욕과 분노와 무지에서 비롯된다고 가르쳤습니다. 인생의 고통에서 근원적으로 벗어나기 위해서는 몸이 머무는 현상계를 넘어 의식을 보다 높은 차원으로 이동시켜 자신과 세상에 일어나는 고통과 삶의 의미를 깨닫고 무지에서 벗어나야 합니다. 그래야 탐욕과 분노로부터도 벗어날 수 있습니다. 오랜 침묵을 깨고 박사님이 다시 책을 재편집하여 세상에 내놓기로 결심하신 것도 그런 메시지를 전달하기 위함일 것이라 믿습니다.

여러분께선 이 책을 통해 심신의 고통을 치유하는 데 많은 도움을 받을 뿐만 아니라, 자신의 존재 의미를 되돌아보면서 영적으로도 더 성장할 수 있는 계기를 얻으실 것입니다. 그리고 독자 여러분 한 사람 한 사람의 지혜와 깨달음이 모여 우리 사회가 더욱 건강해질 수 있으리라 믿습니다.

이 책이 다시 세상에 출간될 수 있게 해주신 저자 김영우 박사님과 전나무숲출판사 강효림 사장님께 감사드리며 많은 독자 여러분께 진심으로 일독을 권합니다.

이 책은, 정신의학적 약물과 상담치료로 잘 낫지 않는 난치의 환자들을, 양자물리학 및 인간 의식 연구의 여러 과학 분야에서 새롭게 밝혀진 첨단지식들을 이용하는 새로운 최면치료기법과 환자가 스스로를 치료할 수 있는 훈련과정을 이용하여 성공적으로 치료한 사례를 모은 책이다.

책 내용의 상당 부분을 차지하는 치료 사례들은 크게 빙의와 해리성 정체성 장애, 죽음과 사별의 고뇌와 삶의 의미 추구, 여러 정신 증상을 가진 환자들로 구분된다. 빙의 혹은 해리성 정체성 장애로 볼 수 있는 환자들이 가장 많지만, 이 증상들이 죽은 사람의 영혼이나 악마가 깃들어 생긴다거나 천도제와 구명시식, 내림굿 등으로 나을 수 있다고 간단히 믿어서는 안 된다. 여러 요소가 복합적으로 작용하고 적절한 치료를 받으면 비교적 쉽게 나을 수 있는 증상이지만 정신과 의사들의 편견과 무지, 사이비 종교인이나 치료자들의 부풀리기, 이를 그대로 전하는 선정적 방송매체 때문에 사람들은 그 실상을 오해하고 두려워한다. 마치 무속인과 퇴마사가 죽은 사람의 영혼을 쫓아내야 낫는 것처럼 말이다. 이렇게 대중매체가 앞장서서 오도하고 있는 현실을 바로잡을 필요가 있어 환자들의 실제 치료 과정과 빙의, 해리성 정체성 장애에 관해 여러 각도에서 살펴보았다.

책의 작은 제목을 '빙의는 없다'라고 한 이유는, '빙의라고 부를 수 있는 증상들은 존재하지만 사람들이 이에 대해 흔히 믿고 있는 것은 사실이 아니며 특별히 두려워할 이유가 없다'는 점을 강조하기 위해서다.

이 환자들은 대부분 적절한 치료를 받으면 회복될 수 있으며, 치료가 끝난 후에도 재발하지 않고 건강하게 살아갈 수 있다. 강한 신기를 가지고 태어나 어릴 때부터 불편한 영적 체험이 잦았던 사람들도 신기를 약화시키고 관리하는 방법을 배우고 실천하면 내림굿을 받아 무속인이 되는 운명을 따르지 않고도 얼마든지 정상적인 삶을 살아갈 수 있는 것이다.

환자의 내면 깊은 곳에 숨어 있는 근원적 상처들을 오랜 세월 치료하면서 내가 거듭 확인하게 되는 사실은 '인간은 누구나 내면에 자신의 삶을 이해하고 치유할 힘과, 생명의 본질이 영속적 의식인 영혼이라는 사실을 깨달아 무한히 성장할 수 있는 지혜의 씨앗을 가지고 태어난다'는 것이다. 그러나 불행히도 현대문명은 아직 그 사실을 깨달을 수준에 미치지 못하고 있다. 그로 인해 질 낮은 물질주의와 방향 없는 교육 속에서 인간은 자기 본질을 잊어버리고 타고난 힘과 지혜를 알지 못한 채 세상의 무게에 눌려 서서히 병들어간다.

기존 심리학과 정신의학은 이 문제를 해결할 수 없다. 영속적 존재로서의 인간 의식과, 물리적 세계를 창조하고 유지하며 파괴하는 근원적 에너지로서의 인간 의식의 역할을 아직 이해하지 못하기 때문이다.

이 책에 소개한 환자들이 만족스런 치료 결과를 얻을 수 있었던 가장 큰 이유를 나는 다음과 같이 생각한다. 최면치료 과정에서 평소보다 확장된 의식을 통해 자신이 겪고 있는 문제나 증상의 원인, 의미에 대해 깊이 이해하고 통찰할 수 있었다는 점이 첫 번째 이유다. 두 번째 이유는, 자신의 의식과 감정·상상력이 스스로의 삶과 건강, 자신이 겪고 있는 현실적 상황들에 긍정적 혹은 파괴적 에너지로 작용하며 절대적 영향력을 미치고 주변 사람들과 환경에도 큰 영향을 준다는 사실을 깨달음으로써 이를 각자의 치료와 발전에 이용할 수 있게 되었다는 사실이다. 우리의 의식과 감정이 물리적 세계와 상호작용하며 영향력을 주고받는 실체적 에너지이며, 세계와 우주의 질서를 유지하고 개인의 삶의 모습과 흐름을 만들어가는 원동력임을 보여주는 양자물리학 이론들과, 최근 20년 동안 새롭게 보고되어온 여러 첨단 과학 분야의 새로운 지식들이 잘 낫지 않는 정신과 환자들의 치료에 큰 도움이 되고 있는 것이다.

나는 이 새로운 지식들을 최면치료의 여러 기법과 환자가 스스로 실천할 수 있는 자기 훈련에 접목하여 사용함으로써 많은 환자들이 증상의 해결뿐만 아니라 생명과 존재의 본질에 대한 깊은 이해와 통찰에 도달하고, 현실적 여러 능력이 지속적으로 성장하며, 정체되었던 삶 전체가 꽃처럼 피어나는 모습을 수없이 지켜보아왔다. 이것은 임상 정신의학의 치료 기준과 목표를 훨씬 뛰어넘는 놀라운 결과다. 현대 정신의학의 바탕인 심리학과 분자생물학 이론으로는 환자들의 이런 변화를 설명할 수 없다. 그러나 의식을 실제 에너지로 이해하고 환자의 의식이 어떻게 작용하는가에 따라 그의 신체를 포함한 주변의 물리적 현실이 변한다는 사실과, 시공간이 물리적 현실을 창조할 수 있는 잠재적 에너지로 가득 차 있음을 밝혀낸 양자물리학 이론들 속에서는 답을 찾을 수 있다.

지금의 기술 수준으로는 양자물리학 이론을 응용해 환자를 직접 치료하는 도구나 기계를 만드는 일이 무척 어렵다. 그러나 놀랍게도 인간의 내면에는 그 이론들을 자신의 발전과 치료에 직접 이용할 수 있는 지혜와 능력이 태어날 때부터 이미 갖추어져 있기 때문에 적절한 의식 훈련을 하면 어떤 도구나 기계의 도움 없이도 스스로 힘든 문제와 증상을 해결할 수 있다. 이 새로운 치료 기법은 여러 종류의 질병 치료에 도움이 될 수 있지만, 특히 정신질환의 다양한 증상 해결과 치료에 탁월한 효과를 발휘한다.

이 책에서 다루는 자아초월 정신의학과 최면치료, 영적 체험과 초자연적 신비 체험, 빙의 현상, 해리성 정체성 장애(다중인격장애), 양자물리학 등의 주제에 대해 각각 충분히 논의하기에는 지면이 턱없이 부족해 자세한 이론과 연구의 흐름, 실험 결과들의 인용은 거의 생략했다. 특정 주제에 대해 좀 더 깊은 관심을 가진 독자들은 책 말미에 첨부된 관련 서적 목록을 참고하기 바란다.

환자의 치료 사례를 논문이 아닌 일반 독자를 위한 글로 발표하는 가장 큰 이유는, 이 책에서 다루는 영적·자아초월적 주제들은 많은 사람들의 생각과 인생관에 큰 영향을 미칠 수 있으므로 특정 전문가 집단의 관점이나 테두리 안에서만 논의되고 평가되어서는 안 된다고 생각했기 때문이다.

두 번째 이유는, 각각의 환자 모두 특이한 치료 사례로 발표하기에 적합하지만 아직 최면치료의 경험이 적은 국내 정신의학계가 이처럼 낯선 논리와 치료 기법들을 이해하거나 논문으로 받아들일 수 없을 것이라고 판단했기 때문이다. 마지막 이유는, 딱딱한 형식과 분량에 제한을 받는 논문보다 자유롭게 여러 주제를 논하는 글이 내 취향에 더 맞기 때문이다.

이 책에 실린 치료 사례들은 좁게는 질병과 치료에 관한 이야기이지만 넓게는 인간 정신과 영혼에 색다르게 접근하고 문제를 해결해가는 새로운 정신의학에 대한 이야기이다. 복잡한 현상 중 관찰이 가능한 일부만 분석해 만들어낸 불완전한 심리학 이론과, 인간 의식과 정신의 작용을 설명할 수 없는 고전 물리학의 관점으로 생명을 바라보는 기계론적·유물론적 의학의 한계를 넘어서지 못한다면 정신의학은 새로운 도약과 발전을 기대할 수 없다.

의식과 영혼처럼 보이지 않고 측정하기 힘든 영역의 주제에 접근하고 이해함에 있어 기존의 과학적 논리와 연구 방법들은 너무나 불완전하고 무기력하다. 게다가 그 사실을 솔직히 인정하고 새로운 관점과 접근 방법의 필요성을 수용하기보다는 관습적으로 익숙한 개념과 이론들을 별다른 검증 과정 없이 마치 확증된 사실인 양 고민 없이 받아들이고 안주하며, 이를 부정하는 새로운 발견과 지식들을 정당한 이유 없이 거부하는 태도를 가진 과학자들이 많다.

프로이트의 정신분석 이론을 비롯해 현대 심리학 이론과 치료 기법들은 인간의 마음에 대한 이해를 넓히고 정신의학의 발전에 큰 기여를 한 것이 사실이다. 하지만 잘 살펴보면 그런 이론 모두가 인간의 본질과 생명의 실체에 대한 정확한 과학 지식이 없는 상태에서 한 추론들이기 때문에 부정확하고 불완전할 수밖에 없는 것 또한 사실이다.

눈에 보이지 않고 실험하기도 어려운 영역을 이해하기 위한 가장 좋은 연구 방법은 그 영역에서 일어나는 현상들을 있는 그대로 받아들이고 주의 깊게 살펴보는 일이다. 이것은 얼핏 들으면 쉬운 일인 것 같아도 결코 그렇지 않다. 뚜렷이 드러나지 않는 미묘한 현상일수록 그것을 해석하는 데 관찰자의 주관과 사고방식이 더 많이 개입되기 때문이다. 즉 관찰자의 문화적 교육 배경과 가치관, 사회적 입장에 따라 똑같은 현상을 바라보면서도 서로 다른 결론에 도달할 수 있는 것이다.

내가 추구하는 것은 심리학과 정신의학이 더 완전한 과학이 될 수 있도록 인접 과학 분야들의 발전과 새로운 지식들을 끊임없이 흡수해 정신의학의 영역을 넓히고, 이를 기반으로 새롭고 더 효과적인 치료 기법들을 개발하는 것이다. 이 책에 소개한 치료 사례들 역시 그런 노력의 과정에서 얻게된 것들이다. 증상과 사연은 다양하지만 이들의 치료 과정에서 공통적으로 가장 중요한 역할을 한 것은 일반 정신의학적 상담과 분석, 약물 처방이 아니라 이들의 몸과 마음을 지배하고 있는 무형의 에너지 파장들의 성질과 역할을 이해하고 개선해가는 교육과 치료 훈련이었다.

이 책에 소개한 사례들은 모두 같은 원리로 치료할 수 있었던 수많은 환자들 중 극히 일부의 이야기이다. 진단명과 증상에 관계없이 이들이 모두 같은 원리로 치료될 수 있다는 사실은, 인간의 의식 에너지를 치료에 직접 사용하는 새로운 정신의학과 그 이론적 근거를 제공하는 새로운 과학이 기존 심리학과 정신의학의 여러 이론과 치료 기법을 대체해야 할 시기가 왔음을 보여주는 것이다.

김영우

차 례

 Part 1 정신과 의사로서의 내 여정과 자아초월 정신의학

Part 1

정신과 의사로서의
내 여정과
자아초월 정신의학

정신과 의사로서의 여정

고등학교 진학을 앞둔 겨울 방학 동안 나는 지방 대도시의 가까운 친척 집에 내려가 여러 날 머물며 한가롭고 즐거운 시간을 보낼 기회가 있었다. 어느 날 나보다 몇 살 많은 그 집의 사촌누나가 "너는 나중에 어떤 사람이 되고 싶어?" 하고 물었다.

잠시의 머뭇거림도 없이 내 입에서 나온 말은 "모든 것을 다 아는 사람" 이라는 대답이었다.

그 질문을 받기 전에 그런 생각을 해본 적이 없었기에 그 대답에 나 자신도 적잖이 놀랐었다. 오랜 세월이 흐른 지금도 그 날 그 대화의 기억은 생생하게 내 가슴에 남아 있다.

세월이 흐를수록 그 대답은 정말 내 가슴 깊은 곳에서 나온 것이었고, 그 날 이후의 내 삶은 그 하나의 목표를 향해 날아가는 화살과 같다는 생각을 더 자주 하게 된다.

'모든 것을 알기 위해' 의대 진학을 결심하다

의대에 진학하기로 마음을 굳힌 것은 고등학교 3학년 2학기가 되어서였다. 그 전에는 한 번도 의사가 되고 싶다는 생각을 해본 적이 없었다. 중고등학교 시절 내내 학교 공부보다는 인간과 우주의 본질에 대해 목말라 했고, 현실과 이상 사이의 심한 모순과 괴리를 극복하기 위한 정신적 방황과 갈등 속에서 많은 시간을 보내느라 미래의 진로에 대한 결정을 뒤로 미루고 있었다. 그러던 나는 '평생을 걸고 노력할 만한 가치가 있는 공부는 무엇일까'에 대해 뒤늦게 깊이 생각하게 되었다.

모순 가득한 현실 질서에 대해 반감이 크던 나는 세상 사람들이 좋다는 전공과 직업에 별 관심이 없었고, 대학의 수많은 전공과목 중 세상과 세월이 바뀌어도 변하지 않는 영원한 학문으로서의 가치를 지닌 것도 거의 없어 보였다.

어릴 때부터 남다른 열정과 소질이 있던 미술에는 끝까지 미련이 남았지만 창작과 표현에 몰입할 때 소모되는 엄청난 에너지를 감당하며 건강하게 살아갈 자신이 없었다. 문학과 철학·종교 등은 원하는 만큼 혼자 공부할 수 있을 것 같아 전공으로 삼기에 부족하다고 느꼈다. 기계와 기술에 평생을 바치기도 싫었고 사회·경제·법률 등의 사회과학 과목들은 가치관과 사회체제에 따라 변하는 뿌리 없는 학문으로 보였다.

의사라는 직업은 답답하고 지루할 것 같아 처음엔 끌리지 않았다. 하지만 의대를 졸업한 후 정신의학을 전공하면 어릴 때부터 관심이 컸던 자연과학, 철학, 종교, 예술과 심리학 등을 통합해 인간과 우주 전체를 이해할 수 있을 것이라는 막연한 희망이 결국 내 마음을 움직였다. 의사가 되기 위해서가 아니라 '모든 것을 알기 위해' 의대에 진학하기로 결정한 것이다.

되돌아보면 중학교 2학년 무렵, 프로이트의 《꿈의 해석》을 읽으며 꿈이라는 애매한 현상을 분석하고 이해해보려는 그의 치밀한 지적 노력에 감동과 충격을 받았었다. 그 이후 내 독서 성향은 주로 복잡하고 분석적인 문장으로 이루어진 논문 형식의 글들에 집중되었다. 비슷한 무렵, 우연히 들른 중고서점에서 눈길이 가게 된 최면술 교습서를 사놓고 혼자 연습에 몰두하며 내게 일어나는 최면 현상들에 놀라워했던 기억도 있으니 정신의학에 대한 내 관심은 중학교 시절에 이미 마음속에 자리 잡았던 것 같다.

그러나 의대를 졸업하기 전 정신과 병동에서의 실습 기간은 정신의학에 대한 내 기대를 완전히 깨뜨려버렸다. 대학병원에는 주로 만성적이고 증상이 심한 환자들만 입원한다는 사실을 잘 몰랐던 내게는 오랜 기간 약을 먹으면서도 별로 나아지는 것 같지 않은 만성 환자들의 무기력한 모습이 딱해 보였고, 환자나 의사 모두 효과가 있건 없건 약물치료에만 의존하며 깊이 있는 정신치료에는 별 신경을 쓰지 않는 것 같아 보였기 때문이다.

그 때의 기억으로 인해 수련받을 전문 과목을 결정할 때 잠시 망설이기는 했지만 결국 정신과 외에 마음이 가는 곳은 찾을 수 없었다.

수련의 시절, 정신분석 치료의 장점과 한계를 동시에 배우다

정신과 수련의가 된 나는 시간이 갈수록 내게 맞는 길을 선택했다는 확신을 가지게 되었다. 입원실의 여러 환자를 돌보면서 그들과 가족의 어려움과 고통에 공감하고 배려할 수 있는 따뜻한 애정이 내 안에 있다는 사실을 깨달으며 스스로도 놀랐다. 겉으로 차갑고 직선적이며 불만이 있을 때는 거침없이 감정을 드러내고 상대가 누구건 부딪치는 내게 그런 면이 있다는 것은 나 자신도 몰랐기 때문이다.

어릴 때부터 품었던 삶과 세상에 대한 근원적 의문들에 대한 답을 찾기 위해 정신과 의사가 되려고 했지, 환자들을 위해 정신과 의사가 되겠다는 생각은 별로 해본 적이 없었던 나는 정신과 의사가 됨으로써 '환자'라는 또 하나의 이해해야 할 세상을 발견한 것이었다.

맡겨진 환자들에 대한 내 애정은 각별했다. 한 사람 한 사람이 아주 소중하게 느껴졌고, 쉽게 호전되지 않는 환자나 치료에 필요한 협조가 안 되는 환자는 내 마음을 무척 무겁게 했다. 수련의 시절 내내 이들에게 더 나은 주치의가 되기 위해 열심히 공부했고 많은 생각을 해야 했다.

수련의 시절 마지막 1년간은 입원실 환자 부담이 줄어 외래 환자를 대상으로 정기적인 심층 정신분석적 상담 치료를 무척 많이 했다. 한 사람마다 일주일에 한 번 정도 약속시간을 잡아 계속 진행해나가는 정신분석 치료는 다양한 문제를 가진 환자들과의 면담 기회를 내게 주었고, 정신분석 치료가 가지는 장점과 한계를 동시에 배울 수 있게 해주었다. 이런 환자의 수는 꾸준히 늘어 나중에는 하루에도 몇 사람씩 정신분석 상담을 해야 했다. 정신분석 치료를 통해 대부분의 환자가 많건 적건 어느 정도 증상 호전을 보였지만 '완치'에 이르는 경우가 거의 없어 늘 아쉬웠다.

무료 정신치료는 치료 효과가 좋지 않기 때문에 한 번에 50분씩을 면담하며 조금씩 받은 상담료가 당시의 월급보다 많았으니 바쁜 수련의로서는 꽤 많은 정신치료를 했던 셈이다.

미래 정신의학의 무한한 가능성을 보다

전문의가 된 후에는 정신병 증상으로 중범죄를 저질러 치료감호 처분을 받은 환자들을 수용하는 지방 종합병원에서 정신과 과장 생활을 3년간 마쳤다. 그런 뒤에 나는 외래 환자만을 진료하는 개인병원을 열었다. 대학병원에 들어오라는 제의가 있었지만 며칠 고민한 끝에 내가 원하는 방식으로 연구하며 환자를 진료하기에는 대학이나 종합병원보다 자유로운 개인병원이 나와 잘 맞을 것으로 판단했기 때문이다.

그 후 지금까지 일반 정신의학의 치료 기법으로 잘 낫지 않는 환자들을 효과적으로 치료하기 위해 자아초월 정신의학적 최면치료와 상담을 많이 사용하고 있으며 뇌와 의식, 정신 작용에 대해 첨단 과학의 여러 분야에서 새롭게 밝혀지는 놀라운 사실들과 실험 결과들을 지속적으로 살피며 이 새로운 지식들을 환자 치료에 응용하기 위해 노력하고 있다.

실험과 연구 기법이 나날이 정교해짐에 따라 기존 과학 이론과 의학 학설을 완전히 뒤집거나 크게 수정해야 할 새로운 연구 결과들이 계속 보고되고 있다. 특히 의식과 두뇌, 뇌신경세포 기능에 대한 최근의 연구 결과들은 신경학과 정신의학, 심리학의 기초 이론을 모두 바꿔야 할 정도로 새로운 내용이 많다. 이런 새로운 지식들을 최면치료에 응용할 때 다양한 난치 환자들이 만족스럽게 회복되는 것을 보면서 나는 미래 정신의학의 무한한 가능성을 발견하게 되었다.

첨단 과학지식과 정신치료의 융합

의학은 우리 모두의 삶에 꼭 필요한 응용과학인 동시에 궁극적으로 인간 존재의 본질을 탐구하는 학문이다. 특히 정신의학은 인간의 삶에 영향을 미칠 수 있는 모든 종류의 체험과 상황, 여러 방면의 학문과 지식에 대한 깊은 이해와 통찰을 필요로 한다. 그런 의미에서 정신의학의 연구 영역은 사실상 '인간이 경험할 수 있는 모든 것'이라고 말할 수 있다.

의학은 실용과학이므로 작용 원리를 잘 모르더라도 성공적 치료 경험과 사례들을 받아들여 점차 과학적으로 이해하고 응용해 새로운 치료 기법으로 발전시켜가는 특성을 가진다. 따라서 현재의 과학적 검증 방법만으로는 그 미묘한 작용 원리를 밝혀낼 수 없는 성공적 치료 기법들이 지금도 임상 의학의 여러 분야에서 널리 쓰이고 있다. 엄밀한 과학적 측정과 분석을 통해 치료 원리가 입증되지는 않았지만 효과가 있기 때문에 널리 쓰이는 치료 기술이 현대 내과 치료 기법의 70%에 이른다는 조사보고도 있다.

보이지도 잡히지도 않는 인간의 마음을 다루는 정신의학은 객관적 검증 도구로는 측정과 판단이 어려운 영역이다. 치료 효과가 어느 정도 인정되어 현재 사용되는 심리치료 기법의 종류만도 수백 가지가 넘지만, 그중 어느 하나도 과학적 분석으로 치료 원리가 입증되지 않았다. 단지 경험상 각각의 기법들이 일부 환자 치료에 실제적 도움이 되기 때문에 받아들여지고 사용되는 것이다.

심리학이나 생물학적 이론과 가설을 기초로 삼고 있는 현재의 치료 기법들이 어느 정도 이상의 성과를 거둘 수 없다면 그 이론과 가설은 틀렸거나 부족한 것이다. 완전한 치료를 목표로 삼는 정신과 의사는 잘 낫지 않는 환자들을 위해 더 나은 치료 기법들을 개발해야 한다. 나는 새로운 치료 기법들을 고안하는 데 있어 첨단 물리학의 이론과 발견들을 많이 참고하고 있다. 관념적이고 추상적인 기존 심리학 이론보다 에너지와 물질, 정신과 의식의 상호관계와 작용에 대해 양자물리학을 비롯한 여러 첨단 과학이 새로운 사실들을 밝혀내고 있으며, 그를 통해 인간의 마음과 정신의 실체와 작용 방식을 훨씬 더 많이 이해할 수 있기 때문이다. 나의 이런 믿음은, 이들 분야의 첨단 지식을 기존 정신치료에 응용할 때 잘 낫지 않던 환자들이 대부분 성공적으로 치료되는 것을 오랫동안 경험하면서 점점 깊어졌다.

미래 정신의학은 이런 첨단 과학의 새로운 지식을 바탕으로 그 영역을 넓혀가야 한다. 뇌의 진단 기술이 정교해짐에 따라 생각과 감정이 뇌의 기능과 구조에 변화를 일으킨다는 증거들이 드러나고 있고, 그동안 제대로 이해할 수 없어 무시되어오던 임사체험과 유체이탈, 전생기억, 텔레파시, 염력, 여러 초자연적 신비현상 등도 20세기 초 양자물리학 탄생 이후 조금씩 더 이해되고 있다. 이 현상들의 원리를 제대로 이해할 수 있다면 인간 정신의 보편적 작용 원리도 더 밝혀낼 수 있을 것이다.

내가 따르는 논리

오랜 세월에 걸쳐 수많은 학자들이 인간의 정신과 영혼의 실체를 이해하기 위해 땀 흘려왔다. 현대 심리학과 정신의학은 비교적 짧은 기간에 눈부시게 발전해 불과 몇십 년 전까지만 해도 주위의 몰이해와 편견의 암흑 속에서 고통받아오던 수많은 정신질환자들의 삶에 큰 힘이 되고 있다.

대학 시절부터 나는 '의학'이라는 방대한 학문에 기여했던 수많은 학자들의 노력에 감동받아왔다. 사람의 작은 뼛조각 하나에도 무수히 많은 이름을 붙이고, 각 부분의 기능과 특징에 대해 기술해놓았던 지식 탐구의 순수성과 집요함이 경이롭고 존경스럽게 느껴졌었다. 정신의학의 수많은 이론과 심리학적 가설들 역시 학자들의 노력과 사고의 결정체로 존중받아야 한다고 생각한다. 부족한 이론이건 더 나은 이론이건 인간을 이해해보려는 그들의 시도와 노력은 가치 있는 것이기 때문이다.

그러나 실험과 이론을 주로 다루는 학자들과는 달리 환자를 직접 치료하는 임상의학자의 가치와 정당성은 그의 치료 능력에 있고, 특정 치료 기법의 가치와 정당성 역시 그 기법이 가진 치료 능력으로 평가되어야 한다. 현재의 과학으로는 설명이 어렵다 해도 치료 경험을 통해 좋은 결과가 반복적으로 확인되고 별다른 부작용이 없다면 그 기법을 일단 받아들이고 연구해가야 한다. 이것은 모든 과학을 포함하고 응용해 발전시켜가는 의학 특유의 실용주의적 논리이다. 치료자는 자신의 종교와 신념, 문화적 고정관념에 어긋난다고 해서 유용한 치료 기법과 이론을 외면해서는 안 되며 더 나은 기법이 있다면 이해하고 배우려는 노력을 해야 한다.

나는 기존의 심리학과 정신의학 이론들을 환자 치료에 유용하게 사용하고 있지만 그 이론 속에 치료에 필요한 모든 것이 포함되거나 고려될 수 없다는 점을 잘 알고 있다. 한 가지 이론은 한 각도에서의 해석만을 의미하기 때문에 어떤 이론도 현상 전체를 담거나 설명할 수 없다. 즉 이론은 언제나 실제 현상 전체에 미치지 못하는 것이다. 환자를 제대로 파악하고 잘 치료하기 위해서는 부분적 이론이 아니라 현상 전체를 파악하고 해석하는 넓은 시각과 지식이 필요하다. 동시에 여러 각도에서 접근하고 이해해 전체의 그림을 파악하는 능력이 절실히 요구된다.

누구나 유능한 치료자로서의 이해 범위와 능력을 계속 확장하기 위해서는 인간을 이해하고 치료하는 데 유용한 모든 새로운 발견과 학문을 멈추지 않고 공부해나가야 한다. 익숙한 것이건 낯선 것이건 그것이 분명한 '현상'이라면 무엇이건 공부해야 한다. 과학자는 무색투명해야 하며 어떤 현상과 사실도 자신이 갖고 있는 색깔과 편견에 따라 받아들이거나 거부해서는 안 된다. 어제까지 즐겨 쓰던 치료법도 오늘 더 나은 방법이 발견된다면 미련 없이 버리거나 수정해야 한다.

아직 대부분 미지의 영역으로 남아 있는 인간의 정신과 영혼을 탐구하면서 내가 따르는 원칙은 두 가지다. '불가능하거나 거짓이라는 사실이 완전히 증명되지 않은 일은 언제든 실제로 일어날 가능성이 있고, 증명되지는 않았지만 일리가 있는 이론은 마음을 열고 들어야 한다'는 것과, '어떤 이론도 객관적이고 합리적인 근거와 논리, 이를 뒷받침하는 사실적 자료를 갖추었을 때에만 설득력이 있다'는 논리이다.

정신의학과 영적 신비체험

　최근까지 전통적 정신의학과 심리학은 인간의 '영적(靈的 spiritual)' 체험과 일상적으로 흔히 볼 수 없는 초자연적 현상들을 이해하고 설명할 수 있는 과학적 근거를 찾거나 이 같은 체험과 현상을 환자의 치료에 이용해보려는 진지한 노력이 부족했다. 고대부터 지금까지 지구상의 모든 지역과 문화권, 종교에 속한 수많은 사람들이 경험하고 이야기하는 보편적 현상인 영적 체험들을 무시하고 연구하지 않는 것은 과학의 기본 원칙인 '현상과 자료를 있는 그대로 받아들이고 탐구하는' 태도를 따르지 않는 것이다.

　초자연적 체험을 하는 사람들은 정신질환자가 아닌 평균 이상의 지성과 능력을 갖춘 사람들이 많고, 의식 수준이 높을수록 더 자주 영적 체험과 초자연적 현상을 경험하게 된다는 연구 결과가 있는데도 정신의학계는 이 같은 현상을 '체험하는 사람의 환각이나 착각일 뿐'이라고 무시하는 편견을 가지고 있다.

이런 잘못된 태도의 바탕에는 16세기에 시작된 과학혁명(약 1550~1700년) 이후 지금까지 이어져온 '현재 기술 수준으로 측정하고 관찰할 수 있는 것만 과학의 연구 대상'이라는 편협하고 기계론적인 시각이 자리잡고 있다. 다른 의학 분야에 비해 객관적으로 측정하고 관찰할 수 있는 영역이 좁은 정신의학의 경우 이런 태도만 가지고는 환자들의 다양하고 복잡한 주관적 경험과 증상들을 이해하거나 해결하는 일이 무척 어려워진다.

기존 정신의학의 한계를 뛰어넘는 '자아초월 정신의학'

'초개아적(超個我的 transpersonal) 정신의학'이라고도 불리는 '자아초월 정신의학(Transpersonal Psychiatry)'은 전통 정신의학의 이 같은 한계와 오류를 벗어나 인간의 영적 체험과 초자연적 체험의 의미와 실체를 파악하기 위해 기존 정신의학을 더 확장시킨 것이다.

'자아초월'이란 표현은 '개별적 인간 의식의 한계와 차원을 넘어서는' 이란 뜻이다. 이는 개인이 가진 '자아(自我 ego)'의 사고와 감각의 한계에 속박되지 않고 더 확장된 의식 수준의 경험 영역인 영적 체험과 초자연적 체험을 모두 포함한다는 의미를 가짐으로써 기존 정신의학이 가지고 있는 '인간에 대한 생물학적·심리학적·사회학적 이해'라는 개념에 '영적 이해'라는 의미를 하나 더 추가한 것으로 볼 수 있다.

인간의 의식은 태어나 자라면서 점진적인 발전 양상을 보인다. 어린 시절의 의식은 외부세계와 자신을 분리시켜 인식하지 못하는 '전개아적(前個我的 prepersonal)' 수준이었다가 점차 발전해 외부세계와 분리된 독립적 개인으로서의 자신을 중심으로 인식하는 '개아적(個我的 personal)' 의식 단계를 거쳐 개별적·자기중심적 사고와 인식을 뛰어넘는 '초개아적' 의식으로 발전해간다.

'영적'이란 말은 신체적 경험을 넘어서는 '영혼의 체험 영역에 속한' 것을 뜻하지만, '자아초월적'이란 표현은 '자아 중심적' 의식 수준을 넘어서는 모든 체험을 포함하기 때문에 영적 체험뿐 아니라 보통 사람들의 평균적 자아 수준을 넘어서는 고차원적 인식과 경험을 모두 의미한다.

따라서 자아초월 정신의학은 '자아 중심적 의식과 신체적 경험'의 한계 속에서만 인간 삶의 여러 복잡한 문제와 정신 증상을 이해하고 해결하려는 전통 정신의학과 심리학의 영역을 한층 넓혀 인간 의식 발달의 모든 단계를 인정하고 연구함으로써 평균 이상의 인식 능력을 가진 자아가 경험하는 '고차원적 의식'과 '영적 체험', 여타의 '초자연적 경험'을 모두 진단과 치료 과정에 포함하는 정신의학이다.

이 같은 새로운 정신의학의 필요성은 최근 10~20년 사이에 인간의 영적 체험과 초자연적 체험에 대해 사람들의 관심이 부쩍 높아진 사실로도 입증되고 있다. 시사주간지 〈뉴스위크〉는 1994년 11월 28일의 표지 기사에서 전 인구의 58%에 달하는 미국인들이 '영적 성장의 경험이 필요하다'고 대답했다고 보도했다. 전국적인 여론조사에서는 70~80%에 달하는 미국인들이 제한적이고 기계론적인 현대의학적 치료 방법에 불만을 품고 지난 1년 사이에 대안의학적 치료 방법을 따른 적이 있다고 대답했다. 시사주간지인 〈타임〉은 2011년 6월 20일 기사에서 갤럽 여론조사 결과 92%의 미국인이 '신을 믿는다'고 대답했음을 보여주었다.

여러 연구조사 결과를 종합해볼 때 특별한 감수성과 정신적 약점을 가진 사람들이나 경험하는 것처럼 알려졌던 신비체험이 사실은 일반인들의

30~40% 정도가 경험하는 보편적 현상이라는 사실도 자아초월적 영역에 대한 이해와 연구가 절실히 필요함을 보여준다. 이 같은 통계수치는 우리나라도 미국과 크게 다르지 않을 것으로 생각되지만, 국내 정신과 의사들은 아직 이 영역에 대한 연구에 소극적이다.

자아초월 정신의학은 기존 정신의학이 그 한계를 넘어 발전하고 확장되어가는 과정에서 자연스럽게 탄생했다고 봐야 한다. 이 분야의 이론 발달에 큰 영향을 미친 대표적 학자들로는 윌리엄 제임스(William James), 지그문트 프로이트(Sigmund Freud), 칼 융(Carl G. Jung), 에이브러햄 매슬로(Abraham H. Maslow), 로베르토 아사지올리(Roberto Assagioli), 켄 윌버(Ken Wilbur), 스타니슬라브 그로프(Stanislav Grof) 등이 있다. 이들은 심리학적 이론만 연구한 것이 아니라 여러 문화권에서 고대부터 인간의 일상적 수준을 뛰어넘는 높은 지혜와 고차원적 의식 상태에 대해 전해져 내려오는 여러 가지 영적 지식과 종교적 수행 방법에 대해서도 광범위하고 깊이 있게 연구했다.

자아초월 정신의학의 연구 분야들을 살펴보면 세계 각 문화권의 주요 종교와 전통 무속, 철학 체계, 요가, 명상, 아메리카 인디언의 영성과 샤머니즘, 유대교의 비전(秘典)인 카발라, 신비주의적 기독교 신앙, 도교(道敎) 등을 모두 포함한다.

심리학 인접 분야인 초심리학과 사회학, 인류학을 비롯해 20세기 초 양자물리학 발견 이후 급격히 변화하는 생명과학 분야의 새로운 이해와 발견들 역시 자아초월 정신의학의 연구 영역이라고 할 수 있다.

정신의학의 제4의 힘

영적 신비체험을 외면하고 부정하는 것이 최근까지 정신의학계의 비공식 입장이었지만 자아초월적 영역에 대한 조사와 연구 결과는 여러 학자들에 의해 꾸준히 보고되어왔다.

지난 수십 년간 여러 종류의 환각제(psychedelics)를 이용한 다양한 실험 결과와 최면, 명상, 임사체험, 전생기억, 신비체험, 초심리학(超心理學 parapsychology) 등에 대한 활발한 연구가 진행되어왔으며 개인적 자아의 한계를 넘어서는 고차원적 의식 수준을 추구하는 동양 종교와 철학에 대한 서양 정신의학자들의 관심과 연구 열기도 높아졌다. 이와 함께 기존의 심리학 이론을 대체할 새로운 모델의 심리학 이론들도 속속 등장하게 되었다.

'자아초월적(transpersonal)' 이라는 말은 1905년에 미국의 심리학자 윌리엄 제임스가 처음 사용했고, 1942년에는 독일 정신과 의사인 칼 융의 글을 영어로 번역하면서 비슷한 뜻을 가진 독일어 단어 'ueberpersonlich'를 영어 단어 'transpersonal'로 해석하면서 널리 쓰이기 시작했다.

그러나 자아초월 심리학과 정신의학이 독립된 하나의 연구 분야로 자리 잡게 된 것은 1960년대부터이다. 프로이트 이후 정신의학을 지배해온 두 가지 세력은 '정신분석'과 '행동주의'였지만 새로 등장한 '인본주의 심리학(人本主義 心理學 humanistic psychology)은 심리학의 '제3의 힘'이라고 불리며 많은 사람들의 공감을 얻었다.

그러나 1960년대 중반, '개인적 자아'에 초점을 맞추는 인본주의 심리학에 만족하지 못한 일단의 학자들이 인간 심리에 대해 좀 더 다양한 비교문화적 이해와 접근을 목적으로 모임을 결성해 여러 주제에 대한 토론을 이끌어나갔다. 이 모임을 주도하던 매슬로와 그로프, 프랭클(V. Frankl)은 이 새로운 연구 분야를 지칭하는 데 'transpersonal'이란 단어를 사용할 것을 제안했다.

1968년에 이르러 이들을 포함한 다수의 인본주의 심리학자들은 이 연구 분야를 당시의 인본주의 심리학과 구별하기 위해 '자아초월 심리학'이라고 부르며 심리학의 '제4의 힘'이 탄생했음을 알렸다.

이들은 '자아초월 심리학회(Association for Transpersonal Psychology)'를 창립하고 '인간의 영성과 변화된 의식이 심리학과 어떤 관계에 있는가'를 탐구하는 것을 목적으로 삼았다. 그리고 다음 해부터 학회지를 발간하기 시작했다. 첫 학회지에 실린 이 학회의 연구 지침은 '자아초월 심리학은 전통적으로 종교적 혹은 영적으로 여겨져오던 주제와 사실들에 대해 사려 깊고 과학적인 자세로 접근해야 한다'는 내용을 담고 있다.

과거의 고전 물리학이 확장되어 다양하고 광범위한 현대 물리학이 되었듯 전통 심리학과 정신의학도 한층 발전해 자아초월 심리학과 정신의학으로 거듭 태어난 것으로 볼 수 있다. 이제 전통 정신의학은 자아초월 정신의학이라는 더 광범위한 학문의 일부로 취급되어야 할 것이다.

최근 20여 년간 인간의 영성 개발과 영적 성장에 대한 관심은 일반인뿐만 아니라 의학계 내부에서도 높아지고 있다. UN 산하기구인 국제보건기구(WHO)는 이미 오래 전 '건강'의 개념을 새롭게 정의하면서 그동안 사용되어오던 '신체적·정신적·사회적 측면에서의 건강'에 덧붙여 '영적 측면'이란 개념을 추가했다. 즉 한 인간이 건강하기 위해서는 '신체적·정신적·사회적·영적'으로 안정된 상태여야 한다는 것이다.

이 같은 일련의 사회적 공감대의 변화를 볼 때 아직 정신의학의 흐름을 주도하고 있지는 않지만 머잖아 자아초월 정신의학이 전통 정신의학을 대체할 날이 올 것이다.

[한국 자아초월 최면치료학회]

1996년 4월 '최면 전생퇴행 요법'의 사례와 경험을 국내에서는 처음으로 소개한 책《전생 여행》을 출간한 후 나는 이 분야의 연구에 관심을 가지게 된 정신과 전문의 몇 사람과 논의한 끝에 '한국임상실험최면학회'라는 연구모임을 그 해 8월에 결성했다.

그러나 얼마 지나지 않아 학회 이름이 너무 한정적 주제만을 다루는 인상을 준다는 회원들의 여론에 따라 전통 정신의학과 심리학의 범주를 넘어서는 모든 주제를 포괄해 현상학적으로 다룬다는 의미의 '자아초월적'이란 표현을 받아들여 '한국 자아초월 최면치료학회'라는 이름으로 바뀌게 되었다.

회원은 처음에는 정신과 전문의들만으로 구성되었지만 깊은 관심을 보이며 가입을 원하는 다른 전문과목 의사들이 늘어감에 따라 이들도 여러 사람 참여하게 되었다.

이 모임의 목적은 당시 국내에 거의 보급되지 않았던 정신과 진료 영역에서의 최면치료 분야를 연구 발전시키고, '전생퇴행' 요법을 포함해 자아초월 최면치료의 새로운 기법들을 더 깊이 연구하기 위해서였다.

미국을 포함한 여러 선진국에서는 이미 여러 해 전부터 임상치료의학에 인간의 '영적' 측면이 고려되어야 한다는 목소리들이 높아지고 있었지만 국내에서는 그런 움직임이 전혀 없던 차였다. 그래서 나는 이 연구모임을 통해 인간의 영성을 정신의학과 접목시킨 새로운 치료기법들을 연구 개발하고 보급하기로 마음먹었다.

한두 달에 한 번씩 각자의 병원 진료가 끝난 후 내 병원에 모여 책을 읽고 치료 사례를 토론하는 식으로 진행된 초기의 모임에는 보통 7~8명 정도가 참석했다. 저녁 식사 시간이 아까워 배달시킨 피자나 김밥으로 간단히 요기를 하면서 계속 주제 발표와 열띤 토론을 벌이는 회원들을 바라보는 것은 즐겁고 흐뭇한 일이었고, 얘기를 나누다보면 밤 12시가 다 되어서야 끝나는 일이 다반사였다.

조직을 만들고 관리하는 등의 번거로운 일을 내가 워낙 싫어하다 보니 새 회원 확보 노력과 모임에 대한 홍보를 거의 하지 않고 처음 2년간을 그런 식의 모임 형태로 이끌어나갔다. 주제 발표와 치료 사례 토론과 함께, 참석한 회원들을 두세 그룹으로 나누어 최면 실습을 번갈아 시키는 워크숍 형태로도 일정을 진행했기 때문에 새 회원들이 몰려온다 해도 사실상 모두 수용하고 관리하기가 어려운 실정이었다.

그 후 차츰 회원 수가 늘어감에 따라 좀 더 짜임새 있는 프로그램이 필요해져 토요일 오후부터 일요일 오전에 걸친 1박 2일간 서적과 논문 등의 주제 발표와 치료 사례 토론, 최면 실습 등으로 이어지는 빡빡한 스케줄을 표준 일정으로 정하게 되었다. 이 모임에서 주로 다룬 것은 다른 치료 방법으로 낫지 않는 정신과 환자들을 위한 새로운 최면 기법의 이론 연구와 치료 사례 분석이며, 전생퇴행과 해리성 정체성 장애, 신병, 빙의 현상, 유체이탈과 임사체험, 환자들이 경험하는 다양한 영적 현상 등 지금까지 정신의학과 심리학에서 제대로 소화시키지 못하고 있는 모든 영역을 포함했다.

이 모임은 어떤 과목이건 전문의 자격을 가진 사람이면 누구나 정회원이 될 수 있고 최면치료의 기본적인 지식을 습득할 기회를 얻을 수 있었다. 그러나 다른 학회와는 달리 이 모임에 여러 번 참석했다고 해서 치료 능력을 인정하는 교육인증서나 자격증을 따로 발급하지는 않았다. 그 이유는 치료자의 개인적 능력은 복잡한 여러 가지 요소에 의해 결정되고 본인의 부단한 노력에 의해 확장되고 향상되는 것이지, 특정 치료학회에 몇 번 참석했다고 해서 저절로 그런 치료 능력을 갖추게 되는 것이 아니기 때문이다.

다소 부정적 선입견과 편견을 마음에 품은 채 굳은 표정으로 처음 참석하는 신입 회원들은 이 학회에서 연구하는 분야에 대한 전문 서적, 관련 논문과 문헌, 실제 치료 사례들이 상상외로 많다는 사실에 무척 놀라워했다. 평소 생각지도 못했던 주제들과 잘 낫지 않는 환자를 색다른 최면 기법으로 완치시켜가는 극적인 치료 사례들을 직접 녹화된 영상으로 확인하면서 이들의 굳었던 표정은 점차 풀어져 머리를 세게 맞은 사람처럼 멍한 얼굴이 되어갔다. 일종의 '문화적 충격'을 경험하는 것이다.

전문의 자격시험을 목전에 둔 정신과 수련의 한 사람이 학회의 전체 일정에 참가한 후 '참석한 소감이 어떠냐?'는 내 질문에 "정말 충격을 많이 받았습니다. 여기서 듣고 본 것이 모두 사실이라면 정신의학 교과서를 완전히 새로 써야 할 것으로 생각됩니다"라고 대답한 적도 있었다. 그가 학회에서 듣고 본 모든 것은 있는 사실 그대로를 기록한 자료들이었고, 지금의 정신의학 교과서의 많은 부분을 새로 써야 한다는 것은 그 수련의만이 아니라 내 생각이기도 하다.

그렇게 한 번이라도 학회 정기 모임을 거쳐 간 사람들은 이 학회 회원들이 개척자적인 시야와 신념, 비워지고 열린 과학자의 머리와 가슴으로 환자들이 겪을 수 있는 모든 증상과 현상을 익숙한 논리에 따라 왜곡하지 않고 있는 그대로 다루기 위해 노력한다는 사실을 알게 되고 처음에 품었던 의심과 회의적인 시선을 바로잡아갔다.

환자를 위한 더 나은 치료법에 관심을 가진 의사들이 순수한 호기심과 열정을 가지고 모임에 드나들며 이 연구 분야가 얼마나 큰 잠재력을 가지고 있는지를 직접 듣고 보고 느끼고 주위에 알린다면, 새로운 자아초월 최면치료 기술과 그 바탕을 이루는 첨단 과학에 대한 주류 정신의학계의 오해와 편견도 점점 엷어지고 정신의학의 수준과 영역 또한 한층 확장될 것이다. 지금은 국내에 자아초월 정신의학 교과서도 번역 출간되어 자아초월 심리학, 정신의학이라는 용어가 정신과 의사들에게 낯설지 않지만, 불과 10여 년 전인 1999년만 해도 사정이 크게 달랐다.

당시 여러 회원들의 의견과 건의에 따라 자아초월 최면치료학회를 국내 정신과 의사들이 모두 속해 있는 가장 큰 공식 학회이며 단체인 '대한신경정신의학회' 산하 연구모임으로 등록하기 위해 필요한 몇 가지 조건을 모두 갖춰 신청했었다. 정신과 전문의 회원들의 숫자도 새로운 학회 등록 조건에 충분했고 연구 분야와 목적도 분명했다. 하지만 당시 대한신경정신의학회 집행부는 '자아초월'이라는 용어가 아직 국내에 생소하며 그 분야를 공부한 전문가가 없어 잘 이해가 안 되니 곤란하다'는 회신을 보내왔다. 앞에 소개한 대로 미국에서는 이미 1960년대 말에 심리학과 정신의학 분야의 존경받던 여러 학자들이 주도해 학회를 만들고 관련 교과서도 계속 새롭게 출간되고 있는데, 단지 국내에 생소한 주제라는 이유를 들어 거부한 것이다.

이 회신에 대한 회원들의 반응은 처음에는 '어처구니없다'는 것이었지만 결국 '차라리 잘됐다'는 의견으로 모아졌다. 큰 학회 산하의 연구모임이 되면 지원받을 수 있는 부분도 있겠지만 모임의 조직과 연구 활동의 형식에도 간섭을 받게 되는데, 분위기로 봐서는 여러 가지 부자유스런 상황이나 갈등도 예상되었기 때문이다.

2002년까지 이 학회는 정기적으로 모임을 가졌지만, 그 후 내 진료 스케줄이 점점 더 바빠짐에 따라 지속적인 활동을 이어갈 수 없었다.

과학의 빛과 그림자

16세기 이전까지, 자연과 신을 경외하고 이웃과 더불어 살아가며 조화를 추구하던 인간사회의 문화적 특징은 동서양의 차이가 없었다. 하지만 16세기부터 17세기까지 이어진 서양의 과학혁명은 지동설을 주장한 코페르니쿠스(Nicolaus Copernicus)로부터 시작해 이를 증명하고 천문학과 물리학의 발전 토대를 닦은 갈릴레이(Galileo Galilei)로 이어지고 이후 뉴턴(Isaac Newton)에 의해 확고한 기반을 다지게 되었다.

과학의 영향력이 점점 커지면서 오랜 세월 서양사회를 지배하던 종교의 권위와 교회의 힘은 급격히 약해졌고, 논리적 이성과 지식의 힘이 그 자리를 대신하게 되었다. 사람들은 지구가 우주의 중심이며 평평하고 네모난 모습의 땅덩어리라고 굳게 믿고 살다가, 사실은 태양이라는 큰 별 주위를 도는 여러 개의 작고 둥근 별 중 하나에 불과하다는 사실을 알고 큰 충격을 받았다. 이로 인해 그때까지 세상을 지배하던 여러 사상과 종교적 주장이 자취를 감추게 되었고, 이 새로운 사실에 맞춰 사람들의 생각과 삶의 태도는 바뀔 수밖에 없었다.

성서의 이야기를 근거로 지구의 탄생 시기를 길어야 7천에서 8천 년 전이라고 주장하던 이론도 지구의 나이가 45억 년에 달한다는 과학적 증거 앞에 힘을 잃었고, 여러 질병의 원인이 귀신이라던 주장 역시 세균과 바이러스 등 병원균의 발견과 생리학·병리학 등 의학 지식이 축적되면서 사라지게 되었다. 과학은 이렇게 눈부시게 발전하며 인류의 무지와 편견을 바로잡고 질병과 고통을 해결하며 물질적 풍요와 편리함을 가져왔다.

그 과정에서, 엄정한 기준의 실험과 객관적 관찰을 통해 사물과 자연을 이해하려는 과학적 방법론이 마련된 것은 중요한 발전이었지만, 인간의 주관적 경험과 영적 체험 등의 보이지 않는 세계가 무시되고, 만물과 인간의 유기적 관계와 전체적 조화를 중시하며 무형의 정신적 가치와 목적에도 큰 의미를 두었던 이전 시대의 철학과 세계관이 힘을 잃은 것은 큰 손실이었다.

양(量)과 크기를 측정하고, 관찰할 수 있는 영역에 대해서만 기계적 실험과 수학적인 해석을 추구하는 것만이 과학이라는 잘못된 생각과 태도가 힘을 얻으면서 과학은 점점 몰가치적이고 냉정한 유물론적 도구로 변질되어 갔다. 세상과 그 구성요소들을 전체적으로 통합해 이해하지 못하고, 보이고 만져지는 영역만을 분리하고 분해해 연구하는 환원주의적 과학관이 서양사회의 중심 흐름이 되면서 이후 300년 이상 세계를 주도하며 물질과 자본 중심의 문명과 개인주의, 적자생존과 무한경쟁, 인간을 제외한 동식물계 전체와 자연환경을 정복과 이용의 대상으로만 바라보는 이기적 가치관을 기반으로 오늘에 이르고 있다.

과학은 새로운 발견과 지식으로 우리 삶의 편리함과 안락함을 돕는 여러 도구들을 발명하고 물질적 풍요를 누리게 해주었지만, 오늘날 우리 주위에는 상생(相生)적 가치관과 윤리적 책임을 무시한 과학에 의해 연구 개발된 파괴적이고 위험한 결과물들 또한 넘쳐나고 있다. 현재 지구상에 존재하는 엄청난 양의 핵무기와 생화학, 세균무기, 핵폐기물과 맹독성 산업폐기물, 불안하게 관리되고 있는 핵발전소 등은 이미 인류의 생존을 위협하는 재앙이 되고 있으며, 산업화의 부작용인 환경 오염과 기후 변화, 생태계 파괴는 인류의 앞날을 암울하게 만들고 있다.

과거 어느 시대보다도 바쁘고 긴장된 삶을 살고 있는 현대인들은 냉정하고 외로운 경쟁사회 속에서 삶의 의미와 목적을 잃고 마음의 평화를 찾아 이리저리 방황하며 우울과 불안 등 각종 정신 증상에 시달리고 있다.

그러나 다행히 기계론적, 환원주의적 과학의 한계와 부작용들을 극복하고 우주와 생명의 본질, 만물의 근원적 구조와 상호작용 원리를 깊이 이해할 수 있고 모든 것의 조화와 상생을 추구할 수 있는 또 하나의 과학혁명이 양자물리학의 탄생과 함께 100년 전에 시작되어 지금도 진행되고 있다.

양자물리학의 등장과
새로운 발견들

    19세기 말 물리학자들은 원자보다 작은 미시의 세계를 처음으로 직접 연구할 수 있게 되었다. 질서정연한 고전 물리학으로 무장한 이들은 이제 곧 세상의 근원적 구조를 완전히 밝혀내 더 이상 물리학이 밝혀낼 새로운 영역은 남지 않을 것으로 생각했었다. 그러나 기대와 달리 이들이 발견한 것은 당시의 물리학과 상식으로는 도저히 이해하거나 설명할 수 없는 또 다른 세상의 모습이었다. 아주 작은 물질의 세계는 고전 물리학과 열역학 법칙으로 이해할 수 없는 불가사의한 속성들을 보였고, 이를 설명하기 위해서는 완전히 새로운 물리학 이론이 필요하게 되었다.

    이렇게 태어난 이론이 '양자론(量子論 quantum theory)'이다. 양자론은 원자보다 작은 전자(electron), 원자핵, 빛 등 자연계 현상의 중요하고 많은 부분을 이루고 있는 미시 세계의 속성과 움직임을 이해하는 데 꼭 필요하기 때문에 상대성원리와 함께 현대 물리학의 토대라고 할 수 있다.

새로운 이론의 필요성, 새로운 과학의 등장

같은 시기에 아인슈타인(Albert Einstein)에 의해 발견된 상대성원리는 모든 자연현상이 일어나는 무대인 시간과 공간이 고전 물리학의 주장처럼 두 개의 절대적이고 고정불변의 상수가 아니라 조건에 따라 시간의 길이가 늘어나거나 수축되고, 공간은 휠 수 있는 가변적이고 상대적인 영역이라는 사실을 밝힌 이론이다.

이 두 가지 새로운 발견으로 자연계 현상의 실체를 이루는 미세 소립자의 세계와 그 배경이 되는 시간과 공간에 대한 그때까지의 물리학 이론들은 힘을 잃었고 학자들은 충격에 빠져 새로운 이론들을 찾기 시작했다.

1900년 독일의 물리학자 막스 플랑크(Max Planck)는 물체의 온도가 올라가면서 방출되는 빛의 색깔과 온도의 관계를 당시 물리학 이론으로는 설명할 수 없어 고민했다. 그러다가 에너지가 방출되거나 흡수될 때 무한대의 소량이나 무한대로 끝없이 나눠지는 양이 아니라 '일정한 크기의 아주 작은 양'의 단위로만 작용한다는 가설을 발표하며 이 '가장 작은 단위'를 양자(量子 quantum)라고 불렀다. quantum이란 단어는 라틴어로 '셀 수 있는 양'을 뜻한다.

그로부터 5년 후 아인슈타인은 빛의 속성을 '파동이라기보다는 작게 뭉친 에너지 덩어리처럼 움직인다'고 판단하고 플랑크의 가설을 빛에 적용해 빛의 가장 작은 단위를 광자(光子 photon)라고 부르고 이것을 빛의 양자(量子)로 생각해 '광양자가설'을 발표했다. 즉 파동으로 생각되던 빛에 입자의 성질이 있다는 사실을 발견한 것이다.

그 후의 연구들을 통해 자연계에는 에너지 외에도 시간, 공간 등에 더 이상 작아질 수 없는 최소 단위인 양자가 존재하며 이것이 우주의 모든 물질과 에너지, 그 외 현상들의 기초라는 사실이 받아들여졌다. 이것이 양자이론이며 양자물리학의 시작이다.

양자이론은 아주 작은 미시 세계에만 적용되는 비현실적 이론이 아니라 소립자의 세계에서부터 거대한 천체의 움직임까지 설명해준다. 컴퓨터와 휴대전화, 반도체 산업, 레이저 기술 등이 발달한 현대의 IT 사회 역시 양자이론에 의해 탄생한 것이다.

초자연 현상과 인간 의식의 작용을 밝혀줄 발견과 개념들

지난 100년간 발전해온 양자물리학과 이를 바탕으로 하는 새로운 과학의 흐름을 모두 살펴보는 것은 지면 관계상 불가능하며 이 책의 목적과도 맞지 않다. 그러나 이 새로운 이론과 함께 여러 첨단 과학 분야에서 계속 밝혀지고 있는 놀라운 사실들은 그동안 설명하기 힘들었던 초자연 현상들과 인간 의식의 불가사의한 작용들을 이해하는 데 꼭 필요하므로 중요한 발견과 개념들을 간략히 살펴볼 필요가 있다.

아래 내용들은 첨단 장비와 기술, 엄격한 기준의 관측과 실험 결과를 통해 이미 과학적 사실로 인정된 것들과, 어느 정도 논란이 있지만 객관적이고 정황적인 증거와 논리적 추론에 의해 가장 가능성 높은 결론으로 받아들여지는 이론들을 소개한 것이다. 각각의 내용마다 개념과 이론의 명칭만 실었고, 다수의 관련 실험과 관련 학자들, 여러 논문과 보고서들이 존재하지만 지면 관계상 대부분 생략했다. 대신 책 말미에 관련 논문과 참고서적 목록을 따로 실었으니 관심 있는 독자들은 참고하기 바란다.

이 사실들에 내가 주목하는 이유는, 그 내용을 환자 치료에 그대로 이용하거나 새로운 치료 이론과 기법들을 개발하고 발전시키는 데 중요한 기초 자료로 활용할 수 있기 때문이다. 또한 실험이나 과학적 추론이 아니라 내 환자들과의 최면치료 과정에서 그 내용의 많은 부분이 사실임을 독립적으로 확인할 수 있었기 때문이기도 하다. 실제로 현재 내가 사용하고 있는 치료 기법들 중 많은 부분이 아래의 사실들을 기초로 응용, 개발한 것이다.

양자론 이후 새롭게 밝혀지는 자연계의 모습

● 광자나 전자처럼 원자보다 작은 소립자들은 입자와 파동의 두 가지 성질을 동시에 가지며(입자와 파동의 이중성 waveparticle duality), 하나의 소립자는 구름이 퍼져 있는 것처럼 동시에 광범위한 장소에 넓게 퍼져 존재할 수 있어(상태의 공존 superposition) 사람이나 기구가 관측할 때까지는 일정한 위치가 정해지지 않는다. 즉 관찰자에 의해 무수한 가능성 중 하나가 현실화되어 위치나 상태가 결정되지만(파동함수 붕괴 wave function collapse), 어떤 가능성이 현실화할지를 미리 예측할 수는 없다.

● 관찰하기 전에는 무한한 가능성의 세계 속에 공존하다가 관찰을 해야 하나의 현실로 결정된다는 것은 소립자의 세계가 관찰자의 의식과 무관하게 독립적으로 존재하는 세계가 아니라는 사실을 보여준다.

● 현실 속에 모습을 드러낸 후에도 소립자의 위치와 운동량은 동시에 정확히 측정할 수 없으며 한 가지 속성을 관측할 때 다른 속성들은 불분명해진다(불확정성 원리 uncertainty principle).

● 소립자들은 관찰자의 의도 혹은 어떤 관측 장비를 쓰는가에 따라 관측 결과를 다르게 보여주며 마치 관찰자나 관측 장비의 의도를 미리 알고

행동하는 듯한 모습을 보여준다. 즉, 양자 차원의 소립자들이 상황을 파악하고 그에 따라 자신의 상태를 선택할 수 있는, 단순하지만 분명한 의식의 속성을 가지고 있는 것으로 추정할 수 있다.

● 서로 연결되어 같은 상태를 한 번이라도 공유했던 소립자들은 아무리 먼 거리를 떨어져 있거나, 멀어진 지 오랜 시간이 흘렀어도 그 연결이 유지된다(양자얽힘 quantum entanglement).
하나의 소립자의 상태에 변화가 생기면 동시에 그와 연결되어 있는 또 다른 소립자의 상태에도 변화가 생기는데 그것은 언제나 첫 번째 소립자의 상태를 보완하는 정반대의 상태가 되어 마치 시간과 공간의 한계를 넘어 상대방의 상태를 즉시 파악하면서 대응하는 것처럼 보인다.

● 자연계의 여러 시스템(작은 분자나 세포, 조직, 생명체, 별과 은하 등)을 구성하는 여러 요소와 각 부분들 사이에는 정밀한 정합성(coherence)이 존재해 한 부분에 일어나는 일이 거의 동시에 다른 부분들 전체에 영향을 미친다. 이런 통일성을 유지하기 위해서는 각 부분 간의 시간과 공간의 거리를 완전히 뛰어넘는 정보 전달 체계가 필요하다(정보장 information field, 비국소성 nonlocality). 현재 이런 현상을 가장 잘 설명할 수 있는 이론은 모든 정보가 우주 공간 전체에 동시에 확산되어 공유된다고 보는 홀로그램(hologram) 이론이다.

● 홀로그램은 두 개의 레이저 광선을 이용해 만들어내는 3차원 영상이다. 이 필름은 한 부분을 작게 잘라내도 그 안에 필름 전체의 영상이 모두 들어 있다. 즉 모든 조각 속에 정보 전체가 들어 있는 특징을 보이는 것이다. 이 이론이 중요한 이유는 지금으로서는 설명이 어려운, 기억이 뇌에 저장되는 방식과 우주의 여러 구조에서 발견되는 통일성

과 동조성 등을 설명하는 데 가장 적합한 모델이기 때문이다.

● 우주에 있는 크고 작은 모든 존재는 시간과 공간의 제약 없이 상호 연결되어 있어 완전히 격리된 현상이나 존재는 있을 수 없으며, 단단하게 보이는 물체도 사실은 그 바탕을 이루는 에너지 장(場 field)의 일부가 특정한 형태나 덩어리의 파동으로 좀 더 조밀하게 뭉쳐 있는 현상으로 봐야 한다. 이 파동들의 상호 간섭을 지배하는 법칙에 의해 눈에 보이는 우주의 질서가 유지된다.

● 아주 작은 미시의 세계만이 아니라 천체에서 발견되는 거대한 차원의 통일성은 별과 은하들 역시 어떤 식으로건 연결되어 있음을 보여주며, 우주가 지금처럼 존재할 수 있도록 균형을 잡아주는 여러 물리적 상수(常數 constant)들은 우연으로는 도달하기 불가능한 정밀한 수치로 조율되어 있다. 이것으로 보아 우주의 탄생과 운행은 무작위로 발생한 우연한 사건이 아니라 고도의 의식과 의도에 의해 설계된 계획일 가능성이 아주 높다.

● 생명체를 이루는 원자와 분자, 세포와 조직을 이루는 여러 부분들 사이에는 역동적이며 동시적인 통일성이 존재해 하나의 세포나 조직에 일어나는 일은 다른 모든 세포와 조직에도 즉시 영향을 주게 된다. 또한 생명체는 주위 환경과도 통일성을 유지해 외부의 변화가 생명체의 내부에도 즉시 반영됨으로써 환경 변화에 따른 적절한 적응과 진화가 짧은 시간 안에 이루어질 수 있다. 양자 차원에서와 같은 통일성이 생물계에도 존재하는 것이다(생물학적 통일성 biological coherence).

● 고대로부터 모든 문명에 공통되는 상징이나 믿음, 문화와 관습 등이 존재하며, 이런 요소들은 서로 접촉이 전혀 없었던 종족들 사이에서도

공유되는 것으로 보아 정보가 퍼져나가거나 축적될 수 있는 아직 알려지지 않은 어떤 원리와 매개체가 작용하는 듯하다(형태형성장이론 morphogenetic field theory).

- 우주 공간은 완전히 비어 있는 진공이 아니다. $1cm^3$의 공간에, 현재 알려져 있는 우주의 모든 별과 물질을 이루는 에너지를 합한 것보다 더 큰 잠재적 에너지가 들어 있으며(양자전자기동력학 에너지 quantum electrodynamic energy), 무수히 많은 종류의 파동·진동·에너지와 힘의 장(field)들이 중첩되고, 홀로그램처럼 우주 전체 공간에 퍼져 비국소적으로 저장된 정보들로 가득 차 있다. 공간은 물질과 상호작용해 실제 물리적 결과를 일으키는 일종의 우주적 매개체(medium) 역할을 하며, 공간 내부 에너지의 불확정성으로 인해 아주 짧은 시간 동안 여기저기서 끊임없이 소립자들이 한 쌍씩 생겨났다 사라지는 역동적인 공간이다(양자 진공 quantum vacuum, 영점장 zero point field).

인간 의식에 대한 새로운 발견들

자연계에서 새롭게 발견되고 이해되는 위의 현상들은 우리 삶의 여러 차원에서도 그대로 일어나고 있다. 사람의 마음과 의식, 감정의 에너지는 주변의 모든 사물과 사람들, 환경과 서로 영향력과 정보를 주고받으며 무한대의 시공간 속에 홀로그램처럼 퍼져 저장되며 그 사람의 현실적 삶의 모습을 만들어나간다. 사람들은 모두 양자얽힘으로 연결되어 있는 소립자들처럼 내면의식의 차원에서 연결되어 서로 정보와 에너지를 주고받을 수 있다.

- 사람의 마음은 자신의 몸과 다른 사람의 몸과 마음, 주변의 물체, 주위 공간에 물리적 영향력을 미칠 수 있다. 이것은 의식계와 물질계가 완전히 분리된 세계가 아니라 상호작용하는 모종의 에너지 체계를 공유함을 뜻한다.

- 감정적으로나 유전적으로 가까운 사람들일수록 멀리 떨어져 있어도 감정이나 이미지의 텔레파시 현상이 잘 일어나며, 그 순간 두 사람의 뇌파는 동조 현상을 보인다(비국소성, 통일성, 양자얽힘).

- 기도나 정신 집중 등 영적인 방법, 의식의 힘으로 치유의 힘이나 정보를 멀리 있는 환자에게 보내는 치료의 효과는 놀라우며 많은 사례가 확인되고 기록되어 있다. 이 현상 역시 의식이나 의도가 현실에 영향을 미칠 수 있는 일종의 에너지로 작용함을 보여준다.

- 우주의 기초 구성물질인 소립자의 세계, 인간 두뇌의 작동 방식, 초자연적 현상 등은 모두 양자론과 홀로그램 이론을 적용할 때 가장 잘 설명될 수 있다. 기억은 특정 뇌세포 속에 저장되는 것이 아니라 홀로그램 사진처럼 뇌 전체와 우주 공간 전체에 퍼져 있다고 보는 것이 양자론에 부합되며, 이것이 뇌의 상당 부분을 제거해도 기억에 별 문제가 생기지 않는 이유이기도 하다.

- 의식과 뇌는 상호 연결되어 작용하지만 의식과 의지, 감정 등이 뇌세포의 작용으로 만들어진다는 증거는 전혀 존재하지 않는다. 반면에 뇌의 작용 없이 또렷한 의식과 감정 경험이 보고되는 경우는 흔하다(임사체험). 또한 최면치료 중에는 뇌를 포함한 육체의 형성 이전과 죽음 이후의 기억을 찾아 현재의 문제를 해결할 수 있는 경우가 많아, 이 기억들이 단순한 공상이 아닌 현실적 경험을 바탕으로 구성된 정보일 가능

성이 높다. 이것은 의식과 기억이 뇌세포의 작용과 상관없이 독립적으로 존재할 수 있음을 보여주는 것이다.

- 육체와 상관없이 개별적 인간 의식이 존재할 수 있다면, 우주의 모든 존재와 현상은 에너지의 다양한 형태이므로 이 의식 또한 지금의 과학으로는 설명할 수 없는 일종의 에너지로 봐야 한다. 과거로부터 여러 문화권에서 죽은 사람의 '영혼'이라고 불러온 존재의 실체 역시 사람의 육체가 소멸된 후 남는 의식의 에너지 덩어리를 의미하는 것으로 볼 수 있다.

- 인간의 삶이 단 한 번뿐이라는 증거는 어디에도 없다. 오히려 여러 형태의 삶의 경험을 통해 다양한 역할과 상황과 문제를 해결하면서 성장하는 영속적 의식으로서의 인간 존재를 뒷받침하는 정황 증거가 많다 (전생퇴행 요법의 치유 효과, 전생기억과 생물학적 신체 특징 간의 상관관계 자료, 전생기억의 사실 확인 자료들, 확장된 자아초월 의식).

- 모든 물리화학적 현상과 물질의 형성은, 양자의 공존 상태가 의식(관찰자)에 의해 하나의 현실로 결정되어야 진행되는 것이므로 오히려 '의식에 의해 물질계가 형성'되었다고 보는 것이 논리적이다. 즉 의식은 물질을 창조할 수 있지만 물질은 의식을 창조할 수 없다.

- 우주의 모든 물질계는 양자로 구성되어 있고, 양자로 구성된 원자와 분자 등도 인간과 같은 고등 생명체와는 다르지만 스스로 결정하고 선택하고 참여하거나 거부하는 의식의 속성을 가지고 있다. 따라서 양자론적 관점에서 볼 때 물질과 의식은 완전히 분리되어 존재하는 두 개의 현실이라고 보기 힘들며, 모든 물질과 생명체는 각각의 진화 정도에 따르는 고유의 의식 상태를 가지고 있을 것으로 봐야 한다. 의식은

물질적 우주의 생성 이전부터 근원적이고 잠재적인 힘으로 존재했을 것으로 추정되며, 모든 존재와 현상의 근원으로서 우주의 탄생과 그 이후의 흐름을 주도하는 힘으로 볼 수 있다.

- 최면과 같은 '의식의 확장 상태'에서 우리는 우주 전체와 깊은 교류를 나눌 수 있다. 이때 몸과 마음을 이루는 모든 요소들은 양자 차원에서부터 우주 공간의 다양한 파동 및 에너지 장과 통일된 공명을 이룰 수 있으며, 홀로그램 방식으로 우주 공간 전체에 퍼져 비국소적으로 저장된 모든 정보(아카식 레코드 Akashic record, 정보장 이론 information field theory)에 접근해 일상적 의식 수준에서는 이해하거나 풀 수 없는 여러 문제와 증상의 원인을 이해하고 해결할 수 있다. 이것은 마치 오감(五感)이라는 육체적 감각의 좁은 창문을 통해서만 세상을 경험하다가, 모든 장애물이 사라져 몸과 마음을 포함한 우주의 전 영역으로 감각과 인식이 확대된 것으로 비유할 수 있다. 이 상태에서의 정보 교류 방식은 양자 차원에서처럼 순간적이면서도 전체적이기 때문에 그 힘이 아주 강렬해 우리 내면에 깊이 각인되며, 즉시 큰 영향력을 발휘한다.

- 우주에 있는 모든 물질은 서로 다른 파장으로 계속 진동하며 파동 에너지를 만들어낸다. 이 파동들은 우주 공간으로 퍼져나가며 다른 파동들을 만나 상호 간섭무늬를 일으킨다. 이렇게 변형된 일부의 파동은 원래의 파동을 일으킨 물질로 되돌아가 영향을 미친다. 우주 공간은 이런 파동과 정보로 가득 차 있다. 수많은 물질과 생명체에서 시작된 이 파동들은 서로 영향을 줄 뿐만 아니라 공간 자체에 존재하는 파동들과 에너지 장, 저장된 정보의 파동들과도 공명을 일으키고 일부는 되돌아가 양방향 정보 전달과 변화를 가능하게 한다. 이 과정은 매

순간 끝없이 진행되며, 우리의 마음과 몸도 이런 방식으로 외부 세계와 계속 교류하고 있다.

● 정보와 에너지를 서로 교류하며 발전하고 진화하는 우주의 모습과 같이 각자의 이해와 노력에 따라 인간 의식도 자아 중심적인 현재 의식에서 더 넓고 높은 차원을 포함하는 자아초월적 의식으로 진화할 수 있다. 의식의 진화에 따라 세상과 자기 삶을 보는 눈과 이해가 깊어지면 현재의 고민과 문제, 질병과 증상들을 이해하고 해결할 수 있는 지혜와 능력도 향상되어 삶의 질이 높아지고 건강 또한 증진된다.

● 물질과 육체 중심이 아니라 우주와 생명의 영적 현실에 눈떠 주위의 크고 작은 모든 것을 느끼고 공명할 수 있는 자아초월적 의식 수준에 도달하는 사람의 수가 많아지면 그에 따라 사회의 모습과 문명의 흐름도 변할 것이다. 이런 과정을 거쳐 현대사회의 파괴적인 부작용들을 해결하고 상생과 협력을 중시하는 세상으로 나아갈 수 있을 것이고, 지속적으로 의식의 성장을 이어가면 궁극적으로는 우주 전체와 공명할 수 있는 우주 의식으로까지 발전할 수 있을 것이다. 정신치료의 궁극적 목표는 개인과 사회 전체의 의식이 이 수준까지 성장할 수 있도록 돕는 것이다.

위에 소개한 내용들은 이미 과학적으로 증명되었거나, 충분한 양의 경험과 정황 증거들을 근거로 내린 합리적 결론들이다. 그러나 불행히도 이런 지식들은 흔히 말하는 '주류'의 과학과 의학으로 아직 자리 잡지 못하고 있다. 그 가장 큰 이유는 이들 대부분이 최근 20~30년 사이에 사실로 밝혀진 새로운 지식들이기 때문이다.

새로운 사실과 이론은 학자들 사이에 충분히 알려지고 토론을 거치며 공감대가 형성되는 데 오랜 시간이 걸리며, 그 과정을 거쳐 사실로 받아들여져도 학계의 중심 무대로 이동하고 사회 전체에 받아들여지는 데 또 시간이 걸린다. 정신의학을 포함한 현대의학은 아직 위에 소개한 새로운 사실들을 환자 치료에 거의 이용하지 못하고 있다. 현대의학이 지금도 분자생물학을 기반으로 환원주의적이고 유물론적인 전통 과학의 틀에 묶여 있고, 전체적 현상보다는 관찰 가능한 일부 현상의 임의적 해석에 의존해 이론을 만들고 있기 때문이다.

이 새로운 발견들이 의학적 치료에 충분히 반영되려면 적어도 한 세대는 더 흘러야 할 것으로 나는 생각한다. 익숙한 방식과 논리를 과학적 근거보다 더 중요하게 여겨 자신이 잘 모르는 낯선 사실들은 정당한 이유 없이 외면하는 과학자들이 어느 시대 어느 곳에서나 학계의 주류를 이루고 있고 이들의 생각은 새로운 사실들 앞에서도 쉽게 변하지 않기 때문이다.

양자론의 창시자인 막스 플랑크의 말처럼 '과거 이론에 묶인 학자들의 장례식이 한 번 있을 때마다 과학은 발전'하는 것이다. 그는 자기 이론을 받아들이지 않는 완고한 동료들을 보며 느꼈던 좌절감을 그렇게 표현했다. 첨단의 영역에서 새로운 사실들을 찾아내는 학자들은 항상 너무 앞에 나가 있어 늘 외롭고, 일에만 열중해 주위를 설득하거나 자기 편을 만드는 사교적 노력에 무관심해서 주류에 속한 동료들로부터 이런저런 오해와 공격을 받기 때문이다.

정신 증상의
양자론적 이해와 치료

어떤 현상이건 추상적이고 사변적인 이론보다 물리적 현실의 상호작용을 기반으로 이해하는 것이 더 과학적 접근이라고 나는 생각한다. 환자들이 겪는 정신 증상도 마찬가지다. 심리학적 이해보다 물리학적 설명이 더 많은 진실을 담고 있을 가능성이 높기 때문이다.

앞에서 살펴본 새로운 사실들을 근거로 우울과 불안, 강박, 망상과 환각 등 여러 정신 증상이 생기는 원인을 다음과 같이 추론해볼 수 있다.

양자론적 시각으로 본 정신 증상의 발생 과정과 치료

일종의 에너지로 볼 수 있는 인간 의식의 일부인 생각과 감정은 그 내용에 따라 특정 파장의 에너지 파동을 만들어내고, 같은 내용의 생각과 감정이 오랜 기간 반복될수록 그 파동의 힘은 계속 중첩되고 증폭되어 큰 힘을 축적해 몸과 마음, 주변 사람들, 주위의 공간으로 끝없이 퍼져나가며 영향을 미친다. 어떤 원인에 의해서건 부정적 생각과 파괴적 감정의 파동 에너지가 반복적으로 쌓여 지나치게 강해지고, 이를 통제하거나 중화시킬 수 있는 반대 성질의 에너지 파동은 상대적으로 약할 경우 시간이 흐를수록 우리는 이런 파괴적 파동 에너지의 영향을 더 많이 받게 된다.

결국 몸과 마음의 건강을 유지해주는 에너지 체계의 균형이, 점점 강해진 파괴적 에너지 파동에 의해 깨지거나 왜곡되면 각자의 성격, 특징, 환경적 요소, 내면에 축적된 여러 종류의 에너지 등과 상호작용해 다양한 형태의 증상으로 표면에 드러나게 된다.

최근 기능성 MRI 검사를 이용한 연구 결과들은 '환자의 부정적 사고와 감정이 실제로 뇌의 특정 부위 기능을 저하시키거나 혈류를 감소시킨다'는 사실을 보고하고 있다. 이것은 '사고와 감정이 에너지의 일종이며, 그 에너지의 특성에 따라 뇌를 포함한 신체 여러 조직의 구성요소와 기능이 직접 그에 상응하는 영향을 받게 되고, 그 결과에 따라 여러 종류의 증상이 생길 수 있다'는 위의 추론을 뒷받침해주는 증거이다. 사실 이런 연구 결과는 양자론적 시각으로 볼 때 너무나 당연한 것이지만 최근에 와서야 정밀한 검사 도구의 발달로 직접 확인할 수 있게 된 것이다.

증상의 발생 과정을 위와 같이 설명할 수 있다면 치료는 그 과정을 거꾸로 돌려놓는 것으로 볼 수 있다. 즉 증상을 일으키는 에너지 파동들을 약화시키고 제거해 안정된 상태로 되돌리고 건강한 에너지를 충분히 채워가는 치료 방법을 쓰는 것이다.

실제 이 원칙을 환자 치료에 적용해보면 불안, 우울, 환각, 강박 등의 정신 증상과 여러 신체 증상들이 그 종류나 심한 정도와 관계없이 대부분 호전되는 것을 볼 수 있다. 환자에게 처음부터 양자론적 치료 원리를 이해시키고, 치료가 끝난 후에도 스스로 건강한 상태를 유지할 수 있도록 자기관리 방법을 가르치는 것은 재발을 방지할 뿐만 아니라 환자 삶의 질을 여러 면에서 지속적으로 향상시키는 결과를 가져온다.

어떤 질병이건 처음에는 미세한 에너지 차원에서의 불균형과 왜곡으로 시작되지만 이를 방치할 경우 그 파괴적 힘이 점차 강해지며 분자와 세포, 신체 조직에 손상을 주고 눈에 띄는 증상을 일으킨다. 그렇다면 부정적이고 파괴적인 영향을 줄 수 있는 크고 작은 내적·외적 에너지 파동들을 초기에 제거하고 건강한 에너지를 채워주는 방법을 일상생활 속에서 실천하는 것만으로도 많은 질병과 고통스런 증상들을 예방할 수 있을 것이다.

빙의는 없다

빙의와 해리성 정체성 장애 이론과 실제 환자 치료에서 마주치는 상황들도 양자물리학적 관점에서 살펴볼 필요가 있다.

나는 모든 빙의 증상의 원인이 죽은 사람의 영혼이나 악령이라는 주장에 동의하지 않는다. 물론 정확한 원인 규명을 위해서는 앞으로 더 많은 연구가 필요하겠지만, 현재 빙의와 해리성 정체성 장애(다중인격장애)의 진단 기준에 포함되는 여러 증상과 불안·우울 등 일반 정신 증상들 역시 앞에서 살펴본 양자 이론으로 대부분 설명이 가능하기 때문이다.

그러나 이 환자들의 내면에서 올라온 낯선 인격이 자신은 환자와 다른 특정인임을 주장하며 그에 대한 사실적이고 구체적인 어떤 정보를 말하거나, 환자와 치료자를 위협하며 스스로 악마라고 주장한다고 해서 그 인격이 실제 그 특정인의 영혼이나 악마라고 속단해서는 안 된다. 앞에 소개한 것처럼 우주 공간에는 전 영역에 걸쳐 모든 종류의 정보가 홀로그램 방식으로 저장되어 있어 어느 정도의 민감성과 확장된 의식을 가진 사람은 최면을 포함한 여러 종류의 변성 의식 상태에서 쉽게 접근할 수도 있기 때문에 그런 정보를 근거로 판단해서는 안 되는 것이다.

사람의 사고와 감정은 반복될 때마다 그 파동 에너지가 중첩되며 시간이 흐를수록 더 큰 힘을 가진 독립된 에너지 덩어리로 발전할 수 있다. 이것을 일부 심리학자들은 상념체(想念體 thought form)라는 이름으로 부르는데, 양자론적 관점에서 '반복되면서 강해지고 뭉쳐진 파동 에너지'라고 본다면 매우 적절한 용어라고 생각된다. 환자의 내면에서 이렇게 강하게 형성된 부정적 에너지체가 표면으로 올라오거나, 환자 외부에 형성되어 있던 부정적 에너지체들이 환자에게 오염되어 환자를 지배할 때 그 에너지체의 특징에 따라 환자의 평소 모습과는 전혀 다른 인격처럼 작용하는 경우도 실제 치료 상황에서는 자주 만나게 된다.

어떤 종류의 에너지도 소립자들의 덩어리인 양자로 구성되어 있기 때문에 나름대로의 의식을 가질 수 있다는 점을 생각하면 그 에너지체가 하나의 인격처럼 느껴질 수 있다는 사실을 이해하기 쉬울 것이다.

특히 스스로 빙의에 걸렸다고 생각해 두려움에 빠진 환자는 지속적인 불안과 공포의 파동을 만들어내고 빙의에 대한 여러 가지 상상을 반복해 점점 그 믿음을 강하게 만드는 에너지 파동의 소용돌이에 빠져들게 된다.

결론적으로 말해 환자의 마음속에서 반복되고 축적된 여러 부정적 상념과 상상의 에너지, 외부로부터 받은 큰 충격이나 지속적 스트레스의 누적된 에너지로 인해 환자 내면의 에너지 체계에 상처와 약점이 생길 수 있고, 그

속에 오염되거나 파고든 강한 부정적 에너지체는 빙의나 다중인격장애에서 볼 수 있는 여러 인격의 모습으로 나타날 수 있다. 이런 에너지체의 종류와 수가 많을수록 증상은 더 복잡한 양상을 띠게 된다.

내가 이렇게 생각하는 데는 충분한 근거가 있다.

오랫동안 수많은 빙의 환자들을 치료하면서 나는 항상 환자 내면의 독립된 인격체들이 어떤 주장을 하건 상관없이 이들이 가지고 있는 부정적이고 파괴적인 에너지를 제거하는 작업에 집중하는 동시에, 환자 내면의 상처 입은 에너지 체계를 건강하게 복구하는 치료와 교육을 병행하고 있다. 이 작업만으로도 대부분의 환자들이 크게 호전되거나 완치될 수 있다는 사실은 빙의 증상 역시 건강한 에너지 체계의 왜곡과 오염에 의해 생기는 다른 증상과 그 본질이 크게 다르지 않음을 보여주는 것이다.

다중인격들의 주장은 많은 경우 환자나 치료자가 가지고 있는 문화적 선입견과 믿음을 이용하려는 거짓말과 임기응변적 내용으로 이루어져 상황에 따라 들어볼 필요는 있지만 신뢰해서는 안 된다. 치료 중에는 특별한 이유가 없으면 이들과의 긴 대화가 필요하지 않으며, 언제나 이들이 가진 부정적 에너지를 제거하고 환자의 건강한 에너지 체계를 재건하는 것을 치료의 핵심으로 삼아야 한다. 일관된 주장을 하며 자신이 환자와는 다른 존재임을 강조하는 인격 역시 그 주장이 사실이건 아니건 상관없이 그가 가진 부정적 에너지를 제거하는 것으로 치료는 만족스럽게 이루어진다. 치료에 사용할 수 있는 건강하고 강력한 에너지의 뒷받침 없이 이 존재들의 요구를 믿고 따르거나, 달래서 내보내려는 시도를 하는 것은 실제 임상 치료 상황에서 거의 효과가 없고 오히려 치료 과정을 복잡하고 무기력하게 만들 뿐이다.

Part 3과 Part 4에 소개한 여러 치료 사례들을 보면, 내가 정체불명의 존재들과 얘기를 나누며 파악하는 상황에 따라 치료를 이끌어가는 것 같지만, 어떤 모습으로 나타나는 인격이건 항상 그들의 부정적이고 파괴적인 에너지를 제거하는 데 치료의 초점이 맞춰져 있다. 그러나 이 사례들을 정리한 후 여러 해가 흐른 지금, 나는 훨씬 단순한 치료 방법을 선호하고 있다. 꼭 필요한 경우가 아니면 그 존재들을 무시한 채 무력화시키며 환자를 점차 회복시켜가는 것이다. 이 방법은 더 편안하고 안정된 상태에서 환자가 치료에 집중할 수 있도록 도와주며 치료 효과 또한 과거의 방법보다 만족스럽다.

어떤 방식이건 자신의 능력으로 이 인격들을 쫓아낼 수 있다는 사람들의 주장을 나는 전혀 신뢰하지 않는다. 이들이 빙의된 영들을 쫓아냈다고 하는 환자들을 나중에 치료해보면 그 인격들이 그대로 다시 발견되기 때문이다.

흔히 신기라고 부르는, 영적 감수성이 지나치게 강한 사람들의 경우 수시로 빙의와 유사한 증상을 경험할 수 있는데, 역시 같은 원리로 불필요한 에너지 파동을 제거하고 약화시키는 치료 방법으로 호전될 수 있다. 따라서 빙의는 '죽은 사람의 영혼이나 악마가 덧씌운 것'이라는 믿음은 대부분 사실이 아니라고 나는 생각한다. 오히려 양자론적 관점에서 보면 사람들의 파괴적이고 부정적인 상념의 파동들이 모여 귀신이나 악마라고 불릴 만큼 어두운 특징과 의식을 가진 파동 에너지의 덩어리로 존재할 가능성이 무척 높다.

환자 자신의 강하고 부정적인 상념과 감정들이 반복되면서 그 특징에 따른 다중인격이 형성될 가능성이 가장 높지만, 때로는 환자와 가까우면서 큰 영향력을 가진 살아 있는 사람의 강한 집착의 상념이나 부정적 감정도 다중인격의 형태로 빙의 증상을 일으킬 수 있다. 이 사실 또한 빙의의 원인이 죽은 영혼이 아니라 어떤 종류이건 강력한 에너지 파동의 간섭이라는 사실을 뒷받침해준다.

그러나 귀신이나 악마가 존재할 수 없다는 과학적 결론이 난 것은 아니기 때문에 모든 가능성을 열어두어야 한다. 앞서 살펴본 대로 죽은 사람의 의식이 육체로부터 분리되어 따로 존재할 수 있다면 그 의식의 에너지체를 영혼이라 부를 수 있고, 그 에너지 파동은 예민한 사람들에게 감지되거나 영향을 줄 수도 있을 것이다. 특히 심신이 약한 사람들에게 그 에너지가 오염되거나 기생할 수 있다면 결국 죽은 영혼이 씌운 것이라는 표현도 가능하다. 그러나 일부 환자의 증상이 정말 죽은 사람의 영혼이나 악령에 의해 나타나는 것이라 해도 이 역시 일종의 부정적 에너지체의 오염이기 때문에 그 힘을 제거하는 같은 원리의 치료 방법으로 충분히 해결할 수 있다.

따라서 나는, 흔히들 믿는 것처럼 '귀신이 씌워 생기는 불치의 병이며 신내림을 받거나 굿, 천도제를 통해서 쫓아낼 수 있는' 빙의는 없다고 생각하는 것이다.

[한국 양자최면의학 연구회]

2012년 1월에 나를 포함한 자아초월 최면치료학회 핵심 회원들은 특별한 모임을 가졌다. 그 날의 주제는, 양자물리학을 비롯해 위에 소개한 여러 새로운 발견들과 인간 의식의 상관관계를 살펴보고 이 상관관계를 활용해 치료된 환자 사례들을 논의하는 것이었다. 회의 결과, 양자물리학 등 새로운 과학을 바탕으로 인간 의식을 이해하고 상담과 정신치료에 응용하는 것은 물론, 최면 상태에서의 확장된 의식이 접근할 수 있는 정보와 에너지를 사용해 난치 증상들의 원인을 찾고 해결하는 새로운 정신치료 기법에 대한 깊은 연구가 필요하다는 사실에 모두가 공감했다.

학회 명칭도 자아초월적 경험을 비롯한 영적·초자연적 신비 현상들을 과학적으로 설명해줄 수 있는 양자물리학을 강조하는 의미에서 '한국 양자최면의학 연구회

(Korean Society of Quantum Hypnomedicine)'로 바꾸기로 결정하고 이 사실을 국내 정신과 의사 전체에게 알리고 참여를 원하는 전문의들을 새 회원으로 받아들이기로 했다.

이 결정에 따라 나는 2월 초, 대한신경정신의학회 소속 정신과 전문의 모두에게 이 연구회의 취지와 시작을 알리고 참여 의사가 있는 새 회원들의 연락을 받아 3월에 창립 모임을 가졌다. 6월에는 첫 학술 워크숍을 열어 새로운 연구 자료와 치료 사례들을 살펴보며 많은 대화를 나누었고, 앞으로 매년 수차례의 정기적 워크숍과 학술 토론회를 열기로 결정했다.

이제 막 시작 단계지만 이 연구회는 정신의학이 현재의 한계를 넘어 새로운 차원으로 도약하는 데 큰 힘이 될 것이다.

종교적·영적 신비체험의 이해

　같은 의미로 혼동되어 자주 쓰이고 있는 '영적'이란 말과 '종교적'이란 말의 뜻은 분명한 차이가 있다. '종교적'은 특정 내용의 가르침에 대한 공통된 믿음을 가지고 모인 특정 집단의 신앙에 관한 것을 의미하며, '영적'은 인간의 신체적 체험의 범위를 벗어나 영혼의 영역에 속한 것을 의미한다. 두 단어 모두 인간의 '자아초월적' 체험을 포함하지만 '자아초월 정신의학'이 다루는 영역은 이 둘을 합한 것보다도 더 넓고 포괄적이다.

　전통 정신의학은 영적 혹은 종교적 문제들을 단순히 무시해버리거나 정신병리 현상의 일부로 간주해왔지만, 실상 이 문제들은 인간의 경험을 구성하는 아주 중요한 현실적 요소이다. 여러 연구 결과에 따르면 많은 정신치료자들이 환자들로부터 '종교적이거나 영적인 문제를 평가하고 치료해달라'는 요청을 자주 받고 있고, 미국의 진보적 정신과 의사들로 구성된 학술단체인 '정신의학 발전을 위한 연구회'는 "모든 정신분석 치료 시간의 3분의 1 정도에서 환자들이 종교적 문제에 관해 분명히 언급한다"고 보고하고 있다.

심리학자들이 만나는 내담자의 17% 정도가 영적 문제를 주제로 삼았으며(Shafranske, Maloney, 1990), 정신치료를 하고 있는 정신과 의사와 심리학자들의 29%가 "거의 모든 환자의 정신치료에서 종교적·영적 주제는 중요한 부분을 차지한다"고 대답했고(Bergin, Jensen, 1990), 정신치료를 받고 있는 전체 환자의 4.5%가 자신의 신비체험에 대해 얘기한다는 보고도 있다(Allman, De La Roche, Elkins, Weather, 1996). 이 같은 수치들은 모두 종교와 영성의 문제가 인간의 삶에서 얼마나 큰 비중을 차지하는가를 보여주는 자료이다.

'종교성과 영성은 심리적 병리 현상'이라는 주장이 있지만, 이와는 달리 종교성과 영성이 심리적 안정을 가져오고 삶의 의미와 목적을 깨닫게 하는 중요한 요소가 될 수 있다는 최근 연구 결과가 많이 있다. 종교가 없는 사람보다 종교생활을 하는 사람이 일과 결혼, 삶 전체에 대해 만족과 행복감을 더 많이 느낀다는 연구 결과도 있고(Larson, 1991. Bergin, 1983), 임사체험을 포함한 영적 신비체험을 하는 사람들이 그런 경험이 없는 사람들보다 심리적 안정감이 더 높고 정신병리적 성향도 더 적다는 연구 결과도 여럿 있다(Caird, 1987. Hood, 1974. Spanos & Moretti. 1988).

어떤 연구는 일반인들이 정신과 의사나 심리학자들보다 종교생활의 빈도가 높고 신에 대한 믿음도 크며 삶에 있어서 종교의 중요성도 더 크게 인식하고 있다고 밝혔다(Bergin, 1990. APA, 1975). 그러나 전통적 종교생활의 빈도는 일반인보다 떨어지지만 전체 정신치료자의 68%가 '우주와 자신에 대한 영적 이해를 추구한다'(Bergin, 1990)는 연구 결과를 생각하면 정신치료자들도 종교와 영적 측면에 대해 관심이 많지만 의학 교육과 실제 임상치료가 세속적 현실의 틀 속에서 주로 행해지기 때문에 그 같은 관심이 표면화되기 힘든 것으로 해석할 수 있다.

종교와 영성에 대한 지식과 경험이 없는 정신과 의사는 환자들이 이 분야의 문제에 대해 상담해올 때 적절한 조언과 도움을 줄 수 없을 뿐 아니라 이들이 보여주는 독특한 사고방식과 체험을 특정 정신병리 현상으로 진단해 잘못된 치료를 시작할 가능성이 높다.

환자들이 가지고 있는 종교적 신념이나 영적 믿음은 이들의 생활 전반과 질병, 치료를 받아들이는 태도 등에 큰 영향을 미치는 중요한 요소이다. 그렇기 때문에 정신과 의사들은 잘못된 진단과 치료로 환자에게 뜻하지 않은 피해를 입히지 않기 위해서도 이 분야에 대한 소양과 지식을 깊이 있게 쌓아야 한다.

종교적 · 영적 체험 치료 시 유의할 점

영성에 눈뜨고 영적 체험을 하는 것이 모든 사람에게 무조건 좋은 영향을 주는 것은 아니다. 건강한 자아를 가지지 못한 사람이나 나이가 아주 어린 사람이 강하고 충격적인 영적 체험을 하게 되면 이를 잘 이해하거나 소화하지 못하고 부작용을 겪을 가능성이 높다.

정신병 환자 중에는 영적 혹은 종교적 과대망상을 가진 사람이 많기 때문에 영적 현상에 눈뜨기 시작하는 시기나 영적 위기 상황에서 나타나는 여러 비정상적 현상과 정신병 증상을 구별하는 것은 아주 중요한 문제다.

영성에 눈뜨기 시작한 예민한 사람은 의식 상태가 변화되어 정신분열증 환자에게서 볼 수 있는 환각이나 망상과 비슷한 체험을 하거나 왜곡된 신념을 가질 수 있기 때문에 이런 현상에 익숙하지 않은 정신과 의사나 심리학자들은 정신분열증으로 진단하기 쉽다. 그러나 이들이 보여주는 증상은 정신분열증이 아니며, 건강하지만 영적으로 민감한 사람들이 경험할 수 있는 주관적 영적 체험들이라는 사실을 알아야 한다.

정신질환과 증상의 진단과 분류에도 이런 견해가 받아들여져 1994년에는 미국의 《정신장애 진단 통계편람(DSM IV)》에 처음으로 '종교적 혹은 영적 문제들'이란 진단 항목이 새로 추가되었다. 이 항목은 '종교적 혹은 영적 문제가 임상 증상의 원인이 되는 경우'를 모두 포함하며 신앙심의 상실, 신앙과 종교에 대한 회의와 냉담, 새 종교로의 개종으로 인한 현실적·내적 갈등 등의 종교적 주제 외에도 다양한 영적 체험과 영적 가치관에 관한 문제들을 다룬다. 이 항목이 추가됨으로써 종교와 영적 체험의 영역이 '미숙한 자아의 병리 현상'이 아니라 '인간 삶의 아주 중요하고 보편적인 요소'라는 사실을 정신의학이 받아들인 것이다.

영적 혹은 종교적 문제를 가진 사람들의 정신치료에서 초점을 맞춰야 하는 점은 '영성과 종교성이 이들의 삶에서 어떤 기능을 수행하는가'를 파악하는 것이다.

인격과 영성의 진정한 발달을 지향하는 참된 영성 수련이나 종교생활이 있는 반면, 정신병리적 성격에 의해 잘못 이용되는 종교적 신념과 영적 추구인 '거짓 영성'도 있기 때문에 이 두 가지를 구분하는 것은 매우 중요한 일이다.

거짓 영성은 크게 볼 때 방어적인 경우와 공격적인 경우가 있다. '방어적 영성'을 가진 사람은 영성의 개념과 올바른 영적 생활에 대한 잘못된 이해로 인해 자신의 진정한 모습의 한 부분인 약점과 필요, 감정, 개성 등 인간적이고 자연스런 면을 모두 부정하고 억제한다. 또한 그런 면을 '영적 사고와 행동으로 극복해야 할 수치스럽고 미숙한 부분'이라고 생각하며 자학적인 고통을 겪는다. 이들은 다른 사람에게 무조건 맞추고 복종하는 것이 사랑과 친절, 겸손을 실천하는 길이라고 생각함으로써 주위 사람들로부터 받을 수 있거나 청할 수 있는 도움도 거절하며 '신만이 내게 필요한 것을 줄 수 있다'고 생각한다. 인간관계의 문제나 성적인 욕구 등을 건강한 방법으로 처리하지 못하면서도 그것을 자신의 금욕적 미덕이라고 합리화하며 '삶은 영적 가르침'이라는 생각만으로 모든 문제를 해결하려 한다.

반면에 '공격적' 혹은 '자애적' 영성을 가진 사람은 자신이 영적으로 남들보다 진화된 존재이기 때문에 특별한 힘과 권력을 가졌으며, 다른 사람들은 자신을 인정하고 도와야 한다고 생각한다. 이들은 자신이 더 이상 성장이 필요 없는 완전한 존재라고 믿거나, 남들이 자기를 몰라 보고 정당한 대우를 해주지 않는다고 화를 낸다.

'참된 영성'은 이 두 가지 거짓 영성의 모습과는 달리, 인간적이고 독특하며 남보다 특별히 우월하지 않은 현실 그대로의 자기 모습을 받아들이고 발전시켜나갈 수 있도록 도와준다.

'영적인 삶'이란 자기 신체와 마음과 감정과 인간관계를 뛰어넘은 삶이 아니라 평범한 일상에서 '초월성'을 깨달아가는 삶이다. 영성의 발달로 자기 존재와 생명의 진정한 본질을 깨달아간다는 것은 현재 주어진 한계를 부정하거나 왜곡하지 않고 그대로 인정하고 받아들이는 과정을 포함하는 것이다.

[수련이나 명상 시 신비체험의 진실]

별다른 계기 없이 자발적인 영적 각성이나 신비체험을 하게 되는 사람들도 있지만, 자기발전을 위해 개발된 여러 전통 수행법을 따르다가 심각한 부작용을 겪는 경우도 많다. 이런 현상은 오래 전부터 수련하는 사람들 사이에서 '마(魔)가 끼었다', '주화입마(走火入魔)에 들었다' 등의 표현으로도 전해지고 있어 상당히 흔한 것임을 보여준다.

단전호흡과 명상의 여러 기법, 요가, 종교적 참선과 기도, 단식 등의 과정에서 갑자기 환청이 들리거나 환시가 보이고 심한 신체적 고통과 불편을 호소하는 환자들이 자주 발생하고 있다. 하지만 정작 해당 수련단체나 종교 지도자들은 이런 현상의 원인을 이해하거나 해결해주지 못한다. 오히려 "남보다 민감하고 소질이 있어 그런 것이니 더 열심히 수련하라"는 지도자들의 격려를 받고 문제의 원인이 된 수련을 더 힘들여 하다가 증상이 악화된 경우도 자주 볼 수 있다.

이런 현상의 책임을 환자 당사자에게 돌리며 '마음가짐이 올바르지 않아서'라고 보는 것은 잘못된 생각이다. 마음가짐과 상관없이 그 사람의 특성에 따라 여러 종류의 부작용이 얼마든지 나타날 수 있기 때문이다.

따라서 어떤 수련을 시작하기 전에 자신이 선택하려는 기법이 혹시 뜻밖의 증상을 일으킬 위험성을 가지고 있지는 않은지, 현재 자기 몸과 마음의 상태에 무리가 없는 적절한 방법인지를 이런 증상의 치료 경험이 많은 정신과 의사와 상의할 필요가 있는 것이다. 일단 수련이나 명상을 시작했더라도 수행 중에 뭔가 불편하거나 자신과 맞지 않다는 느낌이 들면 즉시 중단해야 한다. 이런 느낌을 무시하고 강행하면 더 큰 부작용에 시달릴 위험이 높기 때문이다.

가벼운 불편 정도로 그치는 경우도 있지만 심각하고 기묘한 증상으로 오랫동안 고생하며 여러 종류의 치료를 받아도 잘 낫지 않는 경우가 많다. 결국 이 증상의 원인을 빙의 때문이라고 생각하고 치료 방법을 찾아 헤매지만 이들 대부분은 적절한 정신과 치료로 증상을 해결할 수 있다.

정신의학은 이런 증상들로 인해 심리적·사회적·직업적 기능에 심각한 손상이 오는 경우를 '영적 응급 상황'으로 분류하고, 다른 정신질환과의 연관이나 악화 가능성에 대해서도 경고하고 있다.

명상으로 인해 심리적 위기가 올 수 있음을 보여주는 임상 보고는 많이 있고, 특히 불교적 수행이나 명상에 지나칠 정도로 관심을 가지고 끌리는 사람 중에는 경계선 인격장애나 자기애적 인격장애를 가진 사람들이 많다고 한다. 그 이유는 자아를 부정하는 이런 형태의 수행이 이들의 성격 결함인 '자아통합성의 결여'와 '무질서함'을 정당화하고 합리화할 수 있는 근거가 되기 때문이다(Engler, 1986).

명상으로 인해 평소 숨어 있던 정신 증상이 드러나거나 원래 가지고 있던 정신적 문제들이 악화된다면 기존의 정신의학적 진단과 함께 '종교적 영적 문제'라는 진단명을 사용해야 한다.

미지의 존재와의 교신,
채널링 현상

  '채널링(channeling)'이란 말은 '정보의 전송 회로'를 뜻하는 '채널(channel)'이라는 영어 단어에서 파생된 것으로, 원래 의미 그대로 '정보를 전송, 전달하는 행위'로 해석될 수 있다. 그러나 단순히 모든 정보 전달 행위를 뜻하는 것이 아니다.

  즉 채널링 현상은 '현재까지 알려진 어떤 에너지나 기계장치도 사용하지 않고 현재의 과학으로는 설명할 수 없는 경로와 작용을 통해 우리가 알고 있는 물리적 현실과는 다른 차원이나 영역에 실재하는 외부의 어떤 존재나 정보의 원천으로부터 직접 특정한 사람에게 혹은 그 사람을 통해 정보나 메시지가 전해지는 상태를 말하며, 그 정보나 메시지는 그것을 받는 사람의 의식 수준이나 지식 수준에서 나오는 것이 아니어야 한다'는 조건을 갖추어야 한다. '그 사람이 무의식적으로 알고 있을 수 있는 내용이나 교육 수준을 뛰어넘거나 그의 경험이나 교육과 무관한 내용의 정보여야 한다'는 뜻이다.

이 같은 채널링 현상은 새로운 것이 아니며, 고대로부터 여러 문화권에서 다양한 사례들이 전해져 내려오고 있다. 대표적인 예는 고대 그리스 시대의 신탁과, 《성경》에 자주 등장하는 예언자들의 이야기, '영매'와 '샤먼(shaman)'들이 황홀경 상태에서 미지의 존재와 교류하고 대화하는 것, 우리나라의 경우 종교인이나 무속인들이 기도와 접신을 통해 여러 가지 정보를 받아들이는 것 등이 해당된다.

정신의학과 심리학은 지금까지 이 현상이 실제로 존재할 수 있다는 가능성을 무시하고 체험자의 잠재의식 속에서 올라오는 미리 저장되어 있던 정보로 단정하거나, 단순한 환각 혹은 착각이라는 견해를 가지고 있다. 하지만 이 논리로는 도저히 설명될 수 없는 채널링 사례들이 많은 것이 현실이다. 채널링이 가능한 사람들은 대부분 피암시성이 높고 다른 영적 체험에 대한 감수성도 민감해 일종의 '영매' 체질로 볼 수 있다. 채널링은 흔히 최면 상태나 이와 유사하게 변화된 몽환적 의식 상태에서 일어나지만 완전히 깨어 있는 상태에서도 여러 형태의 채널링이 가능하다.

채널링을 통해 얻은 정보나 메시지가 사람들에게 도움이 된 경우는 많이 있다. 그중 가장 잘 알려진 사례로는 자신이 본 적도 만난 적도 없는 수많은 사람들에게 그들이 앓고 있는 병이나 고민하는 문제의 원인과 해결책을 최면 상태에서 가르쳐준 에드거 케이시(Edgar Cayce)가 있다.

그는 최면 상태에서의 채널링으로 환자를 위한 정보만이 아니라 종교와 과학·신학 등 여러 주제들에 대해 놀라운 정보와 메시지들을 많이 들려주었는데, 그 내용들은 모두 그의 교육 수준과 평소의 지적 능력을 훨씬 뛰어넘는 것들이었다. 사람들은 대개 최면 상태에서 자신이 했던 말과 행동을 뚜렷이 기억하지만 그는 최면에서 깨어나면 전혀 기억하지 못했다. 그가 최면 상태에서 얻을 수 있었던 방대하고 불가사의한 정보의 근원이 무엇인지는 설명이 불가능하다.

나 역시 최면치료 도중에 환자에게서 일어난 채널링 현상을 통해 미지의 영적 존재들로부터 메시지와 정보를 얻은 경우가 여러 번 있었다. 그중 많은 사람에게 도움이 될 만한 내용들을 '지혜의 목소리'라고 이름 붙여 1996년에 출간한 《전생 여행》에 소개했다.

채널링을 통해 정보를 제공하는 존재는 자신의 의도와 주변 상황에 따라 정보를 받아들이고 전달하는 사람의 의식에 여러 형태로 영향을 미친다. 직접 여러 차례의 채널링을 주관해보면 정보를 전달하는 사람의 성격과 특성, 능력도 채널링의 형식과 다루는 정보의 수준을 결정하는 중요한 요소라는 사실을 알 수 있다.

채널링 상태에서 흔히 관찰되는 신체 변화로는 맥박이 느려지고, 깊고 느리게 호흡하며, 안구가 움직이지 않고, 체온도 약간 내려가며, 통증에 대한 인식과 촉각이 둔해지는 등 일반적인 깊은 최면 상태와 다를 바가 없다. 채널링을 하는 사람들의 의식과 정신 상태는 평소에는 완전히 정상이기 때문에 이 현상을 정신질환 증상으로 볼 수는 없다.

최근 20년 사이에 영적 체험과 신비체험에 대한 일반인들의 관심이 부쩍 높아지고 영적 채널링 외에도 UFO를 타고 온 외계인이나 먼 곳에 있는 다른 우주 문명과의 채널링을 통해 여러 형태의 정보를 얻는다고 주장하는 사람들도 나타나 채널링 현상 자체에 대한 관심도 커지고 있다.

과거와 달리 정신의학자들 중에도 영적·초자연적 현상들을 진지하게 받아들이고 연구하는 사람들이 늘어가고 있어 언젠가는 채널링 현상의 실체와 기전이 과학적으로 밝혀질 것으로 기대된다.

채널링과는 다르지만, 빙의나 다중인격 환자의 최면치료 도중 평소의 환자와 무관한 새로운 인격이나 알 수 없는 존재가 나타나 환자 대신 이야기를 하거나 대화에 응하는 경우가 자주 있다. 이때 환자의 목소리와 얼굴 표정에는 큰 변화가 일어나고 말투와 몸짓도 완전히 달라진다. 정상적인 사람을 통해 일어나는 채널링과 달리 이 경우는 장애를 일으키는 환자 내면의 병적 요소나 정체불명의 제3의 인격이나 존재가 대화와 정보 제공의 주체로 작용하는 것으로 생각된다. 이 환자들은 혼자 있을 때도 끊임없이 속삭이는 환청을 듣거나, 환청은 아니지만 머릿속에서 울리는 듯한 목소리를 느끼는 경우가 많다.

이 목소리는 스스로를 성령이나 하느님, 대단히 진화한 영적 존재 등으로 포장하며 환자에게 이것저것 지시를 내리거나 나무라고 생활의 사소한 면까지 간섭한다. 일부 환자는 이를 높은 영적 존재로부터의 채널링이라고 착각하고 즐기면서 지시 내용에 따라 엉뚱한 생각과 행동을 하게 된다. 이런 환자들의 환청은 정신분열증 환자들의 환청에 비해 내용이 구체적이고 약물치료로 쉽게 호전되지 않는 특징을 가진다.

영적 자각과 발달의 통로, 임사체험

　의식을 잃고 죽음의 문턱까지 갔던 중환자들이 심폐소생술을 비롯한 응급의학의 도움을 받아 회복되는 경우가 점점 많아지고 있다. 이들 중 많은 수가 죽음이 임박한 어느 순간에 자신의 몸에서 빠져나오면서 시간과 공간의 한계를 뛰어넘어 미지의 특이한 차원과 공간으로 들어가는 인상 깊은 경험을 하게 된다. 심근경색으로 인한 급성 심장마비, 외상에 의한 뇌 손상, 갑작스런 과다출혈, 질식으로 인한 의식 소실 등 삶과 죽음의 경계를 넘나드는 위급한 상황에서 이러한 임사체험(臨死體驗 Near Death Experience)은 자주 일어난다.

　처음에는 무척 희귀한 체험으로 생각되었지만 실제 죽음의 문턱에 갔던 사람들 중 최소한 3분의 1 이상이 이 체험을 한다고 하며(Ring, 1980. Sabom, 1982), 1995년 갤럽 설문조사에서는 1300만 명 이상의 미국인이 임사체험을 경험한 것으로 결론내리고 있다. 실험적으로 이 체험을 만들어보려는 시도들은 성공하지 못했다. 체험자가 정말 죽음의 위기에 도달했을 때에만 이 현상은 일어나는 것이다.

임사체험 중 흔히 겪게 되는 현상으로는 자신의 몸을 빠져나와 공중으로 떠오르는 느낌과, 완전한 마음의 평화와 초월적 느낌 속에서 다른 차원의 세계로 들어가 자아의 한계와 현실적 시간·공간의 경계를 넘어서는 것이다. 그리고 그 과정에서 특이한 소리를 듣거나, 어두운 터널을 통과해 아주 강렬하지만 눈부시지 않은 밝은 빛을 보게 되고, 세상을 떠난 친지나 다른 영적 존재들을 만나 대화하기도 하며, 지금까지의 자기 삶에 대해 뒤돌아보고 더 이상 갈 수 없는 지점까지 갔다가 다시 자신의 육체로 돌아와 깨어난다. 깨어난 후 이들은 삶에 대한 태도와 가치관에 엄청난 변화를 보이게 된다.

미국 정신과 의사 레이먼드 무디는 의학적으로 죽었다가 살아난 사람들과 죽음의 문턱까지 갔다가 회복된 사람들이 전하는 특이한 체험을 모아 1975년에 《삶 이후의 삶(life after life)》이라는 책을 발표했다. '임사체험'이란 용어는 그가 이 책에서 처음 사용했으며, 이 책은 임사체험에 대해 사람들의 큰 관심을 불러 일으켰다.

'임사체험은 무의미한 환각 현상'이라고 무시하던 의학계는 날이 갈수록 같은 경험을 보고하는 사람들이 많아지자 이 현상에 대한 진지한 연구를 피할 수 없게 되었다. 임사체험을 한 사람들을 추적 조사해보면 모두가 건강하고 정상적인 심리 상태를 가졌고, 나이·종교·인종·성별 등에서 다른 건강한 사람들과 구별되는 특별한 점이 없었다고 한다. 이 현상을 단순히 환각이라고 주장하는 학자들도 있고, 육체의 죽음 이후에도 인간의 영혼이 살아남는 증거라고 주장하는 학자들도 있지만 어느 쪽도 확실한 증거를 가지고 있지 못한 것이 현실이다.

1981년에는 이 현상을 과학적으로 연구하기 위해 미국에서 관련 학자들에 의해 처음으로 연구회가 조직되었고, 지금은 '국제임사체험연구회(International Association for NearDeath Studies, IANDS)'로 발전해 임사체험자와 그 가족들을 돕고 임사체험에 대한 정보를 일반인에게 알리는 역할을 하고 있다. 이 모임에서 발간되는 학술지는 임사체험에 대한 유일한 전문 학술지이다.

이 현상에 대해 회의적인 학자들은 그런 체험의 원인을 산소 부족, 과다한 이산화탄소, 측두엽 간질 발작, 약물 효과, 신경호르몬의 부조화, 환각, 심리적 필요에 따르는 일시적 환상 등 여러 가지로 주장하지만 어느 것도 설득력을 가지지 못한다.

예를 들면 충분한 산소를 공급받고 있던 환자도 나중에 임사체험을 보고하는 일이 있는가 하면, 심장박동이 멈춘 후 10초만 지나면 뇌파의 활동도 완전히 멈춰 뇌의 어느 부분에서도 환각 작용은 일어날 수 없는데 임사체험자들은 그 상황에서 겪은 일들을 아주 생생하고 구체적이며 일관되게 얘기한다. 단순한 환각은 내용이 지리멸렬하고 앞뒤가 안 맞으며 혼란스럽고 기억도 희미하다는 점은 임사체험이 환각이 아님을 증명한다. 임사체험자들은 자신의 경험을 수십 년이 지난 후에도 생생하고 또렷하며 일관되게 기억하기 때문이다.

실험적으로 약물을 통해, 혹은 뇌의 어느 부위를 자극해 임사체험을 일으켰다는 보고들이 있고 몇 종류의 신경전달 화학물질이 뇌의 특정 부위에 작용함으로써 이 현상을 초래한다는 생물학적 가설들이 제기되고 있다. 하지만 실상은 임사체험에 포함된 여러 경험의 일부를 유사하게 재현할 수 있을 뿐이지 실제 임사체험이 가지는 복잡한 일련의 과정을 재현하는 것은 불가능하다.

임사체험 이후의 삶

임사체험 자체도 흥미롭지만 체험자들이 보이는 변화는 더 흥미롭다. 임사체험 이후 인생관과 가치관이 크게 달라져 삶에 대해 감사하는 마음이 커지고, 타인에 대한 이해와 공감·따뜻함이 깊어지며, 삶의 목적의식과 자신에 대한 이해가 증가하고, 배우고자 하는 마음과 노력이 커지며, 환경과 주변에 대한 의식과 직관력이 확장되고, 죽음에 대한 두려움이 사라진다. 또한 경쟁심과 물질에 대한 집착이 없어지고, 목적과 사랑으로 가득한 우주와 자신이 하나로 연결된 느낌 등 깊은 영적 인식의 깨어남과 성장으로 발전하는 경우가 많기 때문이다.

따라서 임사체험은 이런 영적·내적 성장으로 이끄는 좋은 촉매로 작용할 수 있으나 이런 강력하고 비일상적인 체험을 받아들일 만한 준비가 되어 있지 않은 사람에게는 이 경험이 큰 위기로 작용할 수도 있다.

임사체험 후 경험하는 가장 흔한 감정은 마지막 단계에서 자기 몸속으로 다시 돌아왔을 때 느끼는 분노와 우울이다. 상당수의 체험자들이 계속 그곳에 머물고 싶었던 자기 의지와 상관없이 지상의 몸으로 돌아온 것에 대해 아쉬움과 분노를 느낀다고 한다.

체험 후 새롭게 가지게 된 가치관과 태도의 변화는 임사체험 이전의 종교관이나 가치관, 생활방식과 크게 다를 수 있어 적응하는 데 시간이 걸리는 경우가 많다. 또한 그 같은 체험을 한 자신의 정신 상태에 대해 불안과 의심을 품으면서도 자신의 체험이 무시당하거나 조롱당하는 것이 두려워 선뜻 상담자를 찾기 어렵고, 예전과 같은 태도로 사람들과 어울리거나 가족 내에서의 역할을 소화하기 힘들어 소외감과 거리감을 느끼거나 갈등을 일으킬 수 있다고 한다.

임사체험 이전에 중요하게 받아들이던 많은 것들이 더 이상 큰 의미를 가지지 않게 되고, 같은 경험을 하지 않은 주위 사람들과의 의사소통에 한계를 느끼며, 임사체험 상태에서 말로 표현하기 힘든 무한하고 무조건적인 사랑의 감정을 느꼈기 때문에 인간관계의 한계와 조건들을 답답하게 느끼는 경우가 많다. 불쾌하거나 두려웠던 임사체험의 기억을 가진 사람도 가끔 있는데 이들은 그 경험의 반복적 회상으로 고통을 받을 수 있다.

상담자와 가족 등 주위 사람들이 이들의 경험담에 어떻게 반응하는가는 아주 중요한 문제다. 치료자나 상담자 중에도 임사체험에 대한 경험을 솔직하게 털어놓았다가 부정적으로 받아들이는 사람이 많아 마음에 상처를 입은 경우가 많고, 때로는 이들에게 너무 많은 것을 기대하는 주위 사람들로 인해 상처를 입는 경우도 있다. 그러나 대부분의 체험자들은 시간이 지나면서 서서히 긍정적으로 적응해가며 삶에 대한 영적인 깊이를 더해가게 된다.

임사체험을 이해해야 하는 가장 큰 이유는 이 현상이 '인간의 의식은 두뇌의 산물이며 육체가 죽으면 소멸된다'는 유물론적 생물학이 사실이 아님을 증명하는 중요한 단서가 될 수 있기 때문이다.

육체와 상관없이 의식이 작용함을 보여주는 사례는 임사체험 외에도 많이 있다. 자아초월적 최면 기법을 이용하면 두뇌가 형성되기 전인 임신 1개월의 태아의 기억이나 엄마의 자궁 속으로 들어오기 전 영혼 상태에서의 기억, 전생기억으로의 퇴행과 죽음이 임박했던 과거 상황, 죽음의 순간, 죽음 이후의 기억들까지도 접할 수 있다.

이런 일련의 최면치료 과정에서 임사체험에 버금가는 신비로운 경험을 하는 사람들이 많고 그 체험을 통해 현재의 증상을 극복하고 심오한 영적 자각과 자신의 진정한 정체성을 깨달아 인격 전반의 성장 기회를 얻게 되는 경우도 무척 흔하다.

이들의 기억을 단순한 환상이나 의식적으로 지어내는 것으로 볼 수 없는 이유는 치료 과정이 진행될수록 현재의 문제와 그 기억들 간의 깊은 상호 관련이 드러나 일반 상담과 분석으로 해결할 수 없던 문제들의 실마리를 찾는 경우가 많기 때문이다.

현재의 과학은 아직 영혼과 인간 의식의 근원과 본질에 대해 규명하지 못하고 있지만 임사체험이나 유체이탈과 같은 현상을 진지하게 연구함으로써 우리 모두에게 중요한 문제인 죽음 이후의 삶이 정말 존재하는지, 육체의 죽음 후에도 소멸되지 않는 영혼이 정말 있는지에 대한 답을 찾아나갈 수 있을 것이다. 이 초월적 현상을 경험한 사람들은 인생관과 가치관, 삶의 여러 문제를 대하는 태도, 신념과 신앙체계 등에 극적이고 영구적인 변화를 일으킴으로써 결과적으로 의식 수준이 향상되어 높은 수준의 영적 자각과 인격의 성장에 이르게 된다.

현재까지 알려져 있는 영적 현상들 중 특히 임사체험은 영적 자각과 발달로 이어질 수 있는 가장 확실한 통로라고 할 수 있다.

우리 사회 전체를 충격과 슬픔으로 몰아넣었던 큰 사건들 중 1995년의 '삼풍백화점 붕괴 사고'가 있었다. 그 사건 후 나는 다섯 명의 환자들로부터 각각 "이미 그 사고가 있기 전에 그 건물의 붕괴 장면을 봤다"는 얘기를 들었다. 이들은 가벼운 우울증이나 불안증 때문에 치료받고 있었지만, 모두 진지하고 믿을 만한 사람들이었으며 심한 정신 증상을 가진 사람은 하나도 없었다. 이들은 그런 능력을 자랑하기보다는 오히려 부담스러워 하며 그 얘기도 심각한 표정으로 어렵게 꺼냈었다.

눈앞을 스쳐 지나가는 환상 같은 장면이었다는 사람이 있는가 하면 꿈에서 봤다는 사람도 있었는데, 흥미로운 것은 이들 중 누구도 그 백화점에 가본 적이 없었다는 것이다. 자신이 본 '분홍색 건물'이 삼풍백화점이었다는 사실을 TV 뉴스를 보기 전까지 몰랐다는 사람도 있었다. 이들 중 가장 오래 전에 그 장면을 본 사람은 사고가 나기 2년 전이었고, 사건에 가장 가까운 시점에서 본 사람은 5일 전이었다.

이들 중에서 30대의 한 여자 환자는 1986년 미국 우주왕복선 챌린저호가 발사된 후 짧은 시간 안에 폭발 사고를 일으켜 7명의 승무원이 모두 죽었을 때도 비슷한 경험을 했다.

"어느 날 깊은 밤에 잠이 덜 깬 채 일어나 화장실에 다녀오는데 갑자기 '뭔가 큰 것이 폭발했다'는 느낌과 함께 멀리서부터 마음속으로 선명하게 사람 목소리들이 전해져왔어요. 점점 멀어져가는 것처럼 애절하고 아련하게 들렸는데, 그 목소리는 분명히 '여러분 안녕…… 여러분 안녕…… 우리는 이제 떠납니다…… 우리는 이제 갑니다……' 이런 내용의 말을 하고 있었어요. 작별인사처럼 들리는 그 아련한 목소리를 들으며 저는 '참 이상한 일도 있구나. 내가 꿈을 꾸고 있나?' 하고 생각하며 무심히 방으로 돌아와 다시 잠을 잤죠. 그런데 아침에 일어나 TV를 켜니 미국의 우주왕복선이 폭발했다는 뉴스가 나오고 있었어요. 처음에는 별 느낌 없이 보다가 가만히 들어보니 제가 화장실에 갔던 시간이 바로 그 폭발이 있었던 시간이었어요. 그 때 선 채 TV를 보면서 뭔가를 하고 있었는데 그 사실을 깨닫는 순간 너무 놀라서 그 자리에 풀썩 주저앉아버렸어요. 제가 들었던 목소리가 승무원들의 것이었다는 생각에 너무 마음이 아팠어요."

1986년 1월 28일 오전 11시 38분(미국 동부 시간) 미국 우주왕복선 챌린저호는 발사대를 떠나 비행을 시작한 지 73초 만에 폭발해 7명의 승무원과 함께 불덩이가 속으로 사라졌다. 그 사고가 났던 순간은 우리나라 시간으로 새벽 1시 38분이었으니, 이 환자가 폭발 사실을 느끼고 목소리를 들었다는 시간과 일치한다고 볼 수 있다.

수만 명이 희생된 2011년 3월 11일의 일본 대지진과 쓰나미를 꿈에서 미리 본 환자들도 있다. 일본 미야기현에 살고 있는 아들 가족이 모두 피난 갈 짐을 싸놓고 집 떠날 준비를 하는 장면을 꿈에서 본 박 모 할머니는 불안한 마음에 다음 날 아침 당장 아들에게 전화를 했다. 중년의 아들은 어머니의 꿈 얘기를 웃어넘기며 "아무 일 없으니 걱정 마시라"고 했다. 그런데 닷새 후 대지진 소식이 들렸고, 그 소식을 듣자마자 박 할머니는 아들에게 다시 전화를 했지만 연락이 되지 않아 노심초사하다 밤 늦게야 아들의 전화를 받았다. 대지진과 쓰나미로 인해 미야기현의 피해가 가장 컸으나, 다행히 그 가족은 피해 없이 재난을 넘겼다고 한다. 아들은 그 지역의 전화가 불통되는 바람에 연락을 할 수 없었다며 며칠 전 들었던 어머니의 꿈 얘기를 신기해했다고 한다.

여러 해 전 여름, 경기도 연천과 철원 지역에 내린 집중호우로 군부대 내의 숙소 건물이 무너져 다수의 장병이 건물더미와 밀려든 진흙에 깔려 죽은 사고가 있었다. 그 일이 있고 나서 며칠 후 한 여의사로부터 전화를 받았다. 모 종합병원의 산부인과 수련의라고 자신을 밝힌 그녀는 "사고가 나기 이삼 일 전 꿈에 군인들이 진흙더미에 깔려 죽는 장면을 보고 몹시 놀라고 불안한 마음으로 깨어났는데 실제로 그 일이 일어났다"며 심각한 목소리로 물었다.

"평소에 꿈이 너무 잘 맞아 좋지 않은 내용의 꿈을 꾸면 하루 종일 마음이 불안해요. 예전부터 그런 편인데 치료를 받아야 하나요?"

"비슷한 경험을 하는 사람이 많으니 병으로 볼 것은 아니지만 초자연적 감수성이 지나치게 예민한 편으로 생각할 수 있어요. 불편이 심하다면 치료가 필요합니다."

나는 이렇게 대답해주었다.

모든 것이 연결되어 있고 모든 정보가 시간과 공간의 구분없이 공유될 수 있음을 보여주는 양자물리학으로는 쉽게 설명할 수 있지만 전통 과학으로는 설명할 수 없는 이 같은 초자연적 체험을 하는 사람들은 생각보다 훨씬 많고 '꿈이 너무 잘 맞아 생활이 힘들다'고 불평하는 사람들도 많이 있다. 초자연적 현상이나 영적 체험을 다른 정신과 의사보다 잘 이해해주고 받아들인다는 사실을 알기 때문에 환자들은 직접 겪었던 신기한 경험들을 숨기지 않고 내게 잘 얘기하는 편이다.

크건 작건 신비 현상을 체험하는 사람들이 전체 인구의 30~40%에 이른다는 연구 결과(Spilka, Hood, Gorsuch, 1985)는 이 현상이 보편적이고 흔한 정상 경험의 영역임을 보여준다. 그러나 무서운 꿈이 잦거나, 불쾌하고 부담스런 영적 체험을 자주 하는 사람은 생활에 상당한 불편이 따른다. 전통적으로 '신기(神氣)'라고 불리는 특징이 강하게 나타나는 사람들이 흔히 이런 고통을 당하지만, 적절한 정신치료를 통해 지나친 영적 과민성을 통제하거나 제거하는 것은 비교적 쉬운 일이다.

스스로 생활에 큰 불편이 없다고 느낀다면 굳이 치료가 필요하지 않지만, 이런 현상을 빙의 때문이라고 의심하고 심하게 불안해하는 사람들은 치료를 받아야 한다. 자신이 빙의라고 믿을 때 이런 증상이 생기거나 더 심해지는 경우도 많고 다른 증상으로 발전해갈 수도 있기 때문이다. 심령현상이나 초자연적 체험 능력을 그 사람의 영적 의식 수준과 결부시켜서는 안 된다. 일부 종교와 수련단체에서는 구성원들이 이같은 신비체험을 추구하도록 부추기며 그 체험 자체를 남보다 우월한 능력으로 받아들인다. 이것은 잘못된 태도이며 영적 감수성이 민감한 사람이나 정서적으로 불안정한 사람에게는 자칫하면 심각한 부작용을 일으킬 수 있다.

빙의 증상과
해리성 정체성 장애(다중인격장애)

여러 해 전 해리성 정체성 장애 증상을 보이던 한 여자 환자의 최면치료를 막 끝내려고 할 때 갑자기 그녀가 굵고 거칠게 변한 목소리로 "왜 나하고는 얘기를 안 하는 거예요?"라고 불만스럽게 물었다. 나는 잠시 놀랐지만 곧 "너는 누구야?" 하고 되물었다.

"나는 정식이에요. 이 누나가 좋아서 같이 있죠. 아저씨가 다른 사람들하고는 얘기를 많이 했는데 나는 안 불러주는 게 화가 나서 직접 나왔어요."

"넌 몇 살이야?"

"열일곱이요. 나도 이제 어른이라구요."

"언제부터 거기 있었어?"

"히히…… 오래 됐어요."

이어진 대화를 통해 그는 자신이 열일곱 살에 교통사고로 죽었으며, 그렇게 죽었다는 사실에 화가 나 여기저기 돌아다니다가 우울과 불안이 가득

했던 이 환자의 내면으로 들어왔다고 얘기했다. 이미 치료를 끝내야 할 시간이 넘어 다음 시간에 계속 얘기를 나누기로 하고 서둘러 그를 환자의 내면으로 들어가게 한 뒤 얌전히 있도록 했다. 원래 모습으로 깨어난 그녀는 평소와 다름없이 인사를 나누고 밖으로 나갔다.

그런데 다음 환자와 마주 앉아 얘기를 시작한 지 1~2분이 채 지나지 않았을 무렵, 간호사가 놀란 얼굴로 뛰어 들어와 "원장님, 바깥의 환자가 이상해요" 하며 어쩔 줄 몰라 했다. 어떤 상황인지 짐작되는 것이 있어 상담 중이던 환자를 잠시 대기실에서 기다리게 하고 조금 전 치료를 끝낸 환자를 다시 들어오게 했다. 진료실로 걸어 들어오는 그녀의 모습은 내 예상대로 평소와 완전히 달라져 약간 건들거리는 십대 소년의 걸음걸이와 얼굴 표정, 몸짓으로 변해 있었다.

다시 치료실로 환자를 데리고 들어가자 "아저씨 미안해요. 저도 모르게 또 나왔어요. 저 정식이에요. 들어가 얌전히 있으려 했는데 잘 안 되네요"라고 십대 소년의 목소리로 말했다. 눈을 끔벅이며 소년처럼 말하는 그녀의 모습은 정말 열일곱 살의 남자아이 같았다. 어쩔 수 없이 다시 한 번 그 존재를 달래 들여보내고 원래 환자의 모습으로 돌아오게 한 후 치료를 마쳤다.

해리성 정체성 장애 환자와 치료의 현실

이는 흔히 볼 수 있는 일은 아니지만, 해리성 정체성 장애 환자의 극적인 모습을 잘 보여주는 사례다. 환자의 내면에 숨어 있다가 표면으로 올라온 '정식'이란 이름의 다른 인격을 과거의 어떤 충격이나 심한 갈등으로 인해 환자의 전체 인격으로부터 분리되어 나온 조각으로 본다면 '해리성 정체성 장애'라는 진단명을 써야 하고, 정식이의 주장대로 교통사고로 죽은 그의 영혼이 환자에게 씌인 것으로 본다면 '빙의(憑依)' 혹은 '귀신들림'이란 진단명을 쓸 수 있다. 그러나 정식이라는 인격의 존재와 주장을 무시하고 겉으로 드러난 정신 증상만을 근거로 진단한다면 '우울증'이나 '정신분열증'이 된다.

'원인을 알 수 없는 어떤 초자연적 힘(악마 · 영혼 · 귀신 등?)에 사로잡혀 있음'을 뜻하는 '빙의'라는 정신의학적 진단은 우리나라에서 먼 옛날부터 전해 내려오는 '귀신들림 · 신들림 · 신내림' 등의 현상을 모두 포함한다.

꿈꾸듯 몽환적으로 바뀐 의식 상태에 빠져들어 평소와 전혀 다른 사람으로 변한 목소리와 몸짓, 말과 행동으로 보는 사람을 놀라게 하는 무당의 신들린 상태도 일시적 빙의 현상으로 볼 수 있다. 신들림과는 다른 형태의 다양한 빙의 현상을 경험하는 사람들은 생각보다 훨씬 많으며, 이는 인류의 오랜 역사 속에서 모든 문화 종교권에서 관찰되어온 현상이다.

빙의 현상으로 고통받는 환자들은 모종의 영적인 힘이 자기 안에 침투해 생활 전반에 악영향을 주고 특정한 정신 증상을 일으키고 있다고 주장한다. 흔히 '내 안에 다른 누군가가 들어와 있다', '누군가 내 머릿속에서 이래라저래라 한다', '내가 나를 통제할 수 없다' 등의 호소를 하며 자기 안에 들어와 있는 그 존재가 죽은 사람의 영혼이나 귀신 · 악마 · 사탄 등이라고 생각해 두려움에 떨거나, 반대로 성령 · 부처 · 하느님 등의 높은 존재라고 우쭐대며 좋아하기도 한다. 이들은 자주 환청과 악몽, 가위눌림에 시달리고 강박적 망상이나 우울 · 불안 등 거의 모든 종류의 정신 증상을 보이며 상식적으로 이해하기 힘든 초자연 현상이나 영적 신비체험을 하기도 한다.

대부분의 정신과 의사들은 '빙의'나 '해리성 정체성 장애'라는 진단명에 익숙하지 않아 이런 환자들의 구체적 증상과 주장을 무시하고 망상과 환각 등 일부 증상만을 진단 기준으로 삼아 정신분열증이나 조울증 등으로 판단해 약물치료를 시작하게 된다. 환자가 보여주는 모습이 정신분열증 증상군과 매우 흡사하고, 조울증이 심할 때 보이는 정신착란 증상과도 비슷하기 때문에 빙의와 해리성 정체성 장애에 대해 잘 모른다면 그럴 수밖에 없는 일이다.

그러나 이들의 증상은 정신분열증과는 달리 약물치료로 잘 낫지 않기 때문에 골치 아프고 이해할 수 없는 환자로 취급되는 일이 흔하다. 결국 의사들이 이것저것 약을 바꿔가며 더 강한 처방을 해보지만 결과는 신통치 않고, 오히려 과다한 약물 복용에 의한 부작용 때문에 환자들이 스스로 병원 치료를 기피하거나 포기하는 상황에 이르기 쉽다.

자신의 증상과 주장이 치료자로부터 제대로 받아들여지지 않고 이해받지 못한다는 사실은 환자로 하여금 깊은 좌절감과 절망감에 빠지게 한다. 현대 정신의학이 자기를 낫게 해줄 수 없다고 믿게 된 환자는 굿이나 부적 · 안수기도 · 천도 · 구명시식 · 퇴마 등 여러 종교 의식을 통해 쉽게 나을 수 있다고 주장하는 사이비 종교인이나 정신수련 단체, 무속인, 자칭 퇴마사들의 유혹에 넘어가 지푸라기라도 잡는 심정으로 매달려 시간과 돈을 낭비하고 큰 피해를 입기 쉽다.

정확한 진단과 치료를 통해 쉽게 나을 수 있고 완치율도 높은 이 환자들이 이런 어려운 상황에 처할 수밖에 없는 이유는 정신과 의사들의 수련 과정에 이 분야에 대한 제대로 된 교육이 없기 때문이다.

빙의와 해리 현상의 역사

고대에서 중세까지

정신병과 정신의학의 역사는 영혼의 존재와 귀신들림에 대한 믿음의 역사와 따로 떼어 생각할 수 없을 정도로 깊이 연관되어 있다.

인류 역사상 모든 주요 문화권과 종교적 전통에는 정신병의 원인을 귀신들림이나 신이 내린 벌로 보고 이를 해결하기 위해 귀신을 쫓아내는 퇴마의식(exorcism)을 행하거나 신에게 빌어야 한다는 믿음이 있었다. 마치 현대인들이 의사를 방문하듯 고대인들은 무당과 주술사를 찾아가 질병이나 불행, 악운에 대해 상담하고 해결책을 구했다.

'귀신을 쫓아냄', 즉 퇴마의식을 뜻하는 영어 단어 exorcism(엑소시즘)의 어원은 '서약으로 속박하다'라는 의미의 고대 그리스어에서 비롯되었다. 무당이나 주술사를 의미하는 샤먼(Shaman)이란 말의 근원은 북극권의 퉁구스족(Tungus) 언어이며 '흥분된, 감정이 고양된 사람'이라는 뜻이다. 고대로부터 지금까지 여러 시대와 문화권의 사람들이 질병과 귀신들림의 관계에 대해 어떻게 생각해왔는가를 간단히 살펴보자.

유럽지역은 1만 7천 년 전, 아프리카는 2만 5천 년 전으로 추정되는 구석기 시대의 그림 속에 이미 주술사의 모습이 표현되어 있고(Walsh, 1996), 프랑스에서 발견된 구석기 시대의 한 동굴 벽화에는 우주에 존재하는 미지의 힘들을 '뿔 달린 신'으로 묘사한 그림이 있다(Baskin, 1974). 이런 사실은 영혼과 귀신에 대한 사람들의 믿음이 얼마나 오래되고 뿌리 깊은 것인지를 보여주는 객관적 증거이다.

기원전 2500년경에 만들어진 고대 메소포타미아 문명(기원전 5300년에서 기원전 600년경까지 지속)의 유물인 석판에 기록된 설형문자를 해석하면 온갖 질병의 원인이 되는 악한 귀신들을 쫓아내기 위한 명령과 함께 부족의 신들에 대한 기도와 주문들이 치료의 방법으로 적혀 있다(Ehrenwald, 1976).

고대 메소포타미아에서는 모든 신체적 · 정신적 질병의 원인을 귀신이라고 믿었고, 이들에 대한 두려움이 바빌론 사람들의 일상생활에 큰 영향을 미쳤다고 하며(Sargant, 1973), 바빌론의 사제들은 제령(除靈)을 위해 흙이나 밀랍으로 악마의 모습을 빚고 이를 부수어 악한 귀신을 파괴하는 의식을 행하는 퇴마사의 역할을 했다고 한다.

기원전 1천 년경 기록된 인도의 힌두 경전《베다》에도 사람을 해치고 신들을 방해하는 악령들에 대한 이야기가 나오고, 기원전 600년경 고대 페르시아의 기록에도 조로아스터교의 창시자인 조로아스터가 기도와 의식, 성수를 사용해 악령을 쫓아냈다는 사실이 언급되어 있다(Baldwin, 1992).

고대 이집트에서는 이런 의식을 의사와 사제가 한 팀이 되어 집행했다는 기록이 있고(Hoyt, 1978), 고대 그리스 사회는 여사제들을 영매로 사용해 이들이 자발적인 몽환 상태에 들어가 신들의 뜻을 전하고 이를 사제들이 해석했으며, 호머와 소크라테스는 귀신들림을 정신병의 주요 원인으로 생각했다고 한다. 플라톤은 '신내림' 현상을 처음으로 기술하고 이것을 악령의 빙의나 질병이 아니라 어떤 목적을 가진 능력이며 신의 은총이라고 생각했다(Modi, 1997).

그리스의 디오니서스 숭배자들은 술을 마시고 성적 흥분을 유발하는 의식을 통해 자발적으로 접신을 시도함으로써 결국 난장판에 이르는 경우가 많았는데, 이런 의식이 고대 그리스에 널리 퍼져 폐해가 컸기 때문에 그리스의 문화를 이어받은 고대 로마에서는 이 의식을 제한하는 법을 기원전

186년에 만들었다고 한다(Lewis, 1995).

《구약성서》의 〈신명기〉에는 신이 자신의 뜻을 거스르는 자에게 여러 질병으로 벌을 내린다는 구절이 있고, 2천 년 전 예수가 귀신을 쫓아내는 얘기는 성경에 최소 26군데나 언급되어 있으며, 예수가 자신의 열두 제자에게도 그런 능력을 주었다는 얘기 역시 《신약성서》인 〈마태복음〉에 기록되어 있다. 예수의 가르침을 바탕으로 삼는 기독교 역시 많은 질병의 원인을 악령에 의한 귀신들림으로 보고 사제들이 이를 몰아내는 역할을 중세시대 이후까지 활발하게 해왔다. 아직도 가톨릭과 개신교 모두 퇴마의식을 행하거나 제령을 위한 안수와 기도를 하는 성직자들이 상당수 있다.

고대 이스라엘에서는 오래 전부터 예언자가 일시적 몽환 상태에서 신의 뜻을 전하는 역할을 하는 전통이 있었고(Sargant, 1973), 이슬람 문화권 역시 악령과 귀신들림에 대한 기록들을 다수 남기고 있다. 이 외에도 고대 중국, 한국, 일본, 동남아, 아프리카 여러 지역 등 사실상 전 세계의 모든 주요 문화권에서 이런 믿음이 당연한 것으로 받아들여졌다는 기록들이 존재한다.

서양에서는 특히 서기 500년에서 1500년에 이르는 중세시대 동안 기독교 교리에 맞게 조금 변형되었을 뿐인 고대의 미신들과 귀신론이 더 힘을 얻어 정신병 치료를 주로 교회의 사제들이 맡아 매질을 포함한 온갖 고통스런 방법으로 환자 안에 있는 귀신을 몰아내려고 했다(Coleman, Butcher, Carlson, 1980).

가톨릭 교회의 종교재판관이었던 하인리히 크레이머는 《마녀의 망치(Malleus Maleficarum)》라는 책을 1486년에 발표했는데 '마녀들은 실제로 존재하며 악마와 소통함으로써 매우 위험하고 사악하다'라는 주장과 마녀를 분별하는 방법들을 담고 있다. 이 책은 이후 오랜 세월에 걸쳐 남다른 영적 지혜와 치유 능력을 가졌던 수많은 여인들을 마녀로 몰아 사형시키는 근거로도 활용되었다.

가톨릭 교회는 예수가 귀신을 내쫓기 위해 명령했던 방식을 기초로 중세 시대의 오랜 기간에 걸쳐 공식적인 퇴마의식을 발전시켜 17세기에 완성된 형태를 지금도 사용하고 있다(Nicola, 1974. Martin, 1976).

16세기 이후 사회 전반에 과학적 회의주의가 급속히 퍼지면서 귀신론은 점차 힘을 잃게 되었고 성직자들 사이에서도 사제들의 치료 방식과 종교재판에 반대하는 이들이 나타나기 시작하면서 절대적이던 교회의 권위도 급격히 약화되기 시작했다.

근세에서 현대까지

과학적 방법론과 실험을 통해 새로운 지식과 발견들이 많아지면서 이성적이고 과학적인 논리에 따라 정신병을 이해하고 해결하려는 임상의학적 접근도 처음으로 시작되었다.

18세기 후반에 정신과는 처음으로 의학의 한 분야로 인정되었고(Modi, 1997), 18세기 말에는 '현대 정신의학의 아버지'라 불리는 프랑스의 필립 피넬(Philip Pinel), 영국의 윌리엄 튜크(William Tuke) 등이 그 시대의 계몽주의적 분위기에 따라 열악한 환경의 수용소에 범죄자처럼 갇혀 지내는 정신병 환자들에 대한 심리적·사회적 이해와 인도주의적 관리를 강조하는 도덕적 치료를 주장하였다. 이 새로운 방식의 치료와 환자 관리는 유럽 전역에서 공감을 얻었고, 미국에서도 '미국 정신의학의 아버지'라 불리는 벤자민 러시에 의해 받아들여져 19세기 말까지 정신의학의 큰 흐름으로 자리 잡았다.

서양에서 영혼과 귀신들림에 대한 관심이 다시 높아진 것은 1837년 미국에서 시작된 강신술(降神術) 집회 이후로 볼 수 있다(Baldwin, 1991). 특별한 능력을 가진 영매들이 죽은 사람의 영혼이나 다른 영적 존재들과 소통하며 정보와 도움을 얻어 현실의 질병이나 문제를 해결할 수 있고, 빙의 현상을 일으키는 영혼도 제거할 수 있다는 믿음을 가진 사람들의 강신술 회합은 선정적으로 크게 보도되어 사회적으로 큰 관심을 끌었다. 죽은 사람의 영혼이 영매를 통해 전했다는 정보들은 죽은 이나 가까운 사람만이 알고 있던 은밀하고 사적인 내용들이 많아 육체의 죽음 후에도 영혼이 살아남는다는 믿음을 뒷받침하는 것으로 받아들여졌다.

그러나 영매가 전하는 '죽은 사람들로부터의 정보'가 사실은 텔레파시나 천리안과 같은 초자연적 능력에서 오는 것이라는 주장도 많아 처음으로 심령현상과 초자연 현상들을 과학적으로 연구하기 위한 '심령현상 연구회(Society for Psychical Research)'란 이름의 단체가 영국에서 1882년 설립되어 지금까지 초심리학 영역의 연구를 계속 이어나가고 있다. 이 단체의 설립을 주도했던 사람들은 당대 여러 분야의 석학들과 지식인들이었고 지금까지 칼 융, 윌리엄 제임스, 찰스 타트 등의 정신과 의사와 심리학자를 포함한 각계의 많은 저명 인사들이 회원으로 이름을 남기고 있다. 뒤이어 유럽 여러 나라에 비슷한 단체가 생겨났고 1885년에는 '미국 심령현상 연구회(American Society of Psychical Research)'가 윌리엄 제임스의 강력한 후원으로 뉴욕에서 설립되었다.

이후 심령현상, 초자연적 능력과 현상을 연구하는 초심리학에 대해 사람들의 관심은 높아졌지만, 과학자들은 실험을 통해 확실한 결과나 자료를 얻기 힘든 이 분야의 연구를 외면하고 무시해왔다. 심령현상에 대한 관심이 높아지자 이를 이용해 돈을 벌려는 사기꾼들도 거짓 심령현상으로 사람들을 현혹하다 발각되는 등 불미스런 일도 많아 사람들은 점차 이 분야에 대한 신뢰와 관심을 잃게 되었다.

20세기 이후 과학자와 의사들은 대부분 귀신들림과 빙의 현상의 존재 가능성을 무시하고 있지만, 이 분야를 진지하게 연구하는 소수의 과학자와 의사들 역시 현대 과학으로 설명할 수 없고 무시할 수 없는 임상사례와 연구 결과들을 계속 발표하고 있다.

빙의 현상을 연구하는 과학자들

높은 수준의 과학 교육을 받은 전문 치료자와 학자들 중 이 분야를 연구해온 중요 인물로 미국 의사 칼 위클랜드(Carl Wickland)가 있다. 그는 자신이 오랫동안 경험한 빙의 환자들의 치료 사례를 정리해 1924년에 《죽은 이들 사이에서의 30년(Thirty years among the Dead)》이란 책을 출간했다. 이 책에서 그는 '사람들은 무수히 많은 죽은 이들의 영혼에 둘러싸여 있고, 이들의 부정적 영향을 여러 방식으로 받는다. 많은 정신적·정서적 문제와 증상들, 우울, 파괴적 충동들이 여기에서 온다'고 주장하며 환자에게 붙어 문제를 일으키는 영혼들을 내보냄으로써 많은 문제와 증상을 완전히 해결할 수 있었다고 한다.

역시 미국 의사인 티투스 불(Titus Bull)은 환자에게 붙어 있는 영혼에게 또 다른 영혼이 붙어 있을 가능성을 처음으로 주장했다(Baldwin, 1992). 정신과 의사 조지 리치(George Ritchie)는 군대에서 훈련을 받던 중 폐렴 합병증으로 사망 판정을 받은 지 9분 만에 다시 깨어났고, 그 시간 동안 그는 몸에서 분리된 영혼의 상태로 여기저기를 돌아다니는 임사체험을 하다가 죽은 사람의 영혼이 술에 취해 쓰러진 사람의 몸속으로 들어가는 모습을 여러 번 목격했다고 한다.

독일의 심리학자 트라우고트 외스터라이히(Traugott Österreich)는 1921년 《귀신들림과 퇴마의식(Possession and Exorcism)》이란 제목의 방대한 내용의 책을 발표했다. 그는 귀신들림 현상이 사실은 환자의 이상심리에서 나타나는 해리 현상이라고 믿었지만, 그 상태에서 흔히 일어나는 여러 가지 초자연적 현상들에 대해서는 설명할 수 없었다. 1974년 미국에서 재출간된 이 책은 귀신들림 현상이 점차 현대의 '해리성 정체성 장애' 이론으로 설명되어가는 과정을 보여주며 빙의 현상과 해리성 정체성 장애 간의 여러 유사성을 보여주고 있어 이 분야를 연구하는 현대 정신의학자들에게도 중요한 참고자료가 되고 있다.

심리학자 윌슨 반 듀센(Wilson Van Dusen)은 오랫동안 환자들의 환청을 연구해 환자들의 귀에 들리는 목소리는 귀신이 아니라 환자 무의식 속의 다양한 감정들로부터 오는 것이라는 주장을 했다(Van Dusen, 1972, 1974). 스위스의 정신과 의사 한스 내겔리 오스요드(Hans Naegeli Osjord)는 1940년부터 빙의와 퇴마의식을 깊이 연구했다. 그는 정신병의 일부는 귀신들림에 의해 일어난다고 주장하며 자기 환자들에 대한 퇴마의식을 다룬 책을 1983년에 독일에서 출간했다. 그는 치료 과정에서 칼 위클랜드 등이 묘사했던 것과 같은 유형의 귀신들을 만날 수 있었다고 한다.

심리학자인 에디스 피오레(Edith Fiore)도 1987년 《불안정한 죽은 자들(Unquiet Dead)》이란 책에서 '환자에게 붙은 영적 존재들은 환자의 행동과 생각·감정 등에 크고 작은 영향을 미치고, 환자들이 떠올리는 과거의 기억도 왜곡시킬 수 있으며, 전체 인구의 70% 이상이 하나 이상의 영적 존재들의 간섭을 어떤 식으로건 받고 있다'고 주장했다. 특히 최면 전생퇴행 요법의 치료 효과가 떨어지는 환자들의 경우 이들이 떠올리는 전생의 기억들이 사실은 환자에게 붙어 있는 영적 존재들이 가지고 있는 것이라고 했다.

영국 정신과 의사 케네스 매콜(Kenneth McAll)도 중국에서 퇴마의식으로 많은 수의 빙의 환자들을 치료했으며, 조상의 귀신들이 자주 문제를 일으키는 것으로 생각했다(McAll, 1982). 영국 정신과 의사 아더 거드햄(Arthur Girdham) 역시 40여 년간의 임상치료 경험 후에 '심한 정신질환은 영혼들의 간섭으로 생긴다'고 결론지었다.

미국 치과의사인 윌리엄 볼드윈(William Baldwin)은 심리학을 다시 공부해 상담치료자가 된 후 빙의와 귀신들림 환자들에 대한 연구에 집중했다. 그 결과 '영혼 해방 치료법'이라는 퇴마 치료법을 만들었다. 그는 자신의 치료 경험을 통해 에디스 피오레의 연구 결과가 대부분 사실임을 인정하며 '환자에게 붙은 영혼들은 죽은 사람의 영혼만이 아니라 육체를 가진 적이 전혀 없는 영적 존재들도 많다'고 결론 내렸다. 그는 죽은 사람들의 영혼도 빙의를 일으키지만 악한 영적 존재들의 세계와 질서도 실제로 존재하며 이들의 빙의 목적은 최대한 많은 사람들에게 고통과 혼란, 파괴와 죽음을 가져오는 것이라고 주장하며, 환자에게 영향을 주는 영혼들을 찾아내서 대화하고 이들을 적절한 곳으로 보내는 치료 방법을 사용하고 있다고 한다(Baldwin, 1991).

미국 정신과 의사 샤쿤타라 모디(Shakuntala Modi) 역시 볼드윈과 유사한 빙의 치료 기법을 사용해 성공적이고 극적인 치료 효과를 많이 얻고 있다고 한다(Modi, 1997).

이들 외에도 많은 의사와 심리학자들이 이 분야에 대해 진지한 관심과 호기심을 가지고 있다. 하지만 의학과 심리학 교육 과정에서 빙의 현상과 해리성 정체성 장애의 진단과 치료에 대해 제대로 배우지 않기 때문에 이 환자들을 정신분열증이나 조울증 등으로 진단해 부적절한 약물치료만 하는 경우가 대부분이다. 국내에서도 이 분야에 관심을 가진 정신과 의사들은 개인적으로 내게 연락해 자신들이 치료하는 환자 사례를 의논하고 조언을 구하거나 빙의로 의심되는 환자의 치료를 의뢰하는 경우가 더러 있다.

해리와 빙의에 대해서는 이 책의 Part 3에서 치료사례들과 함께 더 깊이 살펴보게 될 것이다.

Part 2

영혼을 치료하는
최면의학

질병과 고통, 치료

엄밀한 의미에서 '불치의 병'은 존재하지 않는다고 나는 생각한다. 병이 발생한 과정이 있다면 해결하는 과정은 그 역순이 될 것이다. 병이 심하거나 오래 진행되어 치료가 어렵거나 실패하는 경우는 있겠지만 그것이 곧 그 병을 '불치'로 판정할 근거는 되지 못한다. '치료 방법을 모른다'는 것은 의학의 부족함을 뜻하는 것이지 '치료 방법이 존재하지 않음'을 의미하는 것이 아니기 때문이다. 치료 방법을 알아도 최선을 다한 치료가 항상 성공할 수 있는 것은 아니다. 치료 결과에는 여러 가지 요소가 영향을 미치기 때문이다.

나는 환자들의 최면치료 과정을 오랜 기간 주의 깊게 지켜보면서 이 무질서하고 부조리로 가득 찬 것처럼 보이는 세상이 사실은 거미줄보다 더 정교하고 엄정한 질서에 따라 움직이고 있다는 것을 알게 되었다. 치료 과정을 통해 많은 환자들의 삶을 깊고 넓게 들여다봄으로써 확신하게 된 몇 가지 중요한 사실들을 살펴보면 다음과 같다. [이 현상들은 양자물리학 발견 이후 새롭게 밝혀지고 있는 과학적 사실들과 거의 일치한다. 아직은 생소하지만 이를 뒷받침하는 이론과 실험 결과, 임상 보고들이 많아 언젠가 당연한 상식으로 받아들여질 날이 올 것이라고 나는 확신한다.]

- 육체의 죽음 후에도 인간의 의식은 소멸되지 않고 계속 존재하고 작동한다. 이 의식을 담은 무형의 에너지체를 고대로부터 '영혼'이라고 불렀을 것이다.

- 두뇌가 충분히 형성되지 않은 태아들도 분명한 의식과 사고를 가지고 있으며, 주변 환경과 가까운 가족들의 생각과 감정으로부터 영향을 크게 받는다. 따라서 태내 환경은 태아의 육체적 · 정신적 건강에 아주 중요하며 태어난 후의 건강에도 큰 영향을 미친다.

- 우리가 겪는 삶의 중요한 경험과 사건들에는 우연이 없으며, 인과관계나 또 다른 이유에 따르는 원인과 목적이 존재한다. 그중 어떤 것도 무의미하거나 낭비되는 것은 없으며 각자의 삶의 형태는 그 영혼의 성장을 위해 필요한 조건과 목적에 따라 주어진다.

- 고통과 불행, 질병과 죽음에도 나름대로의 이유와 방향과 목적이 있고 우리 모두 마음속 깊은 곳에서는 그것을 이해하고 받아들이고 있다.

- 누구나 불행과 질병을 힘들어하고 이해하거나 받아들이지 못하면서도 내면의 깊은 의식에서는 놀라운 지혜와 인내, 통찰력으로 이를 받아들이고 견디며 해결할 힘을 갖고 있다.

- 정신 증상의 종류와 정도에 관계없이 환자 내면의 손상되거나 오염된 부위들이 미세 에너지 차원에서부터 정상으로 복구될 때 완치가 가능

하다.

● 마치 세균 감염처럼 외부로부터 오염되거나 침입해 환자에게 영향을 미치는 듯한 미지의 인격이나 에너지 체계가 존재하며, 이를 제거하거나 약화시킬 때 관련 증상은 사라진다.

오랜 고통에 시달리며 좌절과 분노에 지친 환자가 최면치료 과정에서 깊은 내면의식의 성찰에 도달해 자신이 겪고 있는 고초의 이유와 의미를 깨닫고 한층 성숙한 태도로 현재의 삶을 받아들이고 고통을 이겨내며 완치에 이르는 경우는 상당히 흔하다. 적절한 자아초월 최면치료는 환자의 내면에 깊이 숨어 있는 상처와 문제들을 찾아내고 그 근원을 이해하고 통찰하게 해줌으로써 아무리 노력해도 논리와 의지력만으로는 해결할 수 없던 문제들을 현명하게 풀어갈 수 있는 지혜와 힘을 주는 것이다.

환자는 질병과 고통이 자기 삶에 어떤 의미와 목적을 가지는지를 이해할 때 그 고통의 극복 과 해결도 자기 삶의 중요한 한 부분임을 깨달아 원망과 분노, 불안과 두려움을 떨치고 앞으로 나아가게 된다.

자아의 깊은 내면을 성찰하고 자기 존재의 의미를 깨달아가는 이런 치료 과정은 환자가 아닌 건강한 사람들에게도 큰 도움이 될 수 있다. 누구의 삶에나 크고 작은 어려움과 고통이 따르기 때문에 자기 내면에 숨어 있는 더 넓고 깊은 지혜와 힘을 쓸 수 있는 방법을 알게 되면 삶의 어려운 문제들을 쉽게 이해하고 해결할 수 있을 뿐만 아니라, 자신과 세상 전체에 대해 깊고 지혜로운 통찰력을 키울 수 있기 때문이다.

이상적인 정신치료의 과정

　이상적인 정신치료의 과정은 크게 두 단계로 나눌 수 있다. 첫 단계는 환자의 증상과 고통의 해결에 집중하는 시간이고, 두 번째 단계는 환자의 인격의 균형과 안정을 추구하고 현실에 대한 통찰력과 여러 능력, 즉 자기 관리, 대인관계, 일 처리 등을 발전시켜가는 작업이다. 증상이 호전된다 해도 인격의 기본 구조와 인생관, 가치관이 건강하지 못해 힘든 상황에 대한 정확한 통찰력과 문제 해결 능력이 갖춰지지 않는다면 어려움이 닥칠 때마다 불안과 두려움에 상처 입을 수밖에 없고 중요한 선택마다 잘못된 결정을 내려 고통을 겪을 가능성이 높다. 비슷한 상황이 반복되어 감당할 수 있는 고통의 수준을 넘어서면 결국 증상의 재발이나 악화로 이어지게 된다.

　정신 치료를 통해 완치에 이른다는 것은 '환자가 스스로 증상을 극복하고 자기 삶의 의미와 목적을 이해하고 받아들여 건강하고 안정된 삶을 살 수 있도록 성장한다'는 의미이다. 그렇기 때문에 치료 과정에서 환자 내면의 깊은 통찰력과 현실적 실천력을 일깨우지 않고는 목표를 이루기 어렵다.

정신치료의 결과

　약물치료는 대부분의 정신 증상을 호전시키지만 환자를 완치시키는 경우는 드물다. 증상의 뿌리가 되는 환자 내면의 정신적 문제들을 해결할 수 없기 때문이다. 두뇌와 신경 자체의 이상으로 생기는 정신 증상들은 비교적 약물치료에 잘 반응하지만 환자 내면에 쌓인 정서적 상처와 억눌린 감정들이 크고 깊을수록 약물치료의 효과는 약해진다. 실제 정신과 환자 중에는 약 처방을 아무리 바꾸고 많은 양을 써도 증상 호전이 거의 없는 경우가 자주 있다.

일반인이나 경험이 없는 치료자와 환자의 눈에는 정신치료가 막연한 대화와 생각만으로 이루어지는 단순하고 무기력한 치료 과정으로 비칠 수 있다. 하지만 잘 진행된 정신치료, 특히 자아초월적 영역까지 파고드는 심층 정신치료는 다양한 증상과 여러 문제를 완전히 해결할 수 있을 뿐만 아니라 환자의 의식과 인격 전반을 지혜롭고 강하게 발전시켜 삶 전체의 질을 크게 개선시키는 경우가 많다. 정신치료 초기에는 약 처방을 병행해야 하는 경우도 많지만 점차 치료가 진행되면서 복용하던 약을 몇 분의 일로 줄이거나 완전히 끊게 되는 경우도 흔하다.

같은 노력을 해도 정신치료 결과가 좋은 환자와 그렇지 못한 환자, 잘 따라오는 환자와 의심 많은 환자가 있기 마련이다. 그렇더라도 치료자는 그들 모두 나름대로 이유와 사정이 있다는 사실을 받아들여야 하며 환자에게도 이해시켜야 한다. 나의 경우, "제 병이 나을 수 있겠습니까?"라고 묻는 환자에게 이렇게 대답한다.

"치료해봐야 알겠지만 적절한 과정을 거친다면 낫지 않을 수 없다고 생각합니다. 앞으로 그 과정을 잘 받아들이면 빨리 나을 것이고 그러지 못한다면 시간이 많이 걸리거나 성과가 없을 수도 있습니다. 치료는 교육이나 훈련과 비슷한 면이 있기 때문에 환자 자신도 필요한 노력을 해야 합니다."

한두 번의 치료만으로 싱겁게 모든 것이 해결되는 환자가 있고, 수십 번의 치료에도 큰 성과가 없는 환자도 있지만 이런 차이에는 반드시 원인이 있다는 것을 알고 자만하거나 초조해하지 않아야 한다. 어떤 치료건 성공적 결과에 가장 필요한 요소는 '나으려고 하는 환자의 결정과 의지'로 볼 수 있다. 환자의 마음속에는 빨리 나으려는 의지도 있지만 병적 상태에 그대로 머무르려는 심리적 저항도 크다. '환자'라는 이름 뒤에 숨어 현실적 책임을 회피하며 게으르고 안이하게 지내는 생활이 길어질수록 치료에 저항하는 내면의 힘도 커진다.

일방적으로 진행할 수 있는 약물치료나 외과적 수술과 달리 상담을 포함한 모든 종류의 정신치료는 치료자와 환자 간의 협조가 필수적이다. 충분한 대화를 통해 서로에 대한 신뢰를 다지고 치료 기법과 과정의 작용 원리와 그 과학적 근거에 대해 환자가 정확하게 이해하고 공감하는 만큼 치료 효과가 커지는 것이다. 치료자와 치료 기법을 불신하거나 모든 것을 치료자에게만 맡기고 성공적 치료에 필요한 자기 몫의 노력을 하지 않는 환자는 그만큼 치료 기간이 길어지거나 치료 성과가 떨어진다.

치료자는 특히 긴장을 쉽게 풀지 못하는 강박적 성격이나 편집증적 의심과 불신이 큰 환자에게는 더 신경을 써야 한다. 이들은 깊이 있는 정신치료를 자발적으로 받아들이는 경우도 많지 않지만, 받아들인다 해도 치료자와 치료 성과를 끝없이 자기 잣대로 평가하고 의심함으로써 치료에 집중해야 할 정신적 에너지를 낭비하여 치료자와 신뢰관계를 형성하기도 어렵기 때문이다.

정신치료 과정에서 겪는 긴장과 노력을 감당할 수 없을 만큼 자아가 약해져 있거나 정신치료의 필요성을 이해하지 못하고 받아들이지 않는 환자들은 가족과 친지가 아무리 강요해도 정신분석이나 최면치료 같은 적극적 정신치료로 호전되기 어렵다.

특정 치료 기법에 대해 지나치게 큰 기대를 걸고 찾아오는 환자들도 필요한 치료 과정을 끝까지 이어가기 어렵다. 도움이 된다면 여러 치료 방법을 모두 사용하는 것이 원칙인데 이들은 자신이 원하지 않는 치료 기법은 받아들이려 하지 않는다. 필요한 여러 단계와 형식의 치료 과정을 차분히 따라가면 충분히 나을 수 있는데도 조급하게 치료 성과를 평가한 후 자신의 비현실적 기대감이 채워지지 않으면 실망하고 떠나기 쉽다.

이와는 반대로 여기저기서 온갖 치료를 다 받았음에도 불구하고 낫지 않았던 환자들도 세심한 주의를 기울여야 한다. 이들은 이미 새로운 치료자에게 별 기대를 하지 않으며 자기 병이 불치이며 스스로 인생의 패배자라는 인식을 가진 채 가족의 권유로 마지못해 혹은 냉소적 태도로 치료에 임하기 때문이다. 치료자는 이렇게 소극적이고 위축된 환자들이 이해할 수 있도록 치료 원리와 과정의 합리성을 일깨워주고 실제 치료 성과를 통해 조금씩 편안함을 경험하게 해줌으로써 환자 스스로 희망을 되찾아 치료에 적극적으로 참여하게 만들어줘야 한다.

치료 성과를 결정하는 요인들은 무척 다양하고 복잡하게 얽혀 있으므로 치료자는 짧은 기간의 성과에 연연하지 말고 치료 원칙에 따라 필요한 모든 과정을 차근차근 다져나가야 한다. 빨리 낫는 환자나 늦게 낫는 환자나 똑같은 마음으로 따뜻하게 대해주고, 의심 많은 환자의 되풀이되는 질문을 귀찮아하지 않고 몇 번이건 성의 있게 대답해주며 각자에게 맞는 조언과 적절한 도움을 줄 때 환자는 자신의 주치의가 어떤 상황에서도 자기를 버리지 않고 끝까지 같이할 것이라는 믿음을 가질 수 있다. 이 믿음은 환자에게 '아무리 힘들어도 치료를 포기하지 않고 끝까지 노력해보겠다'는 마음을 불러일으킨다. 한 예를 들어보자.

청소년 시절부터 심한 불안과 사회공포증으로 시달리다가 뒤늦게 최면

치료를 시작한 40대의 남자 환자가 있었다. 상담과 최면치료를 20회 정도 마칠 때까지 매번 치료 후 잠시 마음이 편안한 한 시간 정도를 제외하고는 전반적으로 나아지는 것이 하나도 없었다.

증상의 원인과 과거로부터의 문제점들은 치료 과정에서 많이 드러났지만 워낙 오래 된 증상들이었고, 환자는 치료 시간에 배운 대로 노력해도 생활 속에서 받는 스트레스가 심해 쉽게 호전되지 않았다.

다음 번 최면치료를 시작하기 전 나는 그와 마주앉아 이렇게 말했다.

"잘 아시다시피 치료 성과가 아직까지 별로 없어요. 이 치료를 계속할 것인가 여부에 대해 오늘 잘 생각해보고 결정을 하는 것이 좋겠어요. 그렇지만 내 치료 경험에 비추어볼 때 당신의 문제에 대한 내 진단과 치료 방식이 옳다는 점에 대해 나는 확신하고 있어요. 다만 아직까지 지금의 증상을 꺾을 수 있는 충분한 작업이 진행되지 못했다고 생각해요. 성과가 없으니 치료를 포기하시겠다면 그렇게 하세요. 그러나 끝까지 포기하지 않으신다면 나 역시 처음과 똑같은 성의를 가지고 계속 치료하겠습니다. 앞으로 아무리 오래 걸리더라도 치료를 포기하지 않으신다면 평생이라도 같이 해나갈 수 있어요. 열 번 찍어 안 넘어가면 백 번을 찍고, 그래도 안 되면 천 번, 만 번을 찍고 그래도 안 되면 죽을 때까지 계속 찍는다는 마음을 가지고 치료하면 두렵거나 실망하지 않을 거예요."

"그 말씀 정말 고맙습니다. 저는 이제 더 이상 갈 곳도 없어요. 여기서 해결하지 못한다면 제게는 아무 희망이 없기 때문에 절대 포기할 수가 없죠. 선생님께서 저를 부담스러워하지 않고 그렇게만 해주신다면 나을 때까지 아무리 오래 걸린다 해도 포기하지 않겠습니다."

그와 나는 이 대화를 나눈 후 치료실로 자리를 옮겨 평소와 같이 최면치료를 진행했다.

그 날 이후 그는 급속도로 호전되기 시작했고, 그 후 이어진 치료 시간들을 거쳐 만족스럽게 치료를 종결할 수 있었다. 치료를 마칠 무렵 환자는 불안과 공포 증상의 호전만이 아니라 자신의 존재 이유에 대한 확신과 삶에서 마주치는 여러 어려운 문제와 사회 전체의 복잡한 상황에 대한 깊은 통찰력과 지혜까지 가지게 되었다. 그 후 여러 해가 흐른 지금도 그는 잘 지내고 있으며 가끔 병원으로 내 안부를 묻는 전화를 걸어온다.

이것은 드러나는 치료 성과가 있건 없건 치료자의 한결같은 열정과 각오가 환자의 꺼져가는 희망과 용기를 되살리는 데 얼마나 큰 힘이 되는가를 보여주는 여러 사례 중 하나이다.

정신과 의사의 역할과 치료 철학

치료자에게는 분명하고 합리적인 '치료 철학'이 있어야 한다. 그것은 '어떤 환자를 어디까지, 어떻게, 왜 치료할 것인가?' 하는 질문에 대한 나름대로의 원칙과 기준이다. 그 기준은 환자의 특징과 환경에 따라 다르겠지만 이 질문에 적절히 답하기 위해서는 몇 가지 선행지식이 반드시 필요하다. '인간은 무엇이고, 삶은 무엇이며, 생명과 질병의 본질은 무엇인가?'에 대한 대답이 바로 그것이다.

불행히도 과학은 아직 이 의문들에 대한 정답을 내놓을 수 없으니, 사람들은 객관적 사실과 상관없이 제각각의 견해에 따라 갈라지고 나뉘어 살아가고 있다. 별 고민 없이 자기 취향에 맞는 종교 교리나 끌리는 철학을 받아들여 가치 기준으로 삼는 사람들도 많다. 완전한 답을 당장 얻을 수 없다면 주어지는 모든 자료와 관찰되는 모든 현상을 토대로 가장 합리적 결론을 내리는 것이 옳은 일이지만, 사람들은 흔히 익숙한 고정관념과 선입견에 따라 객관적 자료와 현상의 의미도 왜곡하거나 부정한다.

전문 치료자가 되기 위한 의학 교육과 수련의 기간을 합해 최소 11년의 교육을 마쳐야 정신과 전문의가 되지만 이들 역시 자신의 편견과 선입견으로부터 완전히 자유로울 수 없다. 정확히 알려진 것이 별로 없는 인간 정신을 다루는 정신과 의사가 가지는 편견과 선입견은 다른 과 의사의 경우보다 환자의 진단과 치료 과정 전체에 더 큰 영향을 미치게 된다. 정신과 의사는 수련의 시절부터 다른 과 의사들보다 훨씬 큰 어려움 속에서 환자를 진단하고 치료하게 되며, 각자의 인생관과 주관에 따라 치료 방식과 과정의 선택도 큰 차이를 보이게 된다. 각종 검사와 첨단 장비의 도움을 받을 수 있는 다른 과와는 달리 객관적 평가가 어렵고 치료자의 관점과 시각에 따라 달라 보이는 다양하고 복잡한 정신 증상을 이해하고 해결해야 하기 때문이다.

정신질환의 진단 분류 체계가 아직 병의 원인 규명에 따르지 못하고 환자에게서 관찰되는 증상군의 양상에 따라 이뤄지며, 알려진 여러 가지 치료를 꾸준히 병행하면 많은 증상이 호전되지만 치료를 끝낼 수 있을 만큼 완쾌되는 환자 비율이 상대적으로 낮은 것도 정신과 의사가 겪는 좌절감의 큰 원인이다.

또 다른 근본적 어려움은 어려운 상황 속에서 절망에 빠진 환자들에게 인간의 삶이 무엇이고, 왜 그토록 힘들어도 열심히 끝까지 살아야 하는지를 납득시키는 일일 것이다. 치료자 자신이 삶의 모든 문제를 이해하고 초월해 흔히 말하는 '깨달은 사람'이 된다면 그 일은 비교적 쉽겠지만 현실 속에서 그런 치료자를 만나기는 어렵다. 운이 좋아 그런 치료자를 만난다 해도 환자 자신이 살면서 겪는 어려움의 의미와 목적을 이해하기 위한 깊은 대화를 원치 않거나 소화시킬 능력이 없다면 치료자가 줄 수 있는 도움도 그만큼 한정될 수밖에 없다. 복잡한 생각은 하기 싫으니 약만 먹겠다는 환자에게는 그렇게 해줄 수밖에 없는 것이다.

불편하고 괴로운 신체적·정신적 증상을 없애주는 것으로 치료자의 역할이 끝날 수도 있지만 그것은 소극적 의미에서의 치료일 것이다. 적극적 치료는 질병의 증상을 없애는 것뿐 아니라 환자가 스스로의 힘으로 삶 전체를 온전하게 만들고 나날이 발전해갈 수 있는 능력을 키우는 데 필요한 도움을 주는 것이다.

특정 질환으로 인한 괴로움이 사라진다 해도 하루하루 힘든 삶을 꾸려가며 쌓이는 몸과 마음의 상처, 어려운 주위 환경과 현실 여건, 괴로운 인간관계, 삶의 의미와 목적에 대한 갈등과 방황, 신념과 가치관의 혼란과 부재의 문제들은 살아 있는 모든 사람이 겪는 것이다. 의학 지식과 치료 기술만으로 해결할 수 없는 이 문제들로 환자가 힘들어할 때 치료자는 과연 무엇을 도와줄 수 있을 것인가?

현대 치료의학의 여러 분야 중 각각의 치료자가 지닌 개성과 가치관, 종교적 성향과 철학이 전체 치료 과정과 결과에 가장 큰 영향을 미치는 것이 정신과 영역일 것이다. 정신과 상담과 치료는 다른 분야의 치료에 비해 객관적 사실과 자료보다 치료자의 주관적 판단과 결정에 의존하는 부분이 크기 때문이다. 따라서 유능한 정신과 의사가 되려면 정신의학 교과서에 있는 지식뿐 아니라 생명과 삶의 본질에 대한 깊은 이해와 통찰력이 필요하고 과학·사회·문화·종교 등에 대한 폭넓은 지식과 관심이 있어야 한다. 그렇지 못하다면 온갖 종류의 사연을 담은 각양각색의 환자들의 경험과 이야기를 이해하고 공감하기 힘들며, 그들이 내놓는 다양한 주제의 질문에 대해 유연하고 편안한 대화를 이어나가기 어렵다.

치료가 진행되며 대화가 깊어질수록 주제는 병의 증상에 국한되지 않고 삶 자체가 안고 있는 모순과 부조리, 좌절과 한계, 사랑과 죽음, 영혼과 내세, 이별과 불행 등 일반적인 정신의학이 해답을 제시할 수 있는 범위를 넘어서고 만다. 의학 교과서를 벗어난 주제와 임상 수련의 범위를 넘어서는 대화를 어떻게 이끌어가는가는 치료자가 지닌 지식과 경험, 철학과 인생관에 달려 있다. 치료자는 자신의 주관적 견해를 환자에게 강요하거나 고집해서는 안 되지만 혼란과 무력감에 빠져 있는 환자가 스스로 자신의 문제를 극복하고 현실을 받아들이는 데 가장 적합한 길을 찾을 수 있도록 힘을 더해줄 수 있어야 한다.

유능한 정신과 의사는 환자의 힘든 증상을 완화시킬 뿐 아니라 질병과 상관없는 삶과 죽음의 모든 중요한 문제에 대해 깊이 의논할 수 있고, 살면서 마주치는 갖가지 어려움 속에서 가장 지혜로운 해결책을 찾기 위해 마음을 터놓고 기댈 수 있는 대상이 되어야 한다. 또한 환자 스스로 자신의 존재 의미를 찾고, 피할 수 없는 고통과 불행, 질병과 죽음의 의미를 이해하고 받아들이며 극복할 수 있는 신념과 철학을 완성해가는 것을 도와주어야 한다. 이런 치료 과정을 거쳐 궁극적으로 환자 스스로 강하고 자유로워져 더 이상 치료자를 필요로 하지 않는 완치에 이르도록 이끌어줘야 한다.

자신의 치료 역량과 이해 범위를 넘어서는 환자를 마주할 때 치료자는 무력감과 자괴감에 빠지기 쉽다. 알고 있는 모든 방법을 동원해 열심히 치료해도 잘 낫지 않는 환자, 상식적으로 납득하거나 받아들이기 힘든 신비체험이나 초자연적 경험을 주장하는 환자, 복잡한 종교철학 논리에 빠져 있거나 치료자의 지식과 능력을 시험해보려고 경쟁적으로 덤비는 똑똑한 환자들의 신뢰를 얻으려면 무엇보다 치료자의 사고와 이해 범위가 넓어져 이들과의 어떤 대화도 편안하게 소화시키고 이끌어갈 수 있어야 한다. 그러기 위해 치료자는 끊임없이 지식과 치료 경험을 확장시키고 키워나가 인간의 삶에서 경험하거나 상상할 수 있는 모든 사건과 상황을 이해하고 받아들이며 해결할 수 있는 지식과 지혜, 통찰력을 갖춰야 한다.

정신치료의 어머니, 최면의학

고대로부터 여러 문화권에서 치료, 종교의식, 주술 등의 목적으로 널리 사용되던 최면은 19세기 말과 20세기 초에 걸쳐 유럽 정신의학계에서 중요한 임상치료 기술로 인정받았다. 하지만 프로이트가 최면치료 경험을 통해 관찰한 인간 내면의식의 여러 가지 모습을 토대로 정리한 '정신분석 이론'을 발표하고 이 이론이 인기를 얻게 되면서 최면은 정신치료자들의 관심에서 멀어져갔다.

모호하고 복잡한 최면 현상에 대한 이해와 이론, 실제적 치료 기술이 부족했던 그 시대에는 최면 상태가 가진 엄청난 잠재력을 제대로 치료에 이용할 수 없어 그럴듯하고 명쾌한 개념을 늘어놓은 정신분석 이론이 대중과 학자들의 인기를 더 끌었다. 논리와 분석으로 모든 자연현상을 정복하고 인간의 복잡한 정신적 문제들을 해결할 수 있을 것이라는 '과학 만능주의적' 시대의 흐름에 편승해 프로이트의 주관적 논리와 근거가 빈약한 주장에 기반한 정신분석 이론이 마치 과학적 사실인 양 많은 치료자들에게 받아들여진 것이다. 이후 정신분석 이론을 토대로 수많은 심리학 이론들이 발전해오는 동안 정신분석 이론의 모태라고 할 수 있는 최면은 중요한 치료 도구로써의 기능을 상실한 채 마술사와 흥행사들의 전유물이 되어버렸다.

나는 동료 정신과 의사들에게 "프로이트는 정신의학 발전에 많은 기여를 했지만 그의 정신분석 이론으로 인해 어떤 정신치료 기법보다 강력한 치유 효과를 가진 최면의학의 발전을 백 년 후퇴시킨 책임을 져야 한다"고 자주 얘기한다.

2차 세계대전을 겪으며 최면치료의 놀라운 힘과 중요성을 깨달은 미국과 영국 등에서 최면의학에 대한 관심이 다시 높아지면서 임상의학에서 최면치료를 활용하고 연구하기 위한 전문 학회들도 설립되기 시작하였다. 미국에서는 1949년 '임상과 실험적 최면학회', 1957년 '미국 임상최면학회'가 설립되어 의학의 여러 분야 치료자들이 회원으로 활동하며 최면은 다시 중요한 의학적 치료 도구로 인정받게 되었다.

이후 현재까지 최면치료의 응용 분야도 점점 넓어져 현재 거의 모든 임상의학 분야에서 활용되고 있으며, 여러 나라의 의대와 치대, 심리학과의 교육과정에 포함되어 있다.

내가 최면치료를 선호하는 이유

전통적 정신치료는 대화를 위주로 의사소통이 이루어지므로 언어의 한계에 영향을 많이 받을 수밖에 없고, 환자의 표면의식은 마음 깊은 곳에 숨어 있는 과거로부터의 파괴적이고 부정적인 감정과 상처들을 드러내는 것에 거부감을 가지고 방해하기 때문에 치료에 큰 걸림돌이 된다. 환자가 아무리 자기 마음속을 들여다보고 싶어도 증상의 원인이 되는 크고 작은 수많은 민감한 상처와 힘들었던 기억들은 의식에서 지워져 마음속 깊은 곳에 숨어 있기 때문에 의식적 대화만으로는 그 영역에 닿을 수 없다.

그러나 의식의 통제와 지배가 느슨해진 최면 상태에서는 변화된 의식의 자유로운 확장성과 민감성으로 환자 내면에 깊이 파고들 수 있고, 증상과 문제의 원인이 되는 중요한 기억과 상처들에 쉽게 접근하고 해결해갈 수 있어 아주 강력하고 빠른 치료 성과를 얻을 수 있다.

일반 상담치료를 단순히 약을 먹는 내과 치료에 비유한다면 최면치료는 원인을 파고들어 제거하는 외과 수술과 같은 면이 많다. 최면 상태에서 자유롭게 활성화된 내면의식(잠재의식)은 평소 닫혀 있던 깊은 마음의 영역을 열어주어 표면의식의 고정관념과 저항을 뛰어넘는다. 이 때 각성 상태와는 비교할 수 없을 만큼 향상된 직관적 이해력과 정보 처리 속도로 아주 짧은 시간 동안 떠올린 단 한 장면의 이미지와 느낌 속에 수백 개의 문장에도 담을 수 없는 함축적 정보와 정서의 에너지를 담음으로써 즉각적으로 환자가 그 의미를 깨닫고 그에 따라 변화할 수 있게 만든다.

이것이 내가 최면치료를 선호하는 가장 큰 이유이며, 여러 학자들이 최면치료를 '모든 정신 치료의 어머니'라고 부르는 이유이다. 적절히 해결되지 못한 채 환자의 마음 깊은 곳에 오랜 세월 축적되어온 강렬한 부정적·파괴적 감정 에너지와 얽히고설킨 복잡한 기억의 정보들을 풀어가려면 최면치료가 반드시 필요하다고 나는 생각한다.

최면은 억압된 채 환자의 무의식 깊숙이 숨어 있는 중요한 정보와 부정적 감정의 뿌리들을 찾아 해결하는 데 있어 다른 어떤 치료 기법보다 탁월한 힘을 발휘할 뿐 아니라 짧은 시간 안에 가장 고차원적이고 심층적인 '인지'에 가슴으로부터 도달해 즉각적인 변화를 기대할 수 있는 최고의 인지 치료 기법이기도 하다.

특히 자아초월 정신의학 관점과 양자물리학 이론들을 최면치료 기법에 잘 활용하면 확장할 수 있는 환자의 의식과 인식의 영역이 엄청나게 넓어져 평소에는 넘을 수 없는 개인, 시간, 공간의 한계를 뛰어넘을 수 있게 된다. 이때 경험할 수 있는 현상의 종류는 무척 다양하다. 즉 태내와 전생, 죽은 후나 태어나기 전 영혼의 기억, 직접 접촉하지 않고 타인의 마음과 정보를 읽거나 자기 마음을 타인에게 전달할 수 있는 텔레파시 능력, 염력, 천리안, 과거와 현재, 미래를 모두 포함하는 여러 시점의 정보의 지각, 과거 상처와 고통스런 기억들에 대한 에너지 차원에서의 치료 등 흔히 초현상이나 초능력으로 여겨지는 여러 특이 체험들을 할 수 있게 된다.

환자의 특징과 상황에 따라 위의 여러 현상 중 직접 체험할 수 있는 영역에는 다소 차이가 있지만 경험이 많은 치료자는 각각의 환자에게 가장 적절한 방식으로 필요한 치료 과정을 이끌어갈 수 있기 때문에 그런 개인적 차이가 치료 결과에 큰 영향을 미치지는 않는다. 이 체험들이 단순한 호기심 차원이 아니라 정신의학적으로 중요한 의미를 가지는 이유는, 그것을 통해 다른 어떤 방법으로도 해결할 수 없던 환자의 증상과 문제의 돌파구가 뚫리는 경우가 많기 때문이다.

이런 사실은, 이 현상들이 환자의 단순한 착각이나 감각의 왜곡으로 발생하는 것이 아니라 인간의 의식 속에 존재하지만 아직 정확히 밝혀지지 않은 초현상적 능력들이 표면의식의 통제가 풀린 최면 상태에서 활성화되기 때문이라고 보는 것이 합리적이다.

인간 의식에 대한 최근의 여러 첨단 연구들도 의식 속에 숨어 있는 이런 능력들을 여러 가지 실험 결과로 뒷받침하고 있다. 또한 비상식적인 이 체험들 대부분이 양자물리학 이론으로 쉽게 설명된다는 사실은 의식 역시 미세한 에너지장과 소립자들의 차원과 같은 작용 원리를 따른다는 사실을 보여주는 것이다.

국내 최면의학의 실상

뛰어난 치유 효과에도 불구하고, 불과 얼마 전까지 국내 정신의학계는 최면의학에 대한 지식과 관심이 전혀 없었고 '신경정신의학회' 산하에 소수의 회원으로 구성된 연구학회가 하나 있었지만 활동이 거의 없어 유명무실한 상태에 있었다.

자아초월 최면치료 기법의 일종인 '전생퇴행 요법'에 관해 국내에 처음 소개한 내 첫 번째 저서 《전생 여행》이 1996년에 출간되기 전까지는 최면의학에 깊은 관심을 가지고 연구하는 정신과 의사는 사실상 거의 없었다. 그 책이 출간된 후 일반인들을 중심으로 사회 전반에 걸쳐 '최면'이라는 색다른 분야에 대한 관심이 크게 증폭되자 많은 정신과 의사들이 최면치료에 관심을 가지게 되었고, 그동안 거의 활동이 없었던 학회 산하의 연구모임도 자극을 받아 과거보다는 활발해졌으니 《전생 여행》의 출간이 국내 최면의학이 활성화되는 계기를 제공한 셈이다.

그 결과 지금은 최면에 대해 조금이나마 지식을 갖춘 정신과 의사들의 수가 많아져 나름대로 환자 치료에 이용하고 있다. 하지만 체계적이고 수준 높은 최면 기초교육 기회의 부재와 치료 경험의 부족으로 이들 대부분이 충분한 최면치료 능력을 갖추기 힘든 것이 현실이다.

정신과 의사들의 부족한 최면치료 경험

최면치료는 단순한 듯하면서도 무척 복잡한 것이다. 그렇기 때문에 처음에는 의욕적으로 최면 유도 기술을 배워 치료에 활용해보려고 하던 정신과 의사들도 미숙한 상태에서 성급하게 덤비다가 실제 최면치료 과정이 기대했던 것보다 훨씬 어렵고 힘들다고 느끼며 자신감과 흥미를 모두 잃게 되는 경우가 많다.

어떤 기술이든 숙달되려면 충분한 시간과 열정을 투자해야 하듯 모든 종류의 환자에게 적절하고 익숙하게 최면 기법을 사용할 수 있으려면 많은 시간과 노력이 투자되어야 한다. 계속 노력하며 치료 경험을 쌓아나가는 정신과 의사가 늘어간다면 국내 최면의학의 미래도 밝을 것으로 생각된다.

다양한 종류의 임상 치료에 최면은 큰 도움이 될 수 있지만 아직 국내에서는 정신과를 제외한 진료 분야의 최면 연구와 활용은 거의 없는 상태다.

방송에서 보여지는 흥미 위주의 자극적 최면 시술

최면치료에 대해 지나칠 정도로 신중하게 접근하고 있는 정신과 의사들에 비해 자극적이고 무책임한 마술적 무대 최면을 보여주는 시술자들은 흥미 위주의 자극적 방송기획에 따라 최면의 왜곡되고 과장된 측면만을 강조해 많은 사람들에게 최면에 대한 잘못된 인식과 두려움을 심어주고 있다. 방송에 최면이 자주 등장하게 된 것도 《전생 여행》의 출간 이후부터이니 그 책의 저자로서 이런 부작용들에 대해 나도 어느 정도 책임감을 느낀다.

텔레비전에서 보여주는 대부분의 최면 시범은 환자의 증상과 고통을 해결해가는 최면치료에서는 거의 필요 없는 것으로, 누구나 조금만 연습하면 별 문제가 없는 일반인을 상대로 이런 시술들을 쉽게 할 수 있다.

텔레비전에 출연해 최면 기술을 보여주는 사람들은 환자의 증상을 이해하거나 치료할 수 있는 자격을 갖춘 '치료 전문가'가 아니라는 사실을 분명히 알아야 하지만, 인상적인 최면 시범을 본 시청자들은 최면 기술이 곧 치료 능력이라는 오해를 하기 쉽다.

이 같은 잘못된 인식은 흡연, 비만, 집중력 장애 등의 복잡한 문제들을 한두 번의 최면 시술로 간단히 해결할 수 있을 것이라는 비현실적 기대감을 불러일으켜 텔레비전에 출연한 시술자를 찾아가 자신의 질병을 치료하거나 문제를 해결해달라는 부탁을 하게 만든다. 일반인과 환자의 차이를 모르고, 단순해 보이는 병적 증상들이 얼마나 복잡한 뿌리를 가지고 있는지를 잘 모르는 최면 시술자는 별 생각 없이 혹은 근거 없는 자신감과 욕심으로 '좋아질 수 있다'라는 초보적 최면 암시만을 되풀이하며 환자를 치료해보려고 하지만 그것은 애초부터 어려운 일이다.

기대했던 도움을 받지 못한 환자는 속았다고 생각해 분쟁이 일어나고, 결국 최면 시술자를 무면허 의료행위와 사기혐의로 고소하는 사태로까지 발전하는 것을 본 적이 있다. 전문 치료자들도 자기 지식과 면허 범위를 넘어선 영역의 환자에게 최면치료를 시도하는 것이 금지되어 있는데, 고통을 겪고 있는 환자에게 자신의 지식과 능력의 범위를 넘어서는 서투른 최면치료를 시도하는 것은 용납될 수 없는 일이다.

이런 일들은 치료자가 아닌 단순 최면 시술자를 계속 무분별하게 출연시키며 그가 환자들의 여러 증상과 문제를 '단숨에 해결할 수 있다'는 그릇된 인상을 심어주는 방송국에 일차적 책임이 있지만, 환자 스스로도 텔레비전에 소개되는 시술자의 자격 요건을 신중하게 검토해야 한다.

최면치료는 최면 유도 기술만으로 할 수 있는 것이 아니라 환자의 심리와 주변 상황, 살아오면서 겪었던 많은 일들을 이해하고 분석해나가는 정신치료의 원칙에 따라 이루어지는 것이다. 건강한 사람들의 경우 단순한 최면 암시로 긴장을 풀고 머리를 맑게 하는 등의 목적을 달성할 수 있지만, 고질적이고 심각한 정신 증상을 가진 환자들에게는 그런 단순한 최면 유도가 별 도움이 되지 못한다.

멋모르고 환자에게 일반인과 같은 방식의 최면을 시도해 큰 곤경에 빠졌던 텔레비전 출연 시술자가 어느 날 다급하게 나를 찾아온 적이 있었다. 그는 내게 멋쩍게 웃으며 "환자들이 텔레비전을 보고 자꾸 찾아와 도와달라고 하는데 어떻게 하면 좋겠습니까? 안 된다고 해도 너무 졸라서 거절할 수 없는 경우도 많습니다. 환자들이 찾아왔을 때 주의해야 할 점들을 선생님께서 좀 적어주시면 고맙겠습니다"라고 부탁했다. 최면을 널리 소개하는 긍정적 측면도 있지만 지나치게 자주 텔레비전에 출연하며 사람들에게 과장되고 왜곡된 최면의 이미지를 심어주고 있는 그에 대한 내 감정은 별로 좋지 않았다. 하지만 일단은 도와줘야겠다는 생각에 이렇게 조언을 했다.

"당신이 텔레비전에서 극적인 장면만 자꾸 보여주니 그런 것 아닌가요? 환자가 찾아오면 무조건 정신과 의사에게 가라고 하세요. 환자 치료는 그렇게 단순한 것이 아니니 뒷감당할 수 없는 일은 손대지 말아요. 텔레비전 시범을 보고 찾아온 환자들은 일반인들에 비해 아주 민감하고 기대치가 높은데, 충분한 사전 설명이나 준비 없이 무리하게 최면을 시도하면 제대로 될 수가 없어요. 그들은 처음부터 최면에 잘 들어간다는 느낌이 안 드니 당신을 사기꾼이라고 하는 것이죠. 스스로를 보호하기 위해서라도 이제 그런 프로그램에는 출연을 좀 자제해야 합니다."

그렇게 그를 돌려보낸 후에 '환자가 찾아왔을 때 주의해야 할 점들'을 정리해 며칠 후에 보내준 적이 있었다.

의료 윤리를 무시한 최면의 상업적 이용

편리함만을 내세우며 상업적인 목적으로 최면치료를 이용하려는 시도는 중단되어야 한다.

최면치료는 환자와 치료자 간의 대화를 시작으로 점점 깊은 환자의 내면으로 신중하게 파고드는 정신치료이며 다양한 정신치료 기법 중에서도 가장 복잡하고 미묘한 기법에 속한다. 치료자는 최면치료를 결정하고 시도하기에 앞서 환자와의 충분한 상담과 정보 교환, 상호이해와 신뢰를 먼저 쌓아야 한다. '환자가 호소하고 있는 정신 증상을 일으킬 수 있는 신체질환은 없는가?', '최면치료가 최선의 선택인가?', '감별해야 할 다른 정신질환이나 상황은 없는가?' 등에 대해 충분히 살펴봐야 하기 때문에 얼굴조차 본 적이 없는 최면 시술자가 미리 녹음해놓은 유도문을 들으면 치료될 수 있다는 주장은 상식과 의료 윤리에 맞지 않는 발상이다.

일반적으로 볼 때 건강한 사람이 자기최면을 배우거나 긴장 이완, 불면 해소 등의 단순한 목적으로 최면 유도 테이프나 파일을 듣는 것은 괜찮다. 하지만 심각한 정신 증상을 가진 환자가 스스로 판단해 미리 녹음되어 있는 최면 유도문 중 하나를 선택해 듣게 하는 것은 정신치료의 기본원칙에 어긋나는 것이며 치료 효과 또한 기대할 수 없다.

최면 유도 자체는 비교적 안전한 기술이긴 하지만 환자의 상태에 따라 뜻밖의 부작용이나 어려운 상황을 초래할 수도 있기 때문에 주의해야 하며, 환자 본인이 원한다 해도 최면치료가 그 환자의 문제 해결에 적합하지 않은 경우도 있기 때문에 반드시 직접 환자를 만나 진단에 필요한 면담 과정을 거친 후 치료 방법으로 선택해야 한다.

최면치료는 일방적 최면 유도만으로 진행되는 것이 아니라 치료자와 환자 간의 충분한 대화를 바탕으로 하는 일반 정신상담과 심리분석 등 여러 가지 치료 기법과 함께 진행되는 종합적 정신치료 과정이라는 사실을 알아야 한다.

최면과 기억

인간의 정신에 대해 아직 확실하게 규명된 것이 없듯 기억의 실체에 대해서도 학자들 간에 합의된 결론은 없고 가설과 이론만 분분한 상태이다. 최면 상태에서 사람들이 떠올리는 기억의 진위 여부도 수십 년 동안 논란의 대상이 되고 있다. 기억에 대한 이론만도 스무 가지가 넘지만 기억을 연구하는 학자들 간에 대체로 합의된 결론은 '인간의 기억은 불완전할 수 있고 상황에 따라 변할 수도 있으며(Loftus, 1993), 언제나 똑같이 재생되어 떠올라온다기보다는 매번 재구성된다고 봐야 한다(Spiegel, 1974)'는 것이다.

최면 상태에서 기억을 실험하는 것은 한계가 있다. 잡다한 것을 기억하는 실험적 상황과 강렬한 감정과 개인적 의미를 동반한 중요한 사건을 기억하는 방식이 다르기 때문이다. 평범한 일상에 대한 기억과는 달리 '강렬한 감정이 동반된 기억들은 특이한 방식으로 저장되며, 중요한 세부사항까지 비교적 정확하고 일관성 있게 기억되어 잘 잊혀지지 않는다(Christiansen,

1992)'고 한다.

최면은 의미 없는 일들의 기억을 회상시키는 데는 큰 도움이 되지 않지만, 개인적으로 중요한 의미가 담긴 정보나 강한 감정을 동반한 기억은 세월이 많이 흘러도 비교적 정확하게 원형을 유지하기 때문에(Bohannon, 1990. Pillemer, 1984. Yuille & Cutshall, 1986) 최면연령퇴행이나 전생퇴행 시에 환자가 떠올리는 중요한 기억들은 신중하게 다루어야 한다. 그 내용 속에 현재의 문제 해결을 위한 실마리가 숨어 있는 경우가 많기 때문이다.

최면 상태에서의 의미 있는 경험의 회상

최면 상태에서 떠올린 아주 어린 시절의 기억이나 특정 시점의 기억 속에는 당시의 실제 상황이나 역사적 사실과 다른 부분이 항상 있을 수 있다. 예를 들면 실제는 붉은색이었는데 푸른색으로 회상했다든가, 이름이나 연도·장소 등을 다르게 얘기하는 경우가 이에 해당된다. 그 이유는 이 같은 내용들이 환자 개인에게 별로 중요하지 않고 의미도 없으며 감정도 담기지 않은 주변적이고 평범한 정보에 불과하기 때문으로 해석된다.

실제 환자에게 중요한 의미를 가지는 정보나 장면은 치료 과정에서 여러 번에 걸쳐 반복해 떠올려도 언제나 똑같은 내용을 보여준다. 최면이 사람의 기억력을 특별히 증진시키지 않는다는 연구 결과도 있지만, 그것은 감정이 섞이지 않은 일반적 기억의 경우이다. 실제 상황에서는 최면과 유사한 연구방법을 사용할수록 기억 속의 착오가 줄어들고 정확도가 높아지며, 경험 많은 치료자가 최면을 이용할 경우 일반적 경찰 심문보다 35%나 더 많은 사실들을 찾아냈다고 한다(Geiselman & Machlovits, 1987).

여러 학자들의 공통적인 결론은, '최면은 의미 없는 일들의 기억을 증진시키지는 않지만 개인적으로 중요한 의미가 있는 정보나 강한 감정이 담긴 중요한 자료들을 회상시키는 데는 도움이 된다'(Kanovitz, 1992. Relinger, 1984. Scheflin & Shapiro, 1989. Scheflin, Brown, Hammond, 1983. Weitzenhoffer, 1953)는 것이다.

아주 어린 시절을 회상하는 연령퇴행이나 과거의 다른 삶을 회상하는 전생퇴행 시의 기억을 '유사기억(類似記憶 pseudomemory)'이라고 주장하는 학자들이 있다. 그러나 유사기억은 실제 상황이 아닌 실험실 차원에서 최면감수성이 중간 이상으로 예민한 학생들을 대상으로 연구했을 때 가끔 발견되는 현상에 불과했고(Barnier & McConkey, 1992. Labelle, Laurence, Nadon & Perry, 1990. McConkey, Labelle, Bibb & Bryant, 1990. Sheehan, Statham & Jamieson, 1991), 최면감수성이 낮은 사람들에서는 유사기억이 발생하는 경우가 상대적으로 더 적었다. 예민한 사람들 가운데서도 유사기억이 생긴 예는 아주 소수였고, 그것도 중요하지 않은 사소한 주변 사항들에 대한 것이었다. 또한 환자에게 연령퇴행 암시를 하거나 과거의 어떤 사건을 재경험하라는 지시를 하는 것 자체는 유사기억을 만들어내지 않는다고 한다(Lynn, Milano & Weekes, 1991).

최면 시술자가 가진 의도와 암시의 방향에 따라 유사기억을 떠올릴 가능성이 높아진다고 우려하는 사람들도 있지만 피암시성이 높은 사람들은 최면이 아닌 각성 상태에서도 유사기억을 만들어내는 경향이 있기 때문에(Sheehan, 1993) 최면 상태가 유사기억의 발생 가능성을 더 높인다고 보기 어렵다. 최면감수성이 높은 사람들을 포함해 대부분의 사람들이 최면 암시에 의해 만들어진 환상과 실제 기억을 혼동하지 않을뿐더러 자신이 느끼는 대로 정직하게 얘기하도록 미리 주의를 주면 유사기억의 발생을 거의 예방할 수 있어(Lynn, 1989. Murrey, 1992. Spanos, 1989) 큰 문제가 되지 않는다고 한다.

아주 어린 시절에 겪었던 끔찍한 사건의 기억을 최면 상태에서 떠올린 환자들과 그렇지 않은 일반 환자들의 최면감수성을 비교해보면 예상과는 달리 그런 기억을 떠올린 환자들이 오히려 최면감수성이 훨씬 낮고 최면 유도자의 의도적 암시에 대해서도 일반 환자들보다 낮은 반응을 보였다(Leavitt, 1997). 이 같은 발견은 환자들이 아주 어릴 때 겪었던 성폭행과 같은 끔찍한 기억들을 최면 상태에서 떠올리는 것을 '최면 피암시성이 높은 사람들이 지어낸 거짓기억'이라고 주장하는 학자들의 주장을 완전히 뒤집는 것이다. 어린 시절에 폭행당했던 기억을 최면연령퇴행으로 되찾은 환자들의 경우 기억의 사실 여부를 확인하는 조사 작업을 해보면 그 기억들이 비교적 정확한 것을 알 수 있다(Dallenberg, 1996)고 한다.

전생퇴행 시 기억의 사실 여부도 이와 같은 연장선상에서 생각할 수 있다. 전생의 존재 여부를 증명할 수는 없지만 그 삶의 기억들 속에 현재의 증상과 문제의 원인이 숨어 있고 그 기억을 통해 해결책을 찾을 수 있었다면 전생의 실제 존재 가능성은 신중하게 고려되어야 한다.

태아 시절과 그 이전의 기억들

현대 심리학은 회상 가능한 어린 시절의 기억 한계를 최대한 두 살 반에서 세 살까지라고 주장한다. 그러나 이 주장에 동의하지 않는 학자들도 많다. 특히 환자의 치료에 최면을 이용한 기억회상을 많이 사용해본 치료자는 이 의견에 동의할 수 없을 것이다. 나 역시 그런 치료자 중 한 사람이다.

여러 종교와 철학의 주장처럼 육체가 죽은 후에도 소멸되지 않고 살아남는 의식이 인간에게 존재한다면 죽음 후의 기억이나 태어나기 전의 기억은 쉽게 설명될 수 있다. 그러나 그 가능성을 부정한다면 사람들이 떠올리는 아주 어릴 때의 기억과 태내의 기억, 전생이나 영혼의 기억을 모두 부정하거나 다른 이론으로 설명할 수 있어야 한다.

뇌와 신경조직의 발달과 함께 사고 능력과 기억력이 생기는 것이라고 주장하는 생리학자들이 많지만 실제 환자의 정신치료 상황에서 마주치는 내용들은 그런 주장과 상반되는 경우가 허다하다. 이것은 인간의 뇌가 제대로 형성되기 전에도 사고와 기억 능력이 이미 존재함을 뜻하기 때문에 뇌가 형성되기 전에는 사고도 기억도 없었다는 주장과 완전히 어긋나는 것이다. 머릿속 표면의식만으로 생각할 때와는 달리 마음속 깊은 곳의 내면의식에 저장되어 있는 정보에 닿을 수 있는 최면 상태에서는 출생 시의 기억을 비롯해 출생 전 어머니 뱃속에서의 기억까지도 대부분의 사람들이 회상해낸다.

일반인을 대상으로 실험해 태아 시절의 기억이나 태어난 지 며칠 되지 않은 아기 시절의 기억이 사실인지 여부를 확인하려면 당시의 상황을 정확히 추적 조사해야 하지만 그것은 어려운 일이다. 그러나 고통스런 증상을 해결해나가는 정신치료 과정에서 그런 기억들은 때때로 문제의 실마리를 푸는 데 결정적 단서가 된다.

그 기억이 객관적 사실이라는 것을 증명하지 못한다 해도 환자의 치료에 도움이 되고 문제의 원인을 풀 수 있는 단서가 된다면 임상적으로 무척 유용한 자료로 봐야 한다. 예를 몇 가지 들어보자.

● 심한 천식과 기침으로 어릴 때부터 병원 신세를 지며 살아온 50세의

환자가 최면 상태에서 '천식의 원인이 된 사건을 떠올려보라'는 암시에 따라 회상한 것은 자신의 출생 시 분만되는 과정에서 탯줄이 목에 감겨 질식사할 뻔한 일이었다.

목에 탯줄이 감겨 숨을 제대로 쉬지 못하면서 느꼈던 답답함과 두려움은 천식발작 때마다 경험하는 상태와 똑같은 것이었다. 파랗게 질린 채 태어난 아기의 목에서 탯줄을 풀어주고 엉덩이를 여러 번 때려 울린 사람은 바로 낯 모르는 산파와 자기 할머니였다고 한다. 이 최면치료 후 그 환자는 천식 증상이 없어져 약의 도움 없이 살 수 있게 되었다.

● 어릴 때부터 소심했고 늘 불안하고 긴장되는 사회공포 증상을 가진 젊은 남자 환자에게 '엄마 뱃속에 있는 동안 어떤 힘든 일들이 있었는가?'라고 물었을 때 "엄마가 많이 힘들어하고 계세요. 할머니와 관계가 안 좋아서요. 엄마가 불안하니까 저도 같이 위축되고 불안해요. 아버지는 공부하러 서울에 가 계셨고, 엄마 혼자 시골집에서 할아버지 할머니를 모시고 살았어요. 저는 원래 밝은 성격이었는데, 할머니 성품이 불 같아서 엄마가 너무 긴장하고 불안하기 때문에, 시간이 갈수록 영향을 받아요. …… 늘 머리가 아프다고 하고 음식을 잘 못 드셨기 때문에 저도 항상 배가 고프고 우울해요. 요즘의 위축되고 불안한 기분이 그때와 똑같아요"라고 대답한 후 깨어나 '이 같은 내용은 평소에 생각하거나 어른들에게 들은 적이 전혀 없다'며 신기해했다. 나중에 환자가 이 기억의 사실 여부를 직접 어머니에게 확인했을 때 어머니는 무척 놀라며 '그런 일을 어떻게 아느냐?'고 되물었다고 한다.

● 미국 시카고의 한 산부인과 의사는 자신이 분만을 맡았던 아이들의 분만 당시의 상황을 꼼꼼이 기록해두었다. 분만 직전에 어떤 자세를 취

하고 있었으며 몸의 어느 부위부터 빠져나왔는지 등을 기록한 그 노트를 20년 동안이나 간직했던 이 의사는 그 아이들이 스무 살이 되었을 때 한 사람씩 최면을 걸어 분만 당시의 상황을 회상하게 하는 실험을 했다. 놀랍게도 그들이 떠올린 기억들은 그 노트에 적힌 내용과 정확히 일치했다.

어머니 뱃속에 들어오기 전과 전생의 기억 내용은 이런 방법으로 사실 여부를 확인할 길이 없지만 환자의 현재 성격과 문제, 고통받고 있는 증상 등을 이해하고 해결하는 데 큰 도움이 된다. 이 같은 실제 치료 사례를 늘어놓자면 끝이 없다.

나는 최면 치료를 받는 환자들에게 자아초월 정신의학적 관점에 따라 한두 살 이전과 분만 당시를 포함한 태내의 기억, 모체 내에 들어오기 전 영혼 상태에서의 기억, 전생의 기억과 그 삶이 끝나는 죽음의 과정과 그 이후의 기억 등을 각자의 치료에 필요하다고 판단되는 범위 내에서 경험하게 한다.

환자들은 그 경험을 통해 일반 상담치료에서는 도저히 도달할 수 없는 포괄적이고 깊이 있는 자기 인식과 통찰에 이르는 기회를 가지게 되고, 평소 상상도 하지 않았던 그 내용들이 자신의 삶과 성격을 이해하는 데 큰 도움이 되는 것을 인정하며 새로운 인생관과 세계관에 눈을 뜨는 경우가 흔하다. 또한 그 내용들이 현재 자신의 삶에도 깊은 영향을 미치고 있다는 사실성을 받아들이고 먼 과거로부터 현재까지 이어지는 자기 존재의 연속성에도 깊은 인상을 받는다. 전생이나 영혼의 기억이라는 개념에 대해 거부감을 느끼는 환자라도 자기 문제의 뿌리가 그 기억 속에 있을 경우는 치료 과정에서 자연스럽게 떠올라오는 경우가 흔하며, 이 경험 후에는 거부감이 줄어들거나 사라지게 된다.

태내에서의 기억을 떠올리는 시도는 환자들 대부분이 잘 받아들인다. 이를 통해 태내에 있을 당시의 시기별 회상을 통해 자신의 생각과 감정의 움직임, 건강상태뿐만 아니라 부모형제의 성격과 특징, 집안과 주변 분위기, 임신을 받아들이는 부모의 태도, 앞으로 주어질 삶에 대해 태아로서 가지고 있던 생각과 감정 등을 느껴볼 수 있으며 현재의 문제들을 풀어가는 데 중요한 단서들을 찾아볼 수 있다. 이 과정은 환자로 하여금 보이지 않는 정신세계의 심오함과 생명과 영혼의 신비에 대해 새롭게 눈뜨게 한다.

[**최면감수성에 대한 오해**]

최면에 대한 감수성은 사람마다 차이가 있다. 대략 전체 인구의 10% 정도는 높은 감수성을 가지고 있고, 또 다른 10%는 낮은 감수성을 가지며, 나머지 80% 정도는 중간 정도의 감수성을 가진다고 한다. 그러나 최면감수성이라는 개념과 이 같은 수치는 최면 현상 자체를 연구하는 데는 유용할지 몰라도 실제 최면치료에서는 그다지 중요하지 않다. 최면감수성 검사에서 낮은 점수를 얻은 사람도 최면치료를 받는 데는 별 지장이 없다는 뜻이다.

개인에 따라 다른 최면감수성을 객관적으로 평가하기 위해 개발된 최면감수성 검사는 몇 가지가 있지만 전 세계적으로 능숙한 최면 치료자의 절반 이상이 최면감수성 검사 결과를 신뢰하지도 사용하지도 않는다는 조사보고가 있다.

나 역시 최면치료를 시작하기 전 환자들에게 따로 최면감수성 검사를 해야 할 필요성을 느끼지 못하고 있고, 그 검사 자체도 별로 신뢰하지 않는다. 그 이유는 최면 상태에서 관찰할 수 있는 몇 가지 반응과 특징만으로 점수를 내는 것으로 그 사람의 최면감수성을 정확히 평가할 수도 없고, 검사 결과 낮은 점수를 얻는 환자들이 '나는 감수성이 낮아 최면에 잘 안 걸린다'는 부정적 자기 암시를 얻게 됨으로써 향후 치료에 나쁜 영향을 줄 수 있기 때문이다.

최면도 하나의 기술이기 때문에 최면 유도에 점차 익숙해지면 같은 환자도 점점 더 깊고 빠르게 치료에 몰입해가는 것을 볼 수 있으며, 최면감수성이 낮은 환자도 그에 맞는 방법을 찾아 얼마든지 치료를 성공적으로 해나갈 수 있다. 타고난 최면감수성은 생물학적 여러 요인에 의해 결정되는 일종의 신체조건이기 때문에 변화되기 어렵다는 주장도 있지만 이에 반대되는 연구보고도 많이 있다.

오랜 기간 많은 환자의 최면치료를 하고 있는 내 경험에 비추어보면 최면치료에서 가장 중요한 것은 환자의 최면감수성이 아니라, 치료자와의 충분한 대화를 통해 형성된 최면치료 과정에 대한 올바른 이해와 신뢰, 그리고 나으려고 하는 환자의 의지와 노력이다.

치료자는 최면 유도에 앞서 복잡하고 다양하게 나타날 수 있는 최면 현상과 특정 치료 기법의 이론적 근거와 과학적 원리를 상세히 설명해줘야 하고, 환자가 최면치료에 대해 가지고 있는 지나친 기대나 잘못된 선입견과 오해, 새로운 시도에 대한 막연한 두려움과, 변화에 대한 저항을 충분한 대화로 풀어주는 노력을 해야 한다.

Part 3

해리와 빙의는 불치병이 아니다

우리 사회의 빙의 신드롬

　몇 해 전 TV 방송 등 여러 매체에서 유명 연예인이 빙의 증상으로 고생하다 무속인의 도움으로 나았다는 소식을 크게 보도한 후 빙의에 대한 일반인들의 관심이 부쩍 높아졌다. 이런 분위기에 편승해 방송매체들은 빙의 환자와 퇴마사, 퇴마의식을 주제로 하는 자극적인 프로그램을 만들어 장기간에 걸쳐 방영함으로써 사람들에게 빙의에 대한 잘못된 지식과 함께 불필요한 높은 관심과 불안감을 심어주는 역할을 했다.

　그 결과 스스로 빙의라는 진단을 내리고 정신과를 찾아오는 환자들이 부쩍 늘었고, 원인이 불분명한 신체 및 정신 증상을 모두 빙의 때문이라고 생각해 굿과 천도제, 퇴마술로 치료해보려는 환자도 늘었다. 그런 환자들을 이용해 돈을 벌려는 사이비 종교인과 무자격 치료사들도 덩달아 늘어나고, 진실보다는 흥미와 시청률만 따르는 대중매체들이 이들을 적극적으로 소개하고 도와주는 어처구니없는 일이 자주 일어나고 있다.

원래 무속신앙 전통이 깊은 우리 문화의 특성상 이해할 수도 있는 일이지만 빙의 증상과 해리성 정체성 장애 환자들을 많이 치료하고 있는 정신과 의사의 입장에서 이것은 무척 우려할 만한 일이다. 정확한 진단과 적절한 치료로 이들 대부분이 쉽게 증상을 해결할 수 있는데도 매스컴이 앞장서서 환자들을 혼란시켜 엉뚱하고 위험한 곳을 찾아가게 만들기 때문이다. 빙의 환자 대부분은 증상이 드러나기 오래 전부터 여러 가지 심리적 갈등과 내면의 상처가 쌓여온 사람들이기 때문에 겉으로 드러나는 증상에만 초점을 맞춰서는 제대로 치료할 수 없다. 복잡한 증상을 가라앉히는 것도 중요하지만 환자 내면에 숨어 있는 문제들을 찾아 해결하지 못하면 언제든 재발할 수 있기 때문에 전문적인 정신과 치료가 꼭 필요하다.

빙의와 아무 상관없는 환자들에게 빙의라고 겁을 주며 귀신을 쫓아주는 비용으로 수백에서 수천만 원을 요구하는 사이비 치료사들에게 거액을 날린 후에야 병원을 찾는 환자들이 무척 많고, 간단한 약물치료로 쉽게 호전될 수 있는 단순한 환자들도 빙의라는 말에 더 불안해져 적절한 치료를 제때 받지 못하고 악화되는 경우도 흔하다. 굿이나 퇴마의식으로 호전되었다는 환자도 가끔 있지만 얼마 지나지 않아 대부분 재발하며, 환자에 따라서는 이런 의식 후에 오히려 증상이 악화되거나 복잡해지는 일도 흔하다.

신병과 빙의는 천형이 아니다

흔히 '신병은 천형이며, 거부하면 자신만이 아니라 가족이나 자손에까지 화가 미친다'는 민간 속설에 대한 두려움 때문에 내림굿을 받아 무당이 되었다는 사람들이 많고, 이런 얘기를 듣고 자신도 내림굿을 받거나 무속인의 길을 가야 할지를 고민하는 환자들도 많이 있다. 그러나 이것은 벗어날 수 없는 천형이 아니라 이해와 치료를 통해 벗어날 수 있는 문제이다. 실제 예를 살펴보자.

몇 해 전 지방 소도시에서 60대 중반의 여자 환자가 찾아왔다.

타고난 신기 때문에 고생하다가 열아홉 살에 내림굿을 받고 무당이 된 후 평생 무속인의 삶을 살고 있다면서 '이제는 나이도 들고 산 기도나 굿을 하는 것이 힘들고 싫어져서 무당 일을 그만두고 싶은데 방법을 모르겠다'고 했다. 몇 번 그만두려고 했지만 그때마다 몸이 시름시름 아프고 불편해져 더 큰 탈이 날 것 같아 포기했고, 혹시라도 자식들에게 화가 미칠까 두렵다며 치료 방법이 있는지를 조심스레 물었다. 나는 '본인이 정말 원하고, 치료에 필요한 노력을 한다면 당연히 그만둘 수 있을 것이며 가족들도 걱정할 필요가 없다'고 말해주었다. 몇 가지 환자의 질문에 대한 대답과 함께 신병과 빙의 증상의 이해와 치료에 필요한 기본지식과 주의사항들을 일러주고 첫 면담을 마쳤다.

얼마간 시일이 지난 후 시작한 치료는 생각보다 빨리 끝낼 수 있었다. 치료는 비교적 가벼운 정신 증상에 대한 치료 과정과 크게 다르지 않았다. 즉 일반 상담과 최면치료를 병행하여, 살아오면서 쌓인 내면의 부정적 에너지를 제거하고 상처를 치료하며 스스로 내면의 힘을 키우고 균형을 잡아가는 훈련을 가르쳤다. 이를 통해 환자는 첫 시간부터 안정감과 자신감을 얻었고, 단 3회의 치료 후 평생 모셔온 신당을 닫고 평범한 사람의 일상생활로 돌아올 수 있었다.

그녀는 치료를 마친 후 몇 달 만에 전화로 '잘 지내고 있다'며 자신의 최근 상태를 알려주며 '너무 신기하다. 믿어지지 않는다. 신당을 닫을 때는 불안했는데 지금은 마음이 편하다'고 했다.

개인과 주변 상황에 따라 치료 과정과 결과는 조금씩 다르지만 이런 극적인 치료 결과는 그리 놀랄 일이 아니며 특히 신병과 빙의 환자들에서 흔히 볼 수 있다. 그러나 빙의 증상이 극적으로 좋아졌다고 치료가 끝난 것으로 속단해서는 안 된다.

위의 사례처럼 쉽게 정상 생활이 가능해지고 더 이상 문제가 발생하지 않는 사람들도 많지만, 내면의 깊은 상처와 문제들을 오래 전부터 가지고 있던 환자들은 완치를 위해 이 부분을 반드시 해결해주어야 한다. 각자에게 맞는 치료 과정을 마친 후에는 치료 중 배운 대로 자가 치료와 관리에 조금만 신경을 쓰면 대부분 재발하지 않고 건강하게 생활할 수 있다.

오랜 기간 많은 빙의 환자들을 치료하면서 내가 얻은 결론은 '무속인이 되기 싫었는데 빙의 증상과 신병 때문에 어쩔 수 없었다'는 사람들 대부분은 적절한 치료와 자기 관리를 통해 쉽게 벗어날 수 있고, 심한 빙의 환자들 역시 치료를 받아들이기만 하면 다른 정신질환보다 쉽게 나을 수 있다는 것이다.

선천적으로 타고난 '신기'라는 것은 대부분 남보다 예민하게 발달한 정신적 감각의 일종이며 남이 가지지 않은 비범한 능력으로도 볼 수 있어 잘 사용하면 삶의 여러 면에 많은 도움이 될 수 있다. 생각보다 훨씬 많은 사람들이 이런 능력과 특징을 가지고 있지만 주위 사람들의 오해가 두려워 잘 얘기하지 않으며, 이들 대부분이 정상적 심리 상태와 평균 이상의 지능과 능력을 가지고 있다고 한다.

드러나는 증상이나 특이한 능력은 개인에 따라 정도 차이가 있지만 공통적으로는 어릴 때부터 꿈이나 예감 등이 현실 상황과 잘 맞거나 남들은 볼 수 없는 귀신을 보거나 가위눌림을 자주 경험하는 등의 특징을 보인다.

이들 중 일부는 그 정도가 심해 일상생활에 지장이 많고 어릴 때부터 원인 불명의 잔병치레가 많지만 일반적인 치료로 잘 낫지 않는다. 이런저런 치료를 받아도 계속 시달려 불안과 두려움이 점점 커지고 주위 사람들과 무속인으로부터 '신을 받아야 낫는다'는 얘기도 자주 들으며 고민하다가 결국 스스로 원하지 않는 무속인의 길을 선택하게 된다.

물론 자기가 원해서 무속인이 되고 그 삶에 만족하는 사람들도 있다. 그러나 다른 방법을 몰라 무속인이 되려 하거나 원하지 않았지만 어쩔 수 없이 무속인의 삶을 택했던 사람들은 적절한 정신과 치료와 상담을 통해 다른 선택이 가능하다.

해리와 빙의의 증상과 진단 기준

　귀신과 악마의 장난이나 신의 저주로 생각되며 두려움과 신비감을 불러일으키던 이 현상들은 현대 심리학 이론이 등장하기 시작한 19세기에 이르러 여러 학자들에 의해 새로운 관점과 이론으로 해석되기 시작하였다.

19~20세기의 해리와 빙의

　그 무렵부터 환자 치료에 최면을 이용하기 시작했던 정신의학자들은 최면 상태를 통해 사람의 마음속에 평소에는 잘 드러나지 않는 '무의식(잠재의식)'이 있다는 사실을 알게 되었고, 빙의 환자가 보여주는 다른 인격의 실체는 '평소에 환자의 무의식 속에 억제되어 있던 인격의 한 부분 혹은 여러 부분이 하나 혹은 그 이상의 독립된 모습으로 겉으로 드러나는 현상'이라는 이론을 내놓았다. 즉 과거의 큰 충격이나 상처로 인해 환자의 전체 인격으로부터 떨어져 나온 조각인격들이 무의식 속에 숨어 있다가 표면으로 드러나는 현상이라고 추정한 것이다.

이처럼 환자의 전체 인격 중 갈등을 느끼는 감정이나 정신적 에너지의 일부가 떨어져 나와 독립적으로 작용하며 여러 신체적·정신적 증상을 만들어내는 현상을 학자들은 '해리(解離, dissociation)'라고 이름 붙였으며, 빙의 현상의 원인도 환자의 내면에 억제된 채 숨어 있던, 평소와 전혀 다른 인격이 표면으로 올라와 환자를 지배하는 일종의 '해리' 현상으로 생각하였다. 즉 빙의 현상도 귀신들림이 아니라 다양한 해리 증상 중 숨어 있던 다른 인격들이 표면으로 나타나는 '해리성 정체성 장애'와 같은 것이라고 설명함으로써 빙의 환자들이 호소하는 갖가지 환각과 망상, 인격의 변화, 신비체험 모두를 인간 내면의 병리 현상으로 해석해 초자연적 혹은 외부적, 영적 원인의 존재 가능성을 원천적으로 부정할 수 있는 이론적 근거를 만든 것이다.

19세기 말에서 20세기 초에 이르는 동안 해리 현상에 대한 연구는 서구 심리학과 정신의학의 아주 중요한 연구 주제였다. 당시 이 분야의 연구를 주도했던 학자들은 쟈네(Pierre Janet), 샤르코(Jean Martin Charcot), 베른하임(Hippolyte Bernheim), 프로이트, 융 등이었고 이들은 해리성 정체성 장애, 해리성 둔주(dissociative fugue) 등의 임상 사례와 자동서기(automatic writing) 현상과 최면에 대한 실험적 사례보고도 다수 발표하였다.

다른 여러 정신의학자들도 최면을 이용한 '해리성 정체성 장애'의 치료 사례와 관련 이론들을 앞다투어 발표했다. 특히 프랑스와 미국에서 해리 현상에 대한 연구가 활발했다. 19세기와 20세기 초에 걸쳐 해리 현상의 연구는 서양 심리학과 정신의학의 주류였고 많은 연구 결과들이 축적되었다.

그러나 20세기 초 '정신분열증'이라는 새로운 진단명이 도입되고 '해리성 히스테리아와 강박의 원인은 어린 시절 정신적 외상의 억눌린 기억들'이라는 당시 이론에 대해 프로이트가 반대하며 '인간의 무의식은 정확한 기억을 가지거나 인지적 기능을 수행하거나 이성적으로 신체를 통제할 수 없다'고 주장함으로써 1910년 이후 해리 현상 이론은 인기를 잃게 되었다. 프로이트의 정신분석 이론이 인기를 얻고 '정신분열증'이란 이름의 새롭지만 애매한 진단명이 도입되면서 정신치료자들 사이에 해리 현상에 대한 관심이 시들해지자 주로 최면 상태에서 진단되던 해리 증상과 다중인격장애에 대한 연구도 소홀해졌고, 그 진단명 자체도 거의 쓰이지 않게 되었다.

그 결과 실제 여러 가지 해리 증상과 해리성 정체성 장애를 가진 환자들도 표면적으로 드러나는 증상 몇 가지만을 기준으로 정신분열증, 우울증, 공황장애 등으로 진단되고 그에 따른 부적절한 치료를 받게 되어 잘 낫지 않고 이해하기 힘든 환자로 취급받게 되었다.

다행히 2차 세계대전이 끝난 후부터 최면의학에 대한 관심이 다시 높아지면서 해리 현상과 해리성 정체성 장애 증상을 관찰할 수 있는 기회도 많아져 1980년 미국 정신의학회의 공식 진단분류 기준을 담은《정신장애 진단통계 편람 3편(DSM Ⅲ)》에 처음으로 해리와 해리성 정체성 장애가 정식 진단명으로 다시 인정되었다.

이후 1992년 유엔 국제보건기구(WHO)의《국제질병분류(ICD 10)》와 1994년 미국의《진단통계편람 4편(DSM Ⅳ)》에도 정식 진단명으로 포함되어 지금은 정신의학의 중요 연구 분야로서의 위치를 확고히 인정받고 있다.

해리와 해리성 정체성 장애라는 진단명이 공식적으로 인정된 1980년 이후부터 북미 지역을 중심으로 여러 나라에서 '해리성 정체성 장애'라는 진단명이 조금씩 다시 쓰이기 시작했고 1990년대 말에 이르러서는 그 빈도가 폭발적으로 증가하는 추세를 보이고 있지만 아직 이 진단명을 거의 사용하지 않는 나라도 많이 있다. 그러나 병적인 해리 현상을 경험하는 사람들의 수가 전체 인구의 3.3%에 이른다는 연구 결과(Ross, Joshi & Currie, 1990. 1991)가 보여주듯 실제 환자의 수는 무척 많을 것으로 추정된다.

이 분야에 대한 연구가 다시 활발해지면서 새롭게 밝혀지는 사실과 이론들 대부분이 19세기와 20세기 초의 논문과 문헌에 이미 수록되어 있었다는 사실은(Ross, 1997) 당시의 해리 현상에 대한 연구가 상당한 수준에 있었음을 보여주는 것이다.

해리성 정체성 장애로 진단되는 환자들은 대부분 다른 해리 증상도 가지고 있으며, 어린 시절의 성적 혹은 신체적 학대의 기억을 가지고 있다고 한다. 해리 현상의 큰 원인이 어린 시절 정신적 외상의 억눌린 기억 때문이라는 이론이 100년 만에 다시 인정되고 있는 것이다.

전체인격이 조각으로 분리되어 해리성 정체성 장애로 발전할 수 있는 충격적이고 고통스런 정신적 외상의 종류는 시대와 문화권에 따라 차이가 있어 과거에는 주로 전쟁과 기근, 자연재해, 종교적 박해 등이 원인이었을 것으로 추정되나 현대에는 이 외에도 부모에 의한 아동학대와 방치, 폭력과 성적 학대, 근친상간 등이 주요 원인으로 생각된다.

해리와 빙의의 진단

해리성 정체성 장애의 증상으로 원래의 인격과 전혀 다른 하나의 인격이 교대되는 현상은 '이중인격', 두 개의 인격이 교대되면 '삼중인격'으로 볼 수 있고, 이보다 더 많은 '다중인격'도 있다. 교대되는 인격은 원래의 인격과 상반되거나 전혀 다른 특징을 보이는 경우가 많고 원래의 인격은 절대 하지 않을 비윤리적, 범죄적 행동들을 쉽게 저지를 수 있다. 인격의 교대는 아주 급격하고 극적이며, 각각의 인격은 자기 고유의 이름을 가지고 있기도 하다. 다른 인격이었을 때의 기억을 하는 경우도 있지만 못하는 경우가 많다.

따라서 일반적 진단 방법만으로는 기억상실 외의 별다른 이상소견을 찾기 힘들다. 이 증상과 구별해야 할 질환은 뇌 손상으로 인한 정신 증상과 해리성 기억상실, 몽유(夢遊) 증상, 정신분열증, 조울증, 인격장애, 간질, 꾀병 등이 있다.

세계적으로 널리 쓰이는 정신질환 분류는 유엔의 국제보건기구(WHO)에서 정하는《국제질병분류(ICD)》와 미국 정신의학회에서 공식적으로 발간하는《정신장애 진단통계편람(DSM)》의 두 종류가 있다. 해리성 정체성 장애와 빙의(憑依 possession)라는 진단명은 이 두 분류에 모두 포함되어 있으며,《국제질병분류(ICD)》의 최신판《국제질병분류 10편(ICD 10)》은 해리성 인격장애를 '다중인격장애'라는 이름으로 부르고 있다.

또한 해리장애의 일종으로 '몽환(夢幻)과 귀신들림(Trance and Possession disorders)'이란 진단명과 '다중인격장애'라는 진단명을 분명히 구별함으로써 다중인격장애에 포함시킬 수 없는 빙의 증상이 있음을 인정하고 있다.

1994년에 발표된《정신장애 진단통계편람 4편(DSM IV)》에도 처음으로 영적 원인으로 인한 문제와 영성 관련 주제들이 포함되었다. '귀신들림'에 대해서는 '영혼이나 힘, 신, 혹은 다른 사람의 영향으로 인해 개인의 주체성에 대한 느낌이 새로운 주체성으로 대체되며, 이로 인해 자기 뜻대로 몸을 움직일 수 없거나 기억상실이 동반되어 나타나는 상태'라고 기술되어 있다. 우리나라의 '신병'을 포함해 동남아, 인도, 북극 지역, 남아메리카 등 여러 문화권에서 오래 전부터 이런 증상들을 포함하는 특징적 정신병이 알려져 있었고 이들 모두가 이 진단의 범주에 들어간다.

《정신장애 진단통계편람 4편(DSM IV)》에 영적인 문제들이 포함되었다는 사실은 무척 중요한 의미가 있다. 이 진단 체계는 각종 보험회사와 의료와 관계된 기관들이 진료비 지급을 위해 참고로 삼는 기준이기 때문에 '영적인 문제와 영성 관련 주제'들이 완전히 공식적이고 합법적인 정신의학 진단 기준에 포함되었음을 의미하는 것이다.

두 진단분류 체계는 '빙의'와 '해리성 정체성 장애'의 증상과 진단 기준에 대해 개념의 차이는 조금 있지만 거의 같은 내용을 담고 있고, 《정신장애 진단통계편람 4편(DSM IV)》의 내용을 보완해 2000년에 발표된 《정신장애 진단통계편람 4편 TR(DSM IV TR)》도 《정신장애 진단통계편람 4편(DSM IV)》의 기준을 그대로 인정하고 있다.

해리성 정체성 장애의 《정신장애 진단통계편람 4편(DSM IV)》 진단 기준은 다음과 같다.

- 둘 또는 그 이상의 분명한 정체성 또는 인격 상태가 존재한다(각각의 인격은 자신과 환경에 대해 사고·지각·관계 등에서 특징적이고 영속적인 양상을 유지한다).
- 정체성들 또는 인격들은 최소한 둘 이상이 반복적으로 환자의 행동을 지배한다.
- 일상적 건망증으로 설명하기에는 너무 광범위할 정도로 개인적으로 중요한 정보를 기억하지 못한다.
- 이 장애는 물질(알코올·약품 등)에 의한 중독 시의 기억상실이나 혼돈

상태와 다르며, 직접적인 생리작용이나 간질 등의 의학적 상태에 의한 것도 아니다.

이론의 변화에 따라 빙의 현상이 점차 해리 증상의 일종으로 이해되면서, 비슷한 증상을 모두 환자 내면의 갈등과 상처, 병리적 성격 등의 결과물로 해석하려는 시도가 지금까지 이어지고 있다. 하지만 정확한 원인이 무엇인지 아직 밝혀진 것은 없다. 해리 이론만으로는 설명이 불가능한 증상을 보이는 환자도 많아 다른 가능성 역시 고려해봐야 한다.

《정신장애 진단통계편람 4편(DSM IV)》은 여러 종류의 해리 현상 중 해리성 정체성 장애의 진단 범주에 포함시키기 힘든 '해리성 몽환 상태(trance state)'의 범주 안에 '빙의'라는 진단명을 두고 있다. 이것은 영혼이나 미지의 힘, 다른 사람의 영향에 의해 개인의 주체성이 다른 주체성으로 대체되어 주변에 대한 지각이 변하거나 자신이 통제할 수 없는 상태, 행동과 움직임을 보이는 현상을 포함한다. 《국제질병분류 10편(ICD 10)》은 이 상태를 '황홀경과 빙의'라고 부른다. 환자는 이 상태에서 개인적 정체성과 주위에 대한 인지 능력을 거의 상실한 채 다른 인격, 영혼, 신, 미지의 힘 등에 사로잡힌 듯 행동한다. 이때 주의력과 인지 능력이 좁아져 하나의 영역에 집중되면서 반복되는 일련의 행동, 자세 등을 보인다. 종교적 황홀경, 영매나 무당의 신이 내린 상태, 귀신들림, 환각제 중독 상태 등에서 유사한 증상을 보인다고 기술하고 있다.

그러나 《국제질병분류 10편(ICD 10)》과 《정신장애 진단통계편람 4편 TR(DSM IV TR)》이 이런 증상과 현상을 인정하고 기술하였다고 해서 그 원인을 '악마와 귀신'으로 인정하는 것은 아니다. 악마가 아니라 환자 내면의 해리 현상을 그 원인으로 보는 것이다.

1975년 미국의 노트르담대학에서 열렸던 '악마의 빙의' 주제에 대한 의사들의 토론회에서 발표된 자료들을 모아 1976년에 《악마의 빙의》라는 책이 출간되었다. 이 책의 저자인 윌슨은 다음과 같은 '빙의 진단 기준'을 제시했다. 이 기준은 해리성 정체성 장애와 구분을 두지 않았지만 내 치료 경험으로 볼 때 자신이 악마라고 주장하는 인격을 가진 환자들의 실제 증상을 이해하는 데 도움이 될 것 같아 소개한다.

- 빙의의 가장 중요한 증상은 자동적으로 드러나는 지속적이고 일관된 새로운 인격의 활동이다. 새 인격은 스스로를 '악마'라고 주장하며 자신을 일인칭 대명사(나), 환자를 삼인칭 대명사(이 사람, 이 여자 등)로 부른다. 악마는 스스로 특정한 이름을 사용하거나 자신의 직함, 직위 등을 얘기한다. 악마는 감정과 얼굴 표정이 있으며 신체적으로도 이에 부합되는 움직임을 보인다.
- 악마는 환자가 가지지 못한 지식이나 지적 능력을 보인다.
- 인격의 변화와 함께 윤리적 특성도 완전히 변한다. 특히 신과 예수에 대한 혐오와 증오 등을 보인다.

최면치료 과정에서 표면으로 올라와 자신이 악마나 외부에서 들어온 악한 영혼이라고 주장하는 인격들은 대개 위에 기술한 특징들을 많이 가지고 있다. 그러나 치료자는 이 주장 역시 액면 그대로 받아들여서는 안 된다. 다른 가능성들이 있기 때문이다.

임상적으로 진단되는 다중인격 환자 중에서 28.6%의 환자들이 스스로

'악마나 다른 영혼'이라고 주장하는 다른 인격들을 내면에 가지고 있다 (Ross, Norton, & Wozney, 1989)고 한다. 그러나 이 분야를 연구하는 학자들 대부분은 이 같은 주장을 무시하고 환자의 전체인격에서 분리되어 나온 조각인격이 자신을 악마로 생각하거나 치료자를 속이려는 의도로 그렇게 말하는 것이라고 믿으려 한다. 귀신이나 악마의 개입 가능성을 얘기하는 것 자체가 정신의학자로서 부적절하다고 생각하는 것이다.

그러나 그 같은 태도는 현상을 있는 그대로 인정하고 풀어나가는 과학의 원칙을 따르지 않는 것이다. 분명하게 밝혀지지 않은 부분은 '미지의 영역'이라는 점을 솔직히 인정하고, 사실이 규명될 때까지 모든 가능성을 열어놓고 연구해야 한다. 현상을 무시하고 사실로 입증되지 않은 그럴듯한 이론을 끌어다 억지 논리를 만들어서는 안 되는 것이다.

나는 그 인격들이 정말 악마라고 생각하지는 않지만, 환자가 그 주장을 그대로 받아들여 믿고 있고 그로 인해 큰 영향을 받고 있다면 그 상황을 그대로 치료에 이용하는 것이 더 합리적이고 효율적이라고 생각한다. 내 경험으로 볼 때는 이렇게 접근할 때 오히려 더 간단하고 쉽게 치료가 끝나는 경우가 많았다. 이것은 그 원인이 귀신이건 아니건 상관없이, 환자를 지배하는 논리와 힘을 무력화하는 것이 치료의 핵심임을 보여주는 것이다.

다른 증상 뒤에 숨어 있는 해리와 빙의

겉으로 보이는 증상은 빙의나 해리성 정체성 장애와 거리가 멀지만 최면 상태에서 주의 깊게 진단해보면 이것이 가장 큰 원인인 환자가 의외로 많다. 이들이 호소하는 증상도 무척 다양해 단순한 두통과 소화불량, 신체 특정 부위의 만성 통증이나 기능 저하, 불안, 우울, 공포 등 거의 모든 신체적 · 정신적 증상을 포함한다.

이 환자들의 특징은 갖가지 진단 방법으로 검사해도 원인이 전혀 밝혀지지 않거나 불분명하고, 알려져 있는 어떤 치료 방법으로도 큰 도움을 얻지 못한다는 점이다. 아무리 오래 약을 먹어도 잘 낫지 않고 의사의 지시를 열심히 따라도 호전되지 않는 환자들은 혹시 빙의나 해리성 정체성 장애가 숨어 있지 않은지를 의심해볼 필요가 있다.

이런 경우는 환자 본인이나 치료를 맡은 의사 모두 증상만으로는 빙의나 해리성 정체성 장애를 의심할 이유가 없기 때문에 정확한 진단과 치료가 더 어렵다. 예를 들어보자.

어릴 때부터 이유 없이 허리가 아파 학교를 두 번이나 휴학했던 서른 살의 여자 환자가 있었다. 나를 찾아왔던 목적은 다른 문제를 해결하기 위해서였기 때문에 오랫동안 괴로움을 겪고 있던 요통에 대해서는 전혀 언급하지 않았었다. 초등학교 저학년부터 시작된 요통은 때에 따라 심해지거나 나아지기를 반복하며 계속 이어지고 있었다. 컴퓨터 단층촬영과 MRI 검사를 여러 번 했어도 별 다른 원인이 밝혀지지 않아 증상에 따라 약을 먹는 것 외에는 방법이 없었고, 심할 때는 꼼짝도 못하고 누운 채 통증이 가라앉기를 기다려야 했다.

그런데 최면치료 중 이 환자의 몸 상태를 진단하는 과정에서 허리 부위에 주위의 조직과 구별되는 검은 부분을 발견하게 되어 '혹시 허리가 아픈 적이 없는가?'를 물었다. 이 물음에 그녀는 자신의 오랜 요통에 관해 처음으로 얘기를 시작했다.

계속된 진단 과정에서 그 검은 부분은 분명하게 자신의 실체를 밝히지 않았지만 스스로를 나름대로의 생명을 가진 하나의 존재로 생각하고 있었고 자신이 환자의 요통을 일으키고 있다고 말했다. 나는 환자에게 그 검은 부분을 없애는 방법을 가르쳐주고 앞으로 요통에 어떤 변화가 오는지 지켜보라고 했다. 허리의 통증은 그 날 이후 많이 가벼워졌고 얼마 후에는 완전히 사라졌다. 그 후 전혀 재발하지 않아 환자는 내게 '생각도 못했던 수확을 얻었다'며 기뻐했다.

이 환자와 비슷한 치료 사례는 아주 흔하기 때문에 여러 가지 치료 방법으로 잘 낫지 않는 고질적 증상을 가진 환자들을 진단할 때는 해리성 정체성 장애나 빙의의 가능성에 대해 반드시 생각해볼 필요가 있다. 이들의 증상은 빙의나 해리성 정체성 장애의 일반적 진단 기준과는 다른 점이 많지만 내면에서 발견되는 정체불명의 존재 혹은 에너지 덩어리가 증상의 숨은 원인이며, 이를 해결할 때 증상이 극적으로 사라진다는 점에서 흡사한 면이 많다.

겉으로 드러나지 않는 빙의나 해리성 정체성 장애의 진단이 중요한 또 다른 이유는 이처럼 숨어 있는 인격이나 존재가 환자의 생각과 감정, 증상에 큰 영향을 줄 뿐 아니라 최면치료 중 떠올리는 과거의 기억에도 큰 영향을 미칠 수 있기 때문이다. 아주 어릴 때의 기억을 찾기 위한 연령퇴행이나 전생퇴행 작업을 시도할 때 환자의 원래 기억과 상관없는 엉뚱한 내용들을 회상하게 만들어 환자와 치료자를 혼란에 빠뜨리고 치료를 엉뚱한 방향으로 이끌 위험이 높은 것이다. 이것은 치료 경험이 적고 해리성 정체성 장애와 빙의 현상에 대해 잘 모르는 치료자들에게는 빠지기 쉬운 함정이 된다.

잘 낫지 않는 성격장애와 술과 약물, 도박 중독, 범죄적 성향, 치료에 반응하지 않는 심한 정신질환자 중 많은 수가 사실은 드러나지 않는 빙의나 해리성 정체성 장애 환자일 가능성이 높다.

해리와 빙의의 최면치료

빙의와 해리성 정체성 장애 치료의 성과에 대해 정신의학 교과서들은 대체로 비관적인 견해를 담고 있다. 국내에서 출간된 《최신 정신의학》에는 '아주 드물어 충분한 자료가 없으나 정신치료, 최면치료가 효과가 있다. 증상 회복 후에도 재발 방지를 위한 정신치료를 한다. 필요에 따라 약물 투여를 하지만 별 효과가 없다. 예후가 나쁘고 절반 이상이 만성으로 경과된다'는 내용이 실려 있다. 그러나 엄밀히 말해 빙의와 해리성 정체성 장애 환자의 치료 과정과 결과에 대해 표준화된 자료는 아직 존재하지 않는다. 지금까지 이 진단명이 공식적으로 사용된 기간이 비교적 짧고 증상과 진단 기준에 대해서도 학자들 사이에 의견 일치가 어려웠기 때문이다.

이 분야를 집중적으로 연구하는 몇몇 외국학자들의 개인적 치료 결과 보고는 있지만 그것만으로 전체 치료 현황을 짐작할 수는 없다. 특히 이 환자들의 진단과 치료에 가장 중요한 최면치료가 널리 보급되지 않은 국내에서는 아직 해리성 정체성 장애나 빙의라는 진단명 자체가 거의 사용되지 않아 대부분 다른 질환으로 오진되어 부적절한 치료를 받는 것이 현실이다. 최면치료 경험이 없는 정신과 의사는 이 환자들의 극적인 증상들을 목격할 기회가 전혀 없기 때문에 막연히 이 진단명을 의심하거나 반감을 가지기 쉽지만, 실제 치료 사례들과 치료 과정의 동영상을 보고 난 후에는 무척 놀라며 그 실체를 인정하게 되는 경우를 나는 여러 번 보았다.

'완치'는 꿈이 아니다

해리성 정체성 장애 연구를 주도하는 학자들의 주장에 따르면 이들의 치료는 무척 복잡해 한두 가지의 치료 기술만으로는 해결이 어렵고 장기간에 걸친 개인 정신치료가 필요하다고 한다. 아주 능숙한 치료자가 일주일에 한 시간씩 환자와 면담을 해도 빠르면 3년 정도가 걸리고 보통 5~7년간의 치료 기간이 소요되지만 치료 결과에 대해 그다지 낙관할 수 있는 것은 아니라고 한다.

그러나 최면치료 과정에서 이 환자들을 자주 만나는 내 생각은 많이 다르다. 내 경험으로는 이들 대부분이 적절한 치료를 받으면 극적으로 호전되거나 완치되며, 그중 상당수는 아주 짧은 기간의 치료만으로도 치료를 종결할 수 있기 때문이다.

내게 최면치료를 받는 환자의 대부분은 상당 기간 여러 정신과 진료 기관에서 우울증, 공포증, 강박증, 정신분열증 등의 진단명으로 약물 복용, 상담, 정신분석, 인지치료 등 갖가지 치료 과정을 거쳤지만 성과가 미흡했던 환자들이다. 그것은 이들 중 상당수가 실제로는 빙의나 해리성 정체성 장애 환자였을 가능성이 높다는 사실을 의미한다. 이들은 최면치료에 마지막 희망을 걸고 나를 찾는 경우가 많기 때문에 이것이 내가 다른 정신과 의사들에 비해 빙의와 해리성 정체성 장애 환자를 자주 만나게 되는 가장 큰 이유라고도 볼 수 있다. 즉 여러 가지 치료에도 잘 낫지 않는 환자들 속에는 빙의나 해리성 정체성 장애 환자가 숨어 있을 가능성이 높다는 뜻이다.

이들의 치료는 기본적으로 다른 정신과 환자들의 치료와 크게 다르지 않다. 하지만 최면치료 과정에서 평소와 다른 인격들이 드러날 경우 각 인격의 생성 원인과 특징을 파악하고 치유가 필요한 과거 상처들에 대한 치료 작업을 진행해 그 인격이 가진 부정적 힘과 개별성을 무력화시킴으로써 전체인격과 통합시켜가야 한다. 자신이 외부에서 들어온 영혼이나 악마 등 다른 존재라고 주장하며 치료에 강하게 저항하는 인격은 각각의 상황에 따라 적절히 무력화시키고 점차 환자의 힘을 키워 통제할 수 있도록 도와준다.

이 인격들은 수시로 말을 바꾸고 환자와 치료자를 조종하기 위해 거짓말을 자주 하며, 경우에 따라서는 치료자와 환자를 공격하려고도 한다. 초보 최면 치료자들 중에는 이런 공격적 인격을 한두 번 만난 후 빙의와 해리성 정체성 장애 환자들을 두려워하고 기피하는 경우도 있다. 그러나 환자나 치료자나 이들을 두려워할 필요는 없다.

빙의와 해리성 정체성 장애에 대한 충분한 지식을 가지고 일관성 있게 치료에 임하면 이런 인격들도 처음에는 저항하다가 결국은 대부분 치료에 협조하며, 끝까지 저항하는 인격들도 그 힘을 점차 잃어가기 때문에 오히려 다른 정신 증상 환자들에 비해 짧은 기간 안에 극적으로 호전되는 경우가 많다.

치료 과정에서는 이런 사실들에 대해 환자와 충분히 대화하고 교육시킴으로써 불필요한 두려움과 불안감을 덜어줘야 한다. 또한 환자가 이런 인격들을 무력화시키고 자신의 정신적·육체적 힘과 지혜를 키워나갈 수 있는 훈련 기법들을 가르치고 평소에 실천시켜야 한다. 이것은 치료에도 중요하지만 치료 후 재발 없이 건강을 유지하는 데 가장 중요한 역할을 한다.

진단 과정에서 발견되는 다른 인격들을 다루는 방법은 상황에 따라 선택할 수 있으며, 이들을 제거하거나 전체인격과 통합시키거나 무력화하는 방법도 각 환자와 증상의 특징에 따라 달라진다. 이 방법들을 적절히 사용하면 아주 빠른 기간 내에 '완치'되는 환자가 많기 때문에 빙의와 해리성 정체성 장애에 관한 기존 학설과 이론들은 수정할 부분이 많다고 나는 생각한다.

"뭔지 모를 검은 기운이……"
원인을 알 수 없는 대인공포증, 오른팔의 통증과 마비 증상

지방 대도시에 사는 20대 초반의 이지숙 씨는 3년 전부터 갑작스럽게 시작된 대인공포 증상과 오른쪽 어깨에서부터 팔 전체에 이르는 통증과 마비 증상을 호소하며 병원을 찾아왔다. 어느 날 갑자기 오른팔 전체가 뭔가에 짓눌리는 듯 무겁고 제대로 팔과 손을 쓸 수 없어 다니던 직장을 그만두고 여러 병원을 돌아다니며 컴퓨터촬영을 비롯해 첨단 검사들을 받았지만 뚜렷한 원인을 찾을 수 없었다.

팔의 통증과 함께 시작된 불안과 공포, 우울 등의 정신 증상도 점점 심해져 사람을 만나는 것이 두렵고 단순한 외출조차 부담스러워 집에서만 생활하고 있었다. 여러 병원을 다니며 약을 먹고 주사를 맞아도 소용없었고, 한방치료와 민간요법까지 써봤지만 도움이 되지 않았다. 병이 나기 전에는 무척 활발하고 적극적이며 대인관계도 원만했는데 병이 난 후에는 심하게 위축되어 늘 불안하고 우울하게 지내고 있었다.

혹시 최면치료로 병의 원인을 찾을 수 있으면 낫지 않을까 하는 실낱같은 희망을 가지고 찾아왔다고 했다. 다른 병원에서 이미 신체적 원인에 대한 충분한 검사와 진단을 끝낸 상태였기 때문에 상세한 면담을 통해 발병 경위를 비롯해 환자 주변에 대한 얘기를 들을 필요가 있었다.

병이 처음 시작될 무렵에 대해 그녀는 다음과 같은 얘기를 들려주었다.

"병이 나기 며칠 전에 집안의 아저씨뻘 되는 분께서 갑자기 돌아가셨어요. 장례식에 참석하려고 시골에 사는 친척들 몇 가족이 저희 집에서 묵으셨는데, 그중에 부모를 따라온 다섯 살짜리 남자아이가 저희 집 앞에서 놀다가 차에 치여 죽는 사고가 일어났어요. 그 날 모두 너무 놀라고 충격을 받아서 집안 분위기가 무겁게 가라앉았고, 다들 말없이 저녁을 맞이했어요. 예상치 못한 겹초상을 치르게 되어 정신이 없었죠.

저녁을 먹은 후 오빠와 같이 방에서 우울한 기분으로 텔레비전을 보고 있는데 갑자기 방 전체가 검은 연기 같은 기운으로 꽉 차는 듯한 기분이 들면서 견딜 수 없이 무서워져 저도 모르게 비명을 질렀어요. 나중에 오빠에게 물어보니까 그 때 오빠도 제가 느낀 것과 같은 이상한 기운을 느꼈대요. 그 시간 이후 계속 마음이 불안하고 무서워서 잠을 제대로 못 잤어요. 여러 가지 악몽에 시달리고 중간에 자주 깨면서 밤을 보내고 아침에 일어났는데 그때부터 오른쪽 어깨와 팔이 아프기 시작했어요. 이유도 없이 불안하고 두려운 마음이 없어지지 않아 회사에 출근하는 것도 힘들어져 얼마 안 있다 직장을 그만두게 되었고요. 별 치료를 다 받아봤지만 소용이 없었어요. 이대로는 정말 살 수 없을 것 같아요."

어린 시절부터의 성격과 경험, 가정환경과 가족관계에 대해 환자가 알고
있는 범위 내에는 병의 원인이 될 만한 갈등과 충격적 사건은 없는 듯해 최
면치료를 진행해봐야 더 정확한 진단이 가능할 것으로 판단되었다. 첫 최면
치료에서의 대화는 다음과 같이 진행되었다.

김 : 자기 몸과 주변을 잘 살펴보세요. 뭔가 이상한 것이 있는지. 특히 오
　　른팔과 어깨를 포함해서요.

이 : [작고 떨리는 목소리로] 그 아저씨예요. 돌아가신 그 아저씨가 보여요.

김 : 그 사람이 뭘 하고 있죠?

이 : [놀라고 두려운 듯] 몹시 화가 난 표정이에요. 한 손으로 제 오른팔을
　　움켜쥐고 있어요. 다른 손으로는 그 때 사고로 죽은 남자아이의 손
　　목을 잡고 있고요. …… [믿기 어렵다는 듯] 그 아이도 같이 있네요. 아
　　이 얼굴에 자동차 바퀴 자국이 나 있어요.

김 : 그가 왜 화가 났는지, 거기서 뭘 하고 있는지 물어봐요.

이 : …… [흥분한 목소리로] 저를 데려가려고 하는데 선생님 때문에 그렇게
　　할 수 없게 되었다고 화를 내고 있어요. '왜 자기를 방해하느냐'며
　　무섭게 찡그린 얼굴로 투덜대고 있어요.

김 : 어디로 데려가려고 하는 거죠?

이 : …… 저세상이요.

김 : 왜 데려가려고 하나요?

이 : [두려운 듯] 제게 무척 화가 나 있어요. 제가 뭔가 자기한테 잘못한 일
　　이 많다고 하네요.

김 : 그럴 만한 일들이 있었나요?

이 : …… 별로 가까운 친척이 아니라 자주 본 적은 없는데, 뭔가 나름대로 이유가 있나 봐요.

김 : 그 사람이 잡고 있어서 오른팔이 아픈 건가요?

이 : [강하게] 네.

김 : 공포증이나 불안도 그 사람 때문인 것 같아요?

이 : ……네.

김 : 그 사람에게 이러면 안 된다고 얘기해주고 빨리 자기가 가야 할 곳으로 가라고 하세요.

이 : [잠시 후 밝은 목소리로] 투덜거리면서 가고 있어요. 저한테 미련이 남은 듯이 자꾸 뒤돌아보면서 가네요.

김 : 어디로 가고 있죠?

이 : [흥분한 어조로] 그 아이 손을 잡은 채 점점 멀어져 가고 있어요. 하늘로 올라가는 것 같아요. 자꾸 뒤돌아보면서…….

김 : 지금 기분은 어때요?

이 : [밝은 목소리로 들뜬 듯] 아주 홀가분해요. 마음도 편하고, 팔도 이제 전혀 안 아파요.

이 상태에서 환자의 내면을 여기저기 살피면서 치료하고 몸 주변까지 깨끗이 한 후 평소 생활하면서 쉽게 쓸 수 있는, 스스로의 몸과 마음을 치료하고 보호하는 자기최면 방법을 가르쳐주고 틈날 때마다 자주 연습하라고 당부한 후 치료를 마쳤다.

최면에서 깨어난 환자는 그토록 오랫동안 자신을 괴롭히던 팔의 통증이 그렇게 쉽게 완전히 사라진 사실이 믿기지 않는 듯 어깨와 팔을 몇 번이나 만져보며 신기해했다.

"정말 믿을 수가 없네요. 팔이 아무렇지도 않아요. 전혀 아프지도 무겁지도 않아요. 가슴이 늘 답답했는데 그것도 없어졌고요. 불안하거나 두렵지도 않아요. 가끔 저 혼자 멍하니 있을 때 죽은 그 아저씨 얼굴이 무서운 표정으로 떠오른 적이 있었지만 이상하게 생각하지 않았었는데, 죽은 그 아저씨 영혼이 제 안에 들어와서 오른팔을 꽉 잡고 놔주지 않아서 팔이 아팠나 봐요. 선생님이 팔을 놓고 가라고 했을 때 무척 화를 냈지만 그래도 곧 체념하는 것 같았어요. 어쩔 수 없다는 표정이었죠. 정말 신기해요. 그 친척 아이 손을 잡고 점점 멀어지는 장면이 너무 또렷하게 보였어요. 어떻게 이럴 수가 있죠?"

어떻게 그럴 수 있는지는 나도 모른다. 그러나 이것이 그 환자에게 필요한 치료의 전부였다. 어머니와 함께 기뻐하며 고향으로 내려간 그녀는 며칠 후 자신이 점점 더 건강해지고 있고 옛 모습을 찾아가고 있다고 전화로 알려왔다. 그 날 이후 팔의 통증은 재발하지 않았고 언제 아팠느냐는 듯이 지내고 있다고 했다.

아무 소식 없이 몇 달이 지난 후 연말이 다가 올 무렵 그녀는 밝은 목소리로 다시 안부를 전해왔다.

"선생님, 소식이 늦었어요. 저 잘 지내고 있어요. 팔도 다 나았고 공포증도 없어져서 새 직장에 취직한 지 한참 됐어요. 전에 먹던 약들도 이젠 완전히 끊었고요. 가족들도 더 이상 저를 환자로 안 봐요. 직장 사람들과도 잘 지내고요. 선생님도 건강하시죠?"

내 안부를 물을 정도의 여유 있는 태도와 안정된 마음을 전화선을 통해 느낄 수 있었지만 "너무 방심하면 안 돼요. 내가 늘 연습하라고 했던 것들을 잘 기억하고, 조금이라도 이상이 생기면 언제라도 바로 전화하세요. 낫는 것보다 나은 상태를 잘 유지하는 것이 더 어렵고 중요해요"라는 충고를 해주었다.

그러겠다고 약속하고 전화를 끊은 며칠 후 그녀는 내게 크리스마스 카드를 보냈고, 여러 해가 지난 지금까지 아무 일 없이 잘 지내고 있다.

이 환자의 회복은 믿기 어려울 만큼 빠르게 이루어졌지만 그 이유가 정말 환자 속에 들어가 여러 가지 증상을 일으켰던 죽은 친척의 영혼을 내보냈기 때문인지는 알 수 없는 일이다. 생각과 감정의 에너지가 실제 몸과 마음의 여러 증상을 만들어낼 수 있으므로 이 증상도 강한 부정적 생각과 감정의 반복으로 만들어진 것으로도 볼 수 있다.

그러나 분명하고 가장 중요한 사실은 3년 동안 치료 방법을 찾지 못해 고생하던 환자가 단 한 번의 치료로 완전히 나았다는 것이다. 바라보는 사람의 시각에 따라 이 환자의 치료 원리와 과정에 대한 해석은 다를 수 있다. 최면 상태에서 떠올렸던 죽은 친척 아저씨와 아이의 모습은 사실상 환자가 만들어낸 상징적 허상이며 그 정체는 자신의 내면에 쌓인 갈등과 모순, 괴로운 감정의 덩어리로 형성된 부정적 자아의 모습이라고 생각할 치료자도 많을 것이고, 나 역시 환자 내면에 숨어 있는 그런 요소들이 원인의 일부가 되었을 것으로 보고 있다. 그러나 죽은 아저씨와 친척 꼬마의 모습으로 느껴졌던 정체불명의 존재나 에너지의 정체가 무엇인지는 앞으로의 과학과 정신의학이 더 정확하게 밝혀내야 한다.

"내 몸에서 악취가 나요"
강박과 관계망상

처음 나를 찾아왔을 때 박정윤 씨는 스물네 살의 현역 군인이었다. 자기 몸에서 고약한 냄새가 난다는 생각이 계속 머릿속을 맴돌아 늘 불안하고 위축되어 있는 바람에 대인관계와 사회생활에 큰 지장을 받고 있었다. 가족을 비롯한 주위 사람들과 거리에서 만나는 낯 모르는 사람들까지도 자기 몸에서 나는 냄새 때문에 고개를 돌리거나 수군거리며 피하는 것 같다고 했다.

"처음 이런 증상이 생긴 건 7~8년 전인데요. 고등학교 1학년 때 뒤에 앉은 친구가 갑자기 저보고 이상한 냄새가 난다고 놀리는 거예요. 태연한 척했지만 신경이 쓰여서 수업도 다 못 마치고 집에 가려고 나왔는데, 버스에 탄 사람들도 이상한 냄새가 난다면서 킁킁거리더라고요. 그래서 얼마 안 가서 내려버렸어요. 한참 기다렸다가 거의 빈 버스가 오기에 타고 집에 왔어요.

그 후 계속 힘들어서 며칠 지난 후에 정신과 병원을 찾아갔어요. 그 때는 증세가 더 심해져서 움직이면 냄새도 더 날 것 같아 꼼짝도 못하고 앉아 있을 때가 많았어요. 다른 사람들이 웃거나 이상한 행동을 하면 모두 저 때문인 것 같은 생각이 들어 너무 신경이 쓰였어요. 사람들을 자꾸 피하게 되고 혼자만 있으려고 했는데 그 병원 선생님이 이런 증상은 그런 힘든 상황을 자꾸 이겨내야 극복할 수 있다고 해서 노력을 많이 했어요. 시내버스에서 앞자리에 앉기, 학원 앞자리에 앉기 같은 연습을 하면서 신경을 안 쓰려고 했는데 뜻대로 안 되더라고요. 병원 가서 매일 같은 얘기만 하는 것도 지겹고, 약을 먹으면 너무 졸려서 공부에 지장이 많아 두 달쯤 다니다가 치료를 그만둬버렸어요.

비뇨기과, 피부과 같은 곳에 가서 검사를 해도 모두 이상이 없다고 해서 점치는 집에 갔더니 귀신이 붙었다면서 액땜하는 방편을 알려주더군요. 그대로 했더니 신기하게도 깨끗이 나아버렸어요. 그런데 2학년 여름에 재발했어요. 학원에서 그랬는데, 전과 똑같은 증상으로 시작되었어요. 이 때부터 혼자 돌아다니면서 시내버스도 꽉 차거나 자리가 있는 경우에만 탔고, 심리학이나 정신의학에 관한 책들을 찾아 읽으면서 어떻게든 극복해보려고 했는데 결국은 실패했죠.

이 증상 때문에 군대를 두 번 연기했고 마지막 세 번째에 입대해서 훈련소에서도 냄새가 난다고들 얘기하는 것 같아 힘들었는데 억지로 참았어요. 훈련 끝나고 배치받은 부대에 와서도 신병 때처럼 증상이 나타났어요. 졸병 때는 그럭저럭 넘어갔는데 이제 제대가 몇 달 남지 않은 상태에서 더 심해지는 것 같아 더 이상 시간 낭비를 하지 않아야겠다는 생각에 선생님을 찾아왔어요."

치료받았던 병원에서 떼어온 진단서에는 '몸에서 고약한 냄새가 난다는 강박사고와 강박행동이 심하고 불안, 관계망상 등의 증상으로 여러 번에 걸쳐 각각 몇 달씩 치료받은 적이 있다'고 적혀 있었다.

'강박사고'란 한 가지 생각이 계속 머릿속을 맴돌며 떠나지 않아 다른 일에 집중할 수 없는 것을 말한다. 이 환자의 경우 자기 몸에서 악취가 난다는 생각을 한시도 지울 수 없는 것이 강박사고에 해당하고, 남들을 피하거나 몸을 자주 씻는 것을 강박행동으로 볼 수 있다. 다른 사람들이 자신에게서 나는 악취를 맡기 때문에 고개를 돌리거나 킁킁거린다는 식으로 생각하는 것을 '관계망상'이라고 하는데, 이것은 주위에서 일어나는 여러 가지 현상과 사람들의 반응을 모두 자기 때문에 일어나는 것으로 생각하는 심각한 정신 증상이다.

강박사고와 관계망상은 정신 증상 중에서도 아주 까다롭고 쉽게 해결되지 않는 것들이라 꾸준히 약을 먹으며 상담을 받아도 치료 결과가 만족스럽지 못한 경우가 흔하다. 제대까지 아직 몇 달이 남아 있어 마음대로 병원에 올 수 있는 처지가 아니라 우선 가벼운 약물 처방으로 불안과 위축감을 줄이고 제대 후에는 최면치료를 통해 원인을 찾아 증상과 그 뿌리를 없애는 것이 좋겠다는 내 제안에 환자도 동의했다.

몇 달 후 첫 치료 시간에 환자는 자기 성격이 어릴 때부터 착하고 조용한 편이었지만 학교에서 친구들과는 잘 어울렸다고 했다. 많은 형제 중 막내로 귀여움을 받고 자랐고, 집안 환경은 안정된 편이었으며 가족 간의 큰 갈등도 없었다고 했다. 좀 소심하고 내성적이긴 했지만 고등학교 진학 후 처음 증상이 나타날 때까지 대인관계와 학교생활에 아무 문제없이 지냈다고 했다.

최면치료의 의미와 목적에 대해 설명하고 최면 상태에 대해 환자가 가지고 있을 수 있는 오해와 거부감을 없애기 위한 대화를 거친 후 기초적인 치료 방법을 연습시키고 첫 치료를 마쳤다. 열흘 후의 두 번째 시간에는 몇 가지 질문과 대답 후 바로 치료에 들어갔으며 환자는 쉽고 빠르게 최면 상태에 몰입했다. 몸과 마음의 긴장이 풀리기 시작하는 가벼운 최면 상태에서부터 환자는 몸을 뒤틀며 괴로운 표정을 지었고 평소 환자의 모습과 전혀 다른 이상한 인격들이 표면으로 드러나기 시작했다.

환자의 내면을 살펴가며 문제가 있다고 판단되는 신체 부위에 대한 치료 작업을 시작하자 이 새로운 인격들이 환자를 장악해 괴로운 표정으로 몸을 뒤틀며 치료를 중단해줄 것을 호소했다. 최면 상태에서 다음과 같이 진행된 대화는 비슷한 현상을 보이는 다른 환자들의 치료 과정에서도 흔히 경험하게 된다.

박 : …… [괴롭게 몸을 뒤틀며] 그만해요, 잘못했어요, 으~아~아, 제발 그
　　만해줘요, 다시 안 그럴게요.

김 : 다신 안 그런다니, 뭘 말이야?

박 : …… [울먹이며] 이 사람을 못 살게 굴지 않을게요.

김 : 너희들이 이 사람을 못 살게 굴었어?

박 : [작은 소리로] 네.

김 : 어떻게 괴롭혔는지 모두 얘기해봐.

박 : ……자꾸 불안하게 만들고, 혼자 있게 하고…… 여러 가지 방법으로
　　괴롭혔어요.

김 : 몸에서 냄새가 난다는 것도 너희들이 그렇게 만든 건가?

박 : ……네.

김 : 언제부터 이 사람을 괴롭혔지?

박 : 아주 어릴 때부터요.

김 : 몇 살부터?

박 : ……다섯 살이요. 그 때 우리가 들어왔어요.

김 : 그 전에 너희들은 어디 있었는데?

박 : 산에요. 산에 있는 무덤에 있었어요.

김 : 왜 이 사람한테 들어왔지?

박 : 이 사람이 약했어요.

김 : 괴롭힌 이유가 뭐야?

박 : …… [웃으며] 재미있잖아요.

내 물음에 답하는 것이 누군지는 분명히 알 수 없지만 그 주체는 분명 평소의 환자와는 완전히 다른 모습이었다. 자신을 '우리'라는 복수형으로 표현했고, 환자를 '이 사람'이라는 삼인칭으로 부르며 남 취급을 하고 있었다.

이 환자의 경우도 새로운 인격들이 주장하는 바에 따라 치료를 진행했다.

김 : 이 사람을 괴롭히는 게 재미있어?

박 : [낄낄거리며] 네.

김 : 괴롭혀서 어떻게 하려는 거야?

박 : …… [차갑고 단호하게] 죽여야죠.

김 : 이 사람을 죽이는 게 목적이야?

박 : ……네.

김 : 너희들만 없어지면 이 사람이 건강해질 수 있나?

박 : 네.

김 : 이 사람에게서 나갈 수 있게 도와주면 모두 나갈 거야?

박 : [침묵] …….

김 : 왜 대답이 없어?

박 : [애매한 태도로] 나가고는 싶은데, 나갈 수 있을지는 잘 모르겠어요.

김 : 너희들이 정말 나갈 마음이 있다면 쉽게 나갈 수 있어. 잘 알고 있지?

박 : …… [마지못해] 네. 그렇지만 시간이 좀 필요한데요.

김 : 나갈 준비를 할 시간을 주면 이 사람을 괴롭히지 않고 얌전히 있을 거야?

박 : 그렇게는 못 하는데요. 우리가 있는 것만으로도 이 사람은 힘든데요.

김 : 그래도 최대한 편하게 해줘. 그렇게 할 수 있겠어?

박 : …… [잠시 망설이다] 네.

김 : 언제쯤 나갈 거야?

박 : 곧 나갈게요.

이들의 얘기를 그대로 믿어서는 안 된다. 이들은 언제나 자신들이 버틸 수 있는 최대 한계까지 버티다가 도저히 견딜 수 없는 상황이라는 판단이 들어야만 저항을 포기하고 떠나기 때문이다. 일단 힘든 치료 상황을 모면하기 위해 온갖 거짓말과 기만으로 환자에게 겁을 주고 치료자를 속이려 하는 것이 이런 인격들의 공통된 특징이다.

따라서 치료자는 이들이 하는 말을 무조건 무시하거나 믿어서는 안 되며, 상황에 따라 적절하게 대화를 이끌어가면서 환자가 이들을 두려워하지 않고 스스로를 보호하며 나아질 수 있는 힘을 키우도록 도와줘야 한다. 동시에 이 정체불명의 인격들을 무력화하는 치료 작업도 병행해가야 한다. 이 치료 원칙에 따라 나는 환자에게 스스로를 보호하고 내면의 힘을 길러줄 수 있는 방법들을 몇 가지 설명해주고 따라하도록 했다.

환자의 상상력과 의지, 의식의 에너지를 사용하는 이 작업을 시작하자 그 인격들은 곧 심한 괴로움을 호소하며 환자의 몸을 뒤틀기 시작했고, '앞으로 이 사람을 편하게 해주겠다'는 다짐을 하며 치료를 중단해줄 것을 간청했다.

그 날의 치료는 일단 이들로부터 환자를 편하게 해주겠다는 약속을 받아낸 후 끝냈다. 최면에서 깨어난 환자는 당황하고 얼떨떨한 표정이었지만 머리가 무척 가볍고 마음이 편하다고 했다. 최면 상태에서 겪은 현상과 대화에 대한 그의 질문에 대답해주고 자기훈련 기법들을 가르쳐주면서 평소에도 자주 연습할 것을 당부한 후 치료를 마쳤다.

다음 시간의 치료는 환자가 어린 시절부터 겪었던 크고 작은 마음의 상처와, 자라면서 서로 큰 영향을 주고받았던 가족관계와 집안 이야기, 현재의 상황과 앞으로의 계획 등에 대한 대화를 중심으로 이루어졌다. 살아오면서 제대로 처리하거나 소화시키지 못한 채 가슴속 깊이 쌓아놓은 과거로부터의 괴로운 감정과 고통들을 해소하며 그 이면에 숨어 있는 다른 인격들을 무력화시키고 건강한 힘을 되찾는 최면 기법을 병행해 치료를 진행시켰다.

첫 치료 후 이틀간, 환자는 여러 증상의 일시적 완화와 악화를 몇 번 경험하며 혼란스러웠지만 치료 시간에 배운 훈련을 거듭하면서 시간이 지날수록 조금씩 더 마음이 안정되어갔고, 두 번째 치료 후에는 모든 증상이 전반적으로 호전되며 더 편안해졌다.

세 번째 시간에는 정확한 숫자를 알 수 없는 여러 개의 다른 인격이 환자를 떠났다. 그 이후 환자는 '불안과 위축감, 냄새에 대한 강박 증상이 훨씬 줄어들었다'고 했다. 다른 인격들이 환자를 떠나는 상황은 아래와 같이 진행되었다.

김 : 이제 나갈 준비가 되었나?
박 : 좀 도와주세요.
김 : 어디로 가야 할지는 알고 있어?
박 : 네, 하늘로 갈 거예요.

이들이 주장하는 대로 환자의 외부에서 들어온 미지의 존재들이라면 환자에게서 분리시켜 내보내야 한다. 하지만 환자의 내면에서 충격으로 인해 떨어져 나온 조각으로 형성된 다른 인격이라면 그들 각각이 가진 문제점을 치료해 전체인격과 통합시켜나가는 과정이 필요할 것이다. 이 인격들의 주장을 일단 받아들여 나는 이들이 원하는 대로 환자에게서 떠나갈 수 있도록 도와주었다. 그 치료 이후 환자는 훨씬 편해졌고 냄새에 대한 불안과 강박 증상도 거의 없어졌다.

사람이 많은 장소에 대한 두려움이 사라져 그동안 마음대로 하지 못하던 외출을 자유롭게 할 수 있게 되자 그는 스스로를 시험해본다며 지나칠 정도로 돌아다녔다. 이때의 상태를 그는 '기분이 갑자기 너무 좋아져서 붕붕 떠다녔다'고 표현했다. 이렇듯 환자는 극적인 호전에 지나치게 흥분해 일시적으로 감정이 불안정해지기도 했으나 곧 정상으로 돌아왔다.

첫 최면치료를 마친 뒤부터 오랫동안 먹고 있던 약을 모두 중단했고, 세 번째 치료 후에는 불편한 증상이 거의 없어져 치료를 종결할 수 있는 상태가 되었다. 하지만 두 번의 추가 최면치료와 면담을 통해 치료와 관련된 여러 가지 주제에 대해 충분히 대화를 나누었다. 이후 한 달 정도를 지켜본 결과 증상 재발은 전혀 없었고 시간이 갈수록 환자는 더 안정되어갔다.

'증상이 없어질 때까지'로 정했던 1차 치료 목표에 도달했다고 판단되어 환자와 상의 끝에 치료를 끝내기로 하고 평소 생활에서 혼자 할 수 있도록 갈등과 긴장, 불안, 극단적 감정 등을 완화하고 제거하며 증상 재발을 막을 수 있는 자기최면 기법들을 연습시킨 후 치료를 완전히 종결할 수 있었다.

그렇게 치료를 마친 후 만 4년이 지난 어느 날 환자는 건강한 모습으로 '지나가는 길에 인사차 들렀다'며 불쑥 찾아왔고, 그 당시까지 증상의 재발은 한 번도 없었다는 소식을 전했다.

치료 과정에서 발견된 다른 인격들이 환자에게서 떠나간 후 증상이 나아졌다고 해서 그들을 외부에서 들어온 귀신이나 악마라고 단정해서는 안 된다. 지금의 의학으로는 짐작하기 어려운 또 다른 원인이나 에너지, 환자의 복잡한 심리가 투사된 상징적 존재일 가능성도 있기 때문이다. 또한 이들이 정말 환자에게서 나간 것으로 단정해서도 안 된다. 떠나는 시늉만 그럴 듯하게 한 후 조용히 환자 내면에 숨어 있는 경우가 많기 때문이다. 이 환자들의 치료에서 가장 중요한 점은 정체불명의 인격들을 내보내는 것이 아니라 환자가 스스로의 힘으로 건강하고 균형 잡힌 모습을 회복할 수 있도록 이끌어주는 것이다.

마치 면역력이 약한 환자들은 아무리 치료해도 쉽게 재발하거나 합병증이 생기는 것처럼 이 환자들도 증상과 문제의 뿌리를 찾아 해결하지 않으면 완치에 이르기 힘들다. 다른 정신 증상과 마찬가지로 해리성 정체성 장애나 빙의 증상도 대부분 환자 내면의 약하고 병든 부분들 때문에 생긴다. 그러므로 이를 찾아 해결하려면 어느 한 가지 치료 기법에만 의존해서는 안 되고 정신 치료의 여러 원칙을 충실하게 따르며 치료 과정을 이끌어야 한다.

나는 환자들이 이해하기 쉽게 '내면의 다른 인격들은, 마치 병든 조직에 세균 감염이 일어나듯 환자 내면의 병든 부분에 기생하는 정체불명의 에너지'라고 설명하고, 내면이 안정되고 강해지면 쉽게 그 영향력을 이겨내고 극복할 수 있다는 사실을 늘 강조한다.

이 인격들이 자신을 악마라고 하건 죽은 사람의 영혼이라 하건 상관없이, 환자는 적절한 치료를 통해 그 힘을 제거하며 점점 강하고 지혜로워진다. 이런 치료 과정을 거치며 환자는 이 인격들에 대해 처음에 가졌던 두려움을 극복하고 점차 자신감과 건강을 회복해 스스로의 주인으로 되돌아가는 것이다.

"누군가 내 안에 있어요"

죽음의 신이 들린 여인

30대 초반의 정소연 씨는 자신이 다니는 교회 목사의 권유로 남편과 함께 나를 찾아왔다. 목사가 직접 박씨 부부를 재촉해 함께 병원을 찾은 것이다. 젊고 의욕적으로 보이는 그 목사는 환자의 괴로움을 낫게 해주려고 종교적으로 여러 방법을 시도했지만 소용이 없었다고 했다.

제일 큰 문제는 그녀의 내면에서 끊임없이 올라오는 격렬한 분노와 파괴적 충동을 감당하기 어려운 것이었다. 그녀의 얼굴은 계속되는 감정적 흥분과 긴장의 결과로 피로한 기색이 역력했고, 시도 때도 없이 폭발하는 그녀의 분노에 남편 역시 몹시 지친 모습이었다.

종교재단에서 일하는 그녀는 대학원까지 졸업했고 남편 역시 대학에서 강의를 맡고 있었다. 평소에는 차분하고 얌전한 성격이지만 화가 나면 머리를 벽에 찧고, 남편의 옷을 가위로 갈갈이 찢고, 큰 돌을 핸드백에 넣고 자신을 화나게 한 사람에게 달려갈 만큼 감정 통제가 되지 않는다고 했다. 그녀는 지친 얼굴로 힘없이 이렇게 말했다.

"제 안에 분명히 제 힘으로 어떻게 할 수 없는 뭔가가 있어요. 요즘 들어 부쩍 더 저를 괴롭히지만 오래 전부터 그 뭔가의 힘을 느껴왔어요. 어릴 때부터 알 수 없는 불안과 우울도 늘 있었어요. 강박적으로 모든 것이 완벽하지 못하면 항상 불안감을 느꼈죠. 사람들과도 어울리는 게 쉽지 않았어요. 그래도 큰 문제없이 지내왔는데, 최근 들어 부부싸움도 잦아지고 점점 힘들어져요. 교회에 있을 때도 마음속에서 자꾸 하느님을 모독하는 말들이 떠올라 기도하기도 힘들고요."

환자 부부를 동반한 목사는 그녀의 상황을 이렇게 설명했다.

"옆에서 보기에 영적인 문제가 있는 것 같아 선생님께 의논할 것을 권유했습니다. 안수기도도 여러 번 해보고, 축사(逐邪 악한 귀신을 몰아내는 것)를 위한 의식도 했는데 하고 나면 증상이 오히려 더 심해지는 것 같습니다. 교회에서 기도하다가 발작을 일으키면서 쓰러진 적도 있어요. 제가 보기에는 분명히 귀신들림으로 생각됩니다. 본인은 한사코 병원에 안 오겠다는 것을 억지로 설득해서 데리고 왔어요. 다른 정신과 의사들은 이런 영적인 분야를 전혀 인정 안 하는 것 같은데 선생님은 이해하실 것 같고, 최면치료를 하면 원인을 알 수 있을 것 같아서요."

부부 모두 병원에 오는 것을 원하지 않았고 환자는 기도에만 의지하겠다고 고집부리는 것을 여러 번 설득해서 직접 데리고 왔다는 것이었다. 부인의 요구라면 대부분 들어주고 배려한다는 남편도 "너무 힘듭니다. 어떻게 해야 할지 모르겠어요. 이젠 저 사람이 화를 내면 정말 무섭습니다. 무슨 일을 저지를지 겁이 나요. 최면치료가 도움이 될 거라고 목사님이 권유하셔서 왔는데 솔직히 저는 잘 모르겠습니다"라며 자기 부인의 문제점은 인정했지만 영적인 원인이나 귀신들림 같은 현상은 받아들이지 못하겠다는 태도였다.

"이런 증상을 일으키는 원인은 여러 가지일 수 있습니다. 겉으로 드러나는 것만 보고 영적인 문제라고 단정해서는 안 되고, 우선 환자가 정신적·신체적으로 어떤 상태에 있는지 알아야 합니다. 긴장과 스트레스가 오랫동안 누적되어도 화가 잘 나고 충동 억제가 안 될 수 있으니까요. 영적인 문제가 개입되었을 수도 있지만 지금으로 봐서는 일단 잠도 제대로 자야 하고 쌓인 긴장과 피로도 풀어야 하니 약을 좀 쓰는 것이 좋겠어요. 좀 안정이 되면 제대로 진단하면서 어떤 치료 방법이 가장 도움이 될지를 생각해야 합니다. 앞으로 최면치료가 큰 도움이 될지도 모르지만 약을 쓰면서 환자의 경과를 좀 지켜보고 결정하겠습니다."

이렇게 말하고 나는 진료기록부에 치료제의 처방을 쓰기 시작했다. 이때 환자가 갑자기 소리 내어 울기 시작하며 이상한 말들을 늘어놓았다.

"무서워, 무서워, 난 치료 안 받아. 얘는 내 거야, 손대지 마……."

어린 아이처럼 두려운 표정으로 겁에 질린 듯 훌쩍거리면서도 괴이한 눈빛으로 나를 쏘아보며 도전적으로 얼굴을 찡그리고 있었다. 나는 마음속으로 집히는 것이 있어 환자의 눈을 똑바로 들여다보며 "너는 누구야? 뭐가 무서워?" 하고 물었다. 이 물음에 그녀는 갑자기 남자처럼 껄껄 웃으며 "알아서 뭐 하게? 나는 얘 주인이야"라고 큰소리로 대답했다.

최면치료를 할 시간은 없었지만 환자와 좀 더 깊은 대화를 할 필요가 있다고 생각해 치료실로 잠시 자리를 옮길 것을 권했다. 그러자 환자는 갑자기 발작적으로 엉엉 울며 자리를 박차고 일어나더니 주사바늘이 무서워 도

망치려는 아이처럼 허둥댔다. 당황한 남편이 그녀를 진정시키기 위해 손으로 붙들어 앉히려 하자 불에 덴 듯 악을 쓰며 소리를 질러댔다.

치료실에 들어가지 않으려고 몸에 힘을 주며 버티던 그녀는 남편이 부드럽게 "아무 일도 없어 걱정하지 마. 나도 옆에 있을 게" 하며 안심시키자 조금 누그러졌다. 그 사이에 나도 옆에서 "잠깐 편안하게 긴장을 풀고 얘기만 하면 되니 걱정하지 말라"고 거들며 그녀를 최면의자에 앉혔다. 환자는 눈을 감는 순간 이미 최면 상태에 들어갔다. 이어서 나눈 대화는 다음과 같다.

김 : 이 사람 안에 누가 또 있어?

정 : …… [음산하게 웃으며] 내가 있지.

대답한 것은 평소의 그녀와는 전혀 다른 인격체였다. 그 존재는 대화가 끝날 때까지 시종일관 일그러지고 사악한 표정을 지었고, 낄낄거리는 기분 나쁜 웃음을 멈추지 않았다.

김 : 너는 누군데?

정 : [재미있어 죽겠다는 듯 온몸을 뒤틀며 깔깔거리고 웃음] …….

김 : 왜 이 사람을 괴롭히는 거야?

정 : …… [화를 내며] 괴롭히긴 누가 괴롭혀! 여긴 내 집이야.

김 : 그래? 너 언제부터 거기 있었어?

정 : [비웃듯 입을 삐죽거리며] 얘가 아주 어릴 때부터지.

김 : 이 사람한테 어떤 피해들을 줬어?

정 : …… [아주 흐뭇한 목소리로] 여러 가지로 많이 괴롭혔지. 늘 불안하고 우울하게 만들고, 걸핏하면 화나게 만들고, 물건도 집어던지고…… [낄낄거리며 좋아함] 부부싸움도 엄청나게 시켰지. 사람들로부터 고립시키고 위축시키고…….

김 : 요즘 이 사람이 힘든 것도 너 때문이지?

정 : [당연하다는 듯] 언제나 그랬지.

김 : 이제 그런 짓을 그만해야 한다는 것도 알지?

정 : [화를 버럭 내며] 몰라! 당신이 왜 상관이야?

김 : 내가 왜 상관하는지는 너도 잘 알잖아? 이 사람이 내게 도움을 청했으니까.

정 : [갑자기 울기 시작하며] 날 좀 가만둬요, 난 갈 데가 없어…….

김 : 그래도 여긴 네 집이 아니니까 가야지.

정 : …… [도전적인 격렬한 표정과 목소리로] 어림없지. 당신 따위가 날 어떻게 할 수 있는데? 마음대로 해봐. 나는 못 나가.

김 : 그래? 그렇다면 마음대로 해. 나도 널 괴롭히고 싶지는 않지만 정 그걸 원하면 할 수 없지.

이렇게 말한 후 환자를 안정시키고 내면에 건강하고 밝은 에너지를 넣어주는 최면치료를 시작했다. 그러자 그 존재는 몸을 뒤틀며 비명을 지르기 시작했다.

최면치료를 지속할수록 그 존재는 울면서 "제발 그만해달라"고 사정했지만, 나는 오히려 환자의 원래 인격에게 따로 말을 걸어 혼자 힘으로 그 작업을 하는 요령을 설명해주고 평소 자주 연습할 것을 지시했다. 최면치료

중에는 환자의 원래 인격과 다른 존재의 인격이 분리되기 때문에 이처럼 각각과의 대화가 가능하다.

잠깐 동안의 응급 치료였지만 그 존재를 어느 정도 무력화시킨 후 환자를 안정시키고 치료를 끝냈다. 급한 대로 환자가 자신을 보호할 수 있는 가장 기초적인 방법을 가르친 것이었다.

최면에서 깨어난 환자는 어리둥절한 표정으로 "기분이 좀 나아졌다"고 했지만 빠른 시간 안에 제대로 치료를 시작해 그 존재를 무력화시키고 제거하지 않으면 환자의 파괴적 증상은 더 심해질 것으로 보였다. 그래서 밖에서 기다리던 남편에게 "오늘은 일단 돌아가세요. 약을 조금 드릴 테니 반드시 먹여야 합니다. 앞으로 경과를 보면서 약을 끊을 수 있을 겁니다. 목사님 말씀대로 영적인 문제일 가능성도 있고 또 다른 원인도 있을 수 있어요. 일단 모든 가능성을 생각해봐야 하고 그에 따라 치료도 진행되어야 합니다. 병원 스케줄에 따라 시간을 낼 수 있는 대로 연락을 할 테니 모시고 오세요. 당분간 최면치료를 계속하는 것이 좋겠어요"라고 말해주었다. 남편은 떨떠름한 얼굴로 이해가 잘 안 간다는 표정을 지었지만 함께 온 목사가 대답을 재촉하자 "그렇게 하겠다"고 약속했다.

환자는 헝클어진 머리와 눈물 콧물로 엉망이 된 얼굴을 다듬은 후 치료실 밖으로 나오며 말했다.

"선생님 질문에 대답하면서 웃고 울고 한 것은 제가 아니었어요. 분명히 다른 뭔가가 제 안에 있어요. 빛을 받아들이자 그 힘이 약해지는 것을 느꼈어요. 아까 진료실에 들어와 선생님을 처음 뵈었을 때 갑자기 굉장히 무섭고 오싹한 느낌을 받았는데 그것도 제가 아니라 그 존재가 그렇게 느낀 것 같아요."

"그게 무엇이건 두려워하지 마세요. 해결할 수 있습니다. 마음을 편하게 가지고 아까 제가 가르쳐준 방법으로 자신을 보호하고 치료하세요. 다음 시간에 더 구체적인 작업을 하게 될 겁니다. 목사님께서도 환자를 위해 기도를 많이 해주시고, 남편도 옆에서 잘 도와줘야 합니다."

마주 앉아 대화하는 도중에 이 환자처럼 평소의 모습과 전혀 다른 내면의 인격이 내비치거나 확연히 드러나는 경우가 더러 있다. 그럴 때는 최면 유도를 하지 않고도 그 존재와의 대화가 가능하다.

최대한 빠른 진료 스케줄을 잡아 이틀 후에 최면치료를 제대로 할 수 있었다. 지난 이틀 동안 별 일 없었느냐는 내 질문에 환자의 남편이 진지한 표정으로 말했다.

"그 날 저녁 무렵에 제가 장난삼아 이 사람 어깨를 손바닥으로 치면서 '이제 그만 나가'라고 말했어요. 자기 안에 뭐가 있다니까 별 생각 없이 장난한 건데 갑자기 이 사람이 깜짝 놀라더니 쓰러져서 발작을 일으키는 거예요. 저는 너무 놀라 옆에서 팔다리를 주무르면서 미안하다고 했죠. 그 때부터 안 좋은 증상들이 다시 나타났어요. 그 날 밤에 잠도 잘 못 잤고요. 그동안 저는 안 믿었었는데 그 날 이 사람 모습을 보니까 정말 뭔가 이상한 것이 있는 것 같아요. 선생님, 이 사람이나 목사님이 얘기하는 것처럼 사람 몸속에 다른 영혼이나 귀신이 들어가는 일이 있나요?"

"글쎄요. 그건 아직 아무도 확실하게 얘기할 수 없어요. 그렇지만 환자 자신이 그렇다고 생각하면 그 사람에게는 그것이 현실이 되죠. 일방적으로 그 말을 무시하는 것은 치료에 도움이 안 되고 오히려 환자로 하여금 입을 다물고 치료자를 믿지 못하게 만드는 결과를 가져오죠. 왜 그런 생각을 하게 되었는지를 이해하고 해결해나가는 것이 합리적이라고 생각해요. 비상식적으로 들리더라도 환자의 주장을 일단 그대로 존중하면서 진단과 치료를 해나갈 때 다른 방법으로 해결되지 않던 문제들이 풀리는 경우가 꽤 많아요. 부인의 경우도 더 치료해가면서 이해해야 합니다. 고정관념과 편견을 버리세요. 그런 현상이 일어날 가능성이 전혀 없다는 것이 사실로 확실하게 증명되어 있지 않은 한 언제나 가능성은 존재하니까요. 영적인 문제는 모두 그런 시각에서 바라봐야 한다고 생각해요."

나는 남편의 물음에 이렇게 대답하고 "부인의 치료 과정이 궁금하시면 오늘 작업에 같이 참석하세요. 새로운 경험을 할 수 있을 겁니다"라고 제안했다. 그러자 그는 "저도 한번 봤으면 좋겠는데 정말 옆에 있어도 될까요?"라며 긴장하면서도 기뻐하는 눈치였고, 환자도 좋다고 해 자리를 옮겨 바로 최면 상태를 유도했다. 곧 내면의 다른 인격을 불러내자 환자의 표정과 말투가 완전히 변했다.

김 : 그저께 저녁에 이 사람을 발작하게 만든 것도 너야?

정 : [낄낄거리며 고개를 끄덕임] ……

김 : 어제는 왜 잠을 못 자게 했어?

정 : 오늘 병원에 못 오게 하려고.

김 : 이 사람이 치료받으면 네가 떠나야 하기 때문에?

정 : [표정이 어두워지며 고개를 끄덕임] ……

김 : 그렇게 될 수밖에 없다는 것은 너도 알지?

정 : [고개 끄덕임] ……

김 : 이 사람을 편하게 해주지 않으면 나도 너를 괴롭히겠다고 했는데,

기억하나?

정 : …… [반항적인 표정으로] 나는 아주 강한 존재야. 당신이 나를 이길 수 있을 것 같아?

김 : 네가 뭔데 그렇게 강해?

정 : …… [위협하듯 음산한 목소리로] 나는 죽음의 신이야, 아무도 나를 어떻게 할 수 없어. 당신 힘으로 나를 쫓아낼 수 있을 것 같아?

김 : 물론이지. 오래 끌수록 너만 괴로우니까 나갈 결심을 빨리 해. 거기 숨어 있는 것을 내게 들켰으니 너는 희망이 없어.

정 : [이를 악물고 화난 목소리로] 마음대로 해봐.

첫 날과 마찬가지로, 치료를 시작하자 그 존재는 괴로운 듯 울부짖으며 몸을 뒤틀기 시작했다.

정 : …… [몹시 괴로워하며] 나는 버틸 수 있어. 그 목사가 이 여자를 당신한테 보냈어. 이 여자의 신이 당신한테로 이끈 거야. [울먹이며] 당신 책에 나온 메시지들, 너무나 아름다워. 그렇지만 아직 사람들은 당신 말을 믿으려 하지 않지. 그래서 우리 같은 존재가 세상을 지배할 수 있어. 어떻게든 사람들이 당신을 믿지 못하게 해야 해. …… 이 여자가 다니는 교회 사람들은 너무 착해. 너무 착해서 답답할 지경이지. 그렇지만 그것이 그들의 힘이야. …… 우리는 사람들이 당신 말을 안 믿게 해서 당신이 하는 일을 막아야 해.

김 : 네 마음대로 해. 어차피 넌 얼마 못 버텨. 이 사람이 점점 강해져서 곧 너를 밀어내게 될 거야. 넌 왜 이 사람을 괴롭히는 거야?

정 : [아주 잔인한 표정으로 웃으며] 좋잖아, 재미있잖아.

김 : 그렇다면 내가 너를 괴롭히는 것에 대해서도 불만이 없겠네?

정 : [고개를 다급하게 흔듦] …….

김 : 너 말고 또 누가 같이 들어와 있어?

정 : 나뿐이야.

김 : 너만 나가면 이 사람이 건강해지겠나?

정 : [고개 끄덕임] …….

이 상황에서의 1차 치료 목표는 정체를 알 수 없는 인격의 힘을 무력화시키고 환자 스스로 자신과 그 인격을 통제하고 관리할 수 있는 힘을 되찾게 해주는 것이다. 최면치료 초기의 이 과정은 해리성 정체성 장애와 빙의 증상을 보이는 환자 치료에 가장 중요한 부분이며, 대부분의 증상 해결에 큰 도움이 된다.

그러나 이런 최면치료를 성공적으로 진행하기 위해서는 환자가 가진 증상, 환경, 종교와 문화 등에 따라 조금씩 다른 기법들을 적용해야 한다. 따라서 치료자는 해리성 정체성 장애, 빙의 증상 등에 대한 일반 정신의학 지식뿐 아니라 자아초월 정신의학에서 다루는 여러 초현실적 영적 현상에 대해 풍부한 지식과 충분한 최면치료 경험을 갖춰야 한다. 여기에 치료의 진행 과정을 잘 이해하면서 끝까지 밀고 나갈 수 있는 투지와 열정 또한 치료자에게 반드시 필요하다. 치료 과정에서 만날 수 있는 초자연적 현상들에 대해 치료자가 두려움을 가지고 있거나, 환자 내면에서 갑자기 튀어나오는 정체불명의 위협적 인격에 대해 공포감을 느낀다면 그 치료는 성공하기 어렵다.

김 : 지난번에도 말했듯 이 사람을 놓아주고 네가 가야 할 곳으로 떠나.

정 : [긴장한 표정으로 고개를 흔듦] …….

  환자에게서 떠나기를 거부하거나 치료에 강력하게 저항하며 적대적 태도를 보이는 인격과의 긴 대화는 치료에 별 도움이 되지 않으며 비효율적인 시간 낭비에 불과하다는 사실을 나는 많은 치료 경험을 통해 알게 되었다. 이들은 치료에 저항할 수 있는 별다른 힘을 가지고 있지도 않고, 치료가 시작되면 짧은 시간 안에 심한 위축감과 두려움을 보인다. 그러나 자신이 도저히 환자를 지배할 수 없을 만큼 약해졌거나 더 이상 환자 내면이나 주위에 머물 수 없게 되었다는 사실을 스스로 인정하게 되었을 때만 환자를 포기하고, 그 때까지는 강력한 미련과 집착을 보이며 치료에 필사적으로 저항한다. 일부 종교인이나 무속인의 주장처럼 영적 능력을 갖춘 사람이 환자 내면의 악령을 불러내어 타이르면 '그동안 잘못했습니다' 하고 환자를 떠난다는 얘기는 대부분 낭만적인 착각에 불과하다.

  영적 능력이 있는 종교인이나 무속인을 만나 자기를 괴롭히던 악령들을 쫓아내고 증상이 호전되었다는 환자들을 최면 상태로 유도해 확인해보면 환자의 주장대로 그 존재들이 떠난 것이 아니라 환자 내부에 고스란히 숨어 있는 것을 자주 발견하게 된다. 이들에게 "왜 나가지 않았느냐?"고 물어보면 그들은 비웃듯 "이 사람에게 아직 틈이 있는데 우리가 왜 나가? 목사나 중이 우리가 나갔는지 안 나갔는지 어떻게 알아? 우리는 그냥 귀찮아서 나간 척하고 있다가 기회를 봐서 또 이 사람을 괴롭힐 거야"라고 대답한다. 안수기도나 굿을 한 후 간혹 증상이 호전되었다는 사람들 대부분이 한동안 잠잠하다가 재발하는 원인이 바로 여기에 있을 것으로 나는 생각한다.

치료자의 역할은 궁극적으로 환자가 강하고 지혜로워질 수 있도록 가르치고 도와줌으로써 내부와 외부의 병적 요인으로부터 스스로를 보호하고 이겨낼 능력을 갖추게 해주는 것이다. 치료 과정을 겪으면서 환자가 그렇게 발전할 수 있는 기초를 다지지 못한다면 치료자의 일방적인 어떤 노력도 일시적인 도움밖에 될 수 없다.

이 환자도 그런 이유에 따라 한편으로는 내면의 다른 존재의 힘을 무력화시키고 또 한편으로는 현재의 자기 상황을 이해하며 스스로를 강화해나갈 수 있도록 치료 과정을 진행했다.

김 : 네가 누군지 사실대로 얘기해봐. 이 사람에게 들어오기 전에는 어디 있었어?

정 : ······ [목소리가 변하며] 나는 교통사고로 죽었어. 서른다섯 살이고 남자야.

김 : 그런데 왜 여기에 있는 거야?

정 : 외롭고 슬퍼서.

김 : 가족들은 어디 있어?

정 : 하늘나라에······ 다 죽었어.

이런 말을 액면 그대로 받아들여서는 안 된다. 이들은 여러 가지 가면으로 자신을 위장하며 환자와 치료자를 속이고 자신에게 유리하게 상황을 끌어가려 하기 때문이다. 예를 들면 환자의 죽은 가족이나 친지의 흉내를 내며 자신이 그 사람의 영혼이라고 주장하는 존재를 계속 추궁해보면 그 주장이 거짓이었음을 실토하는 경우를 자주 보게 된다. 이 때 왜 거짓말을 했느냐고 물으면 '이 사람을 속이고 지배하기 위해서'라고 대답한다.

> 김 : 가족들에게 가지 않고 왜 여기 있어?
> 정 : 여기가 더 좋아.
> 김 : 네가 누구건 상관없어. 이제 이 사람은 너의 지배를 받지 않게 될 테
> 니 여기 있기 괴로울 거야. 네가 나가겠다고 하면 도와줄 테니 마음
> 을 결정해.
> 정 : [강하게 고개를 저음] …….

두 번째 치료는 환자로 하여금 그 존재를 무력화하고 자신을 강화시키는 이미지를 활용하는 방법을 집중적으로 연습하게 한 후 그 존재를 달래고 윽박지름으로써, 마지못해서였긴 하지만 '나갈 준비를 하겠다'는 다짐을 받아낸 후 마쳤다. 옆에서 치료 과정을 지켜본 남편은 "정말 대단하군요. 도대체 뭐가 뭔지 모르겠어요. 안 믿을 수 없는 일이네요. 과학이 모르는 분야가 더 많다는 생각이 드는군요"라며 놀라움을 감추지 못했다.

나가지 않겠다고 버티는 존재를 한 번에 억지로 밀어내기 위해 무리하게 힘을 쓰는 것은 현실을 무시하고 지나친 욕심을 부리는 것이다. 변화에는 언제나 적절한 과정이 필요하고, 어떤 식으로건 이미 형성되어 있는 질서가 바뀌는 데는 그 질서를 받치고 있는 힘의 균형에 변화를 일으킬 수 있는 당사자들의 이해와 준비가 필요하기 때문이다. 치료자가 힘과 의욕만 앞세워 설친다고 해서 그 질서가 당장에 뒤바뀌는 것은 어려운 일이다. 환자와 그 존재 모두가 자신들이 처한 상황을 이해하고 적응할 수 있도록 준비시킨 후 실질적인 힘의 우위를 환자가 차지하게 함으로써 구체적인 증상의 호전을

유도하는 것이 치료의 올바른 수순이다.

　며칠 후 다음 치료 시간에 환자는 오랫동안 자신을 괴롭혀오던 여러 증상들이 많이 호전되었다고 했다. 불안과 분노가 현저히 줄어들어 걸핏하면 싸우던 남편과의 관계가 원만해졌고 우울과 긴장, 두통, 불면, 소화불량 등 다양하고 성가신 신체 증상들이 거의 없어졌다고 했다. 그것은 환자 내면에서 끊임없이 부정적 영향을 끼침으로써 갖가지 증상을 만들어내던 그 인격의 힘이 약해지고 있음을 의미했다.

　계속 그 힘을 약화시킨 후 그 인격을 이루고 있는 에너지의 일부를 제거하는 것으로 그 날의 작업은 끝났다. 최면에서 깨어난 후 그녀는 편안한 얼굴로 "몸에서 뭔가가 빠져나가는 느낌이 들었어요. 이상한 힘이 머리 쪽으로 몰리면서 마치 연기가 밀려나가듯 하늘로 빨려 올라갔어요"라고 말했다. 나는 "그렇다고 해서 방심하면 안 됩니다. 긴장을 늦추지 말고 완전히 나을 때까지 노력하세요. 다음 시간에는 나머지를 마저 해결하는 작업을 할 겁니다. 완전한 치료는 그 존재를 내보내는 것만이 아니라 자신을 보호하고 관리함으로써 재발을 막을 수 있는 겁니다"라고 주의를 준 후 치료를 마쳤다.

　그 날 이후 그녀는 별다른 증상 없이 편하게 지냈고 모든 생활이 점차 안정을 찾아갔다. 다음 시간에는 처음으로 그녀 혼자서 병원을 찾아왔다. 현실적인 이런저런 문제에 대해 의논하고 어렸을 때의 힘들었던 일들에 대한 얘기도 조금 나누었다. 이어서 진행한 치료의 중요한 부분은 다음과 같았다.

　김 : 자기 내면을 잘 살펴보세요, 어떤 변화가 있는지.
　정 : …… 처음보다 많이 밝아졌어요. 어두운 부분이 아직 있지만 전보다

훨씬 옅어졌어요.

김 : 지난 시간처럼 그 부분을 처리하세요.

정 : …… [힘이 드는 듯 몸을 뒤틀며] 그 존재가 이제는 정말 나가겠다고 해
　　요. 뭔가 머리 위로 또 빠져나가려고 해요. 몸속에서 이상한 기운이
　　움직여요.

김 : 완전히 내보낼 수 있도록 힘을 모아보세요.

정 : [목이 서서히 뒤로 젖혀지며 몸 전체가 활처럼 뒤로 휨. 그 상태를 계속 유지한
　　채 말이 없음] …….

김 : 어떤 상황이죠?

정 : …… [작은 소리로] 나가고 있어요. [잠시 후 몸의 긴장이 풀리고 원래의 자세
　　로 돌아옴] ……이제 다 나갔어요.

필요한 마무리 작업을 모두 마친 후 깨웠을 때 그녀는 머리가 아주 맑고
마음도 평화롭다고 말했다. 뭔가 알 수 없는 기운이 자기 몸에서 빠져나갔
을 때의 느낌을 "마치 소용돌이치는 검은 구름 같은 것이 제 머리 위의 하
늘로 끝없이 빨려 올라갔어요. 그 장면과 느낌은 아마 평생 잊지 못할 거예
요"라고 표현했다.

　이후 한두 번 더 치료를 하면서 어릴 때 마음의 상처를 입었던 경험들과
성장 과정의 중요했던 기억들, 종교생활을 비롯한 현재의 여러 가지 주변
상황에 대해 대화를 나누었다. 그리고 그동안 힘들었던 증상인 통제하기 어
려운 분노와 불안, 신체 증상 등이 모두 없어졌음을 확인했다. 불편한 증상
이 나타나면 언제든 다시 만나기로 하고 헤어지면서 그녀는 그간의 치료 과
정에 대한 심정을 이렇게 말했다.

"이 치료 경험은 제게 많은 것을 생각하게 했습니다. 영적인 현상과 올바른 신앙생활에 대해 깊이 생각하게 되었고, 앞으로 살아가야 하는 방향과 의미에 대해서도 많은 것을 깨달았습니다. 남편도 이제는 영적인 문제에 대해 진지하게 제 얘기를 들어줍니다. 제가 더 노력해 훌륭한 신앙인이 되면 사람들에게 진정으로 도움이 되는 삶을 살고 싶습니다."

이 말을 남기고 돌아간 지 오랜 세월이 지난 지금까지 그녀는 건강하게 잘 지내고 있다.

그녀는 치료를 끝내고 몇 달 후에 빙의 증상을 주제로 제작한 SBS 〈그것이 알고 싶다〉의 '내 안의 또 다른 나' 편에 가족과 함께 출연해 자신의 힘들었던 증상이 최면치료로 완전히 회복되었음을 증언했다.

"자꾸 이상한 소리가 들려요"
환청에 시달리는 만성 정신분열증

최면치료가 도움이 되는 정신질환은 몇 가지 안 된다고 생각하는 정신과 의사가 많지만 그것은 큰 오해다. 최근까지도 일반 정신의학 교과서들이 최면의학에 관한 최신 정보들을 제대로 갖추지 못한 채 수십 년 전의 낡은 이론과 자료를 싣고 있어 이런 오해가 생긴 것이다. 또한 정신과 전문의 수련 과정에서도 최면의학 교육과 치료 경험을 얻을 기회가 없기 때문에 이런 오해가 바로잡히지 않고 있다. 환청이나 망상이 있는 정신분열증 환자에게 최면치료를 하면 증상이 더 심해질 수 있어 해서는 안 된다는 주장도 있지만 그것은 사실이 아니며, 그런 환자들에게도 적절한 기법의 최면치료는 큰 도움이 된다.

미숙한 치료자는 환자 상태에 맞지 않는 최면 기법을 쓸 수 있고 그럴 경우 환자에게 부작용이 나타날 수도 있으나 이는 최면치료뿐 아니라 어떤 치료 기법도 마찬가지다. 각각의 환자가 보이는 증상의 특징에 따라 적절한 최면치료 기법을 신중하게 쓴다면 아무리 심한 정신분열증 환자에게도 큰 도움이 될 수 있다. 이런 환자들에게 최면치료를 사용하기 힘든 이유는 사실상 따로 있다. 이들 대부분은 자기 병의 심각성이나 위험에 대한 인식과 자각이 약해 자발적으로 치료를 받아들이지 않고 약도 먹지 않으려 한다. 따라서 최면치료처럼 자발적 참여와 집중, 훈련이 필요한 번거로운 치료는 더 받아들이지 않으며, 자의반 타의반으로 치료를 시작한다 해도 건성으로 흉내만 내는 경우가 많다.

그러나 약물치료가 거의 도움이 되지 않을 만큼 심한 환각과 망상에 시달리는 정신분열증 환자 중에도 최면 기법을 이용해 환청을 없애고 망상을 줄일 수 있는 경우는 상당히 많다. 환자와의 대화가 어느 정도 가능하고 새로운 치료 방법을 조금이라도 받아들일 마음을 가지고 따라온다면 최면치료는 큰 도움이 될 수 있다.

서른다섯 살의 한인철 씨는 처음 나를 방문했을 때 이미 4년 동안 정신분열증 치료제를 먹고 있었다. 4년 전 갑자기 발병한 이래 계속 정신과 병원에 다니고 있지만 뚜렷하게 나아지지 않았다고 했다. 최면치료를 받으면서도 증상이 아주 심해져 입원해야 할 때가 여러 번 있었다. 그가 가장 힘들어하는 증상은 하루 종일 귓전에 들리는 환청 현상이었다.

"약을 먹으면 조금 편한 것 같기는 한데 귀에 들리는 소리는 하나도 없어지지 않아요. 그 목소리가 제 생활을 일일이 간섭하고 자꾸 저를 현혹시키려고 해요. 잘 때만 빼고 거의 하루 종일 계속 소리가 들려서 정말 힘들어요. 몸도 여기저기 아프고 불안하고 무서워요."

그는 비교적 넉넉한 집안의 장남으로, 대학에서 인문학을 전공했다. 어릴 때는 머리 좋다는 말도 많이 듣고 성적도 아주 우수했다. 하지만 소심했던 그는 초등학교 시절에 힘센 친구 하나가 주동이 되어 그를 따돌렸을 때 마음의 상처를 크게 받았다고 했다. 병이 나기 여러 해 전에는 얼굴의 작은 흉터를 없애기 위해 간단한 수술을 받았는데 결과가 마음에 들지 않아 사람들을 피하고 거의 외출을 하지 않으며 몇 년을 집에서만 지냈는데, 이 때부터 성격이 위축되며 불안감을 자주 느꼈다고 했다.

"그 수술 때문에 우울증이 왔어요. 지금은 별로 신경을 안 쓰는데 그 때는 아주 힘들었어요. 하루 종일 들리는 목소리는 제게 자꾸 무당이 되어야 한다고 말해요. 무당이 되지 않으면 계속 괴롭히겠대요. 제 안에 분명히 저말고 다른 누가 들어와 있는 것 같아요. …… 목소리는 여러 종류가 섞일 때도 있고 한 가지씩 번갈아가며 들릴 때도 있어요. 일상생활 하나하나를 모두 간섭하면서 욕도 하고. …… 정말 힘들어 죽겠어요. 약을 아무리 열심히 먹어도 소리는 줄어들지 않아요."

자기 안에 무언가 다른 존재가 들어와 생각과 행동을 지배하며 이래라 저래라 한다는 주장은 환각에 시달리는 많은 환자들에게서 들을 수 있는 이야기이다. 이 증상은 빙의나 해리성 정체성 장애를 의심할 수 있는 중요한 단서로, 같은 환각 증상도 정신분열증의 환각과 빙의와 해리성 정체성 장애의 환각은 서로 구별되는 특징이 많다.

다른 증상에도 차이가 많지만 환각 증상만 있으면 정신분열증으로 진단되어 부적절한 치료를 받게 되는 것이 현실이다. 이 환자는 수년 동안 정신과 의사의 지시에 따라 약물을 복용해왔지만 환청이 전혀 줄어들지 않았기 때문에 나는 환자가 원하는 대로 약물치료와 최면치료를 병행하는 것에 동의했다.

그는 먼 지방도시에 살고 있어 왕래가 자유롭지 못했고 가까운 시일 안에 진료 시간을 정하는 것도 쉽지 않아 첫 치료는 상당 기간 후에야 이루어졌다. 치료 첫 시간은 환자의 자세한 과거 생활사를 듣고 최면치료의 기초 이론과 과정 전반에 대해 설명한 후 곧바로 최면치료로 이어졌다. 가벼운 최면 상태일 때부터 환자의 평소 인격과 전혀 다른 인격이 표면으로 드러났고, 이후의 작업은 다음과 같이 진행되었다.

한 : [화난 목소리로] 이 사람은 내 건데, 왜 날 쫓아내려는 거요?

김 : 너는 누구야?

한 : ······.

김 : 이 사람이 아픈 게 너 때문인가?

한 : 네······, 아니오! [당황한 듯] 이 사람이 죄가 많아서 그래요. 이놈은 고생 좀 해야 돼.

김 : 사람 목소리가 계속 들리는 것도 너 때문이야?

한 : ······ [웃으면서] 그렇지. 내가 계속 이놈 귀에다 말을 하니까.

이 대화 상대는 어느 모로 보나 환자의 평소 태도나 말투와는 전혀 다르게 거칠고 난폭한 모습이었고 환자와 자신을 분명히 구별하고 있었다.

김 : 이 사람을 또 어떤 방법으로 괴롭히고 있어?

한 : ······ [빈정거리듯] 여러 가지지. 겁먹게 하고, 불안하고 우울하게 만들

고, 죽고 싶은 생각을 자주 하게 하고, 가족들과 싸우게 만들지.

김 : 너만 나가면 이 사람이 좀 편해질까?

한 : 아주 편해지지. 아마 다 나을 거요.

이 존재의 얘기를 요약하자면, 자신은 아주 오래 전부터 허공에 떠돌아다녔으며 스스로가 누구인지 혹은 무엇인지 잘 모르겠다고 했다. 환자가 어릴 때 몸이 약해서 쉽게 들어갈 수 있었고, 환자의 몸에 들어가기 전에는 주위를 맴돌며 들어갈 기회를 기다렸다고 했다. 그 때 이후 한 번도 환자의 몸을 떠난 적 없이 어른으로 성장하는 동안 계속 같이 있었고, 어릴 때부터 환자가 소심하고 잔병치레가 유난히 많았던 것도 자기 때문이며, 얼굴 수술 후에 지나칠 정도로 위축되고 우울했던 것도 자신이 그렇게 만들었다고 했다. 또한 자신은 환자의 삶에서 힘든 고비마다 조금씩 더 지배력을 키워왔으며, 현재는 하루 종일 환청을 일으켜 정상적인 생각과 생활을 거의 못하게 만들고 있고, 앞으로는 더 심하게 괴롭혀 자살하게 만들거나 죽이겠다고 했다. 자신은 과거의 충격에 의해 분리되어 나온 환자 인격의 일부가 아니고 분명히 외부에서 침입한 존재이며, 자신과 같은 존재들이 수많은 환자들의 다양한 신체적·정신적 질환과 고통의 원인이 되고 있다고 주장했다.

일단 이들의 주장을 그대로 수용하고 그에 맞춰 치료를 진행하는 내 방식에 따라 대화는 다음과 같이 이어졌다.

김 : 그렇다면 이 사람에게서 나가.

한 : …… [난감한 듯] 그럴 수는 없어. 이 사람은 내 거니까.

김 : 이 사람은 네 것이 아니라 이 사람 자신의 것이야.

한 : [변명하듯] 아니야! 그렇지만 쉽게 나갈 수가 없어요. 너무 오래 있었어.

김 : 나갈 수 있을 때까지는 이 사람을 괴롭히지 않겠다고 약속할 수 있어?

한 : [반항적으로] 그렇게는 못 해.

최면 상태에서의 진단 과정 중 이들은 어떻게든 숨으려 하고 자기 존재가 드러나지 않도록 여러 가지 방법으로 방해한다. 이런 환자를 다뤄본 경험이 많은 치료자는 최면 상태에서 환자 내면에 숨어 있는 다른 인격이나 정체불명의 부정적 에너지들을 찾아내는 것이 그다지 어렵지 않지만, 이 환자들에 대한 이해와 경험이 부족한 치료자는 효과적인 진단과 치료 방법을 알 수 없어 비슷한 증상을 보이는 다른 질환과 혼동하게 된다.

김 : 나가지도 않고 이 사람을 편하게 해주지도 않겠다면 내가 너를 괴롭혀서 쫓아내야 하나?

한 : …… [화를 내며] 당신이 왜 상관하는 거야? 어차피 이 사람은 내 손에 죽어. 치료해도 소용없어.

김 : 그렇게는 안 되지. 난 이 사람을 낫게 해줄 거야. 나가는 걸 도와주면 나갈래?

한 : [대화를 피하듯 굳은 표정으로 침묵] …….

환자 내면에 있는 이 존재들은 일단 발각되고 나면 쉽게 무력해져 나가겠다고 하는 경우가 많지만 끝까지 저항하며 버티는 경우도 자주 있다. 환자에 대해 강한 집착을 가지거나 떠나는 것에 대해 심한 두려움을 갖기 때문에 어떻게든 머무르기 위해 치료자에게 사정을 하거나 나가는 척하며 속이려는 시도를 한다. 때로는 환자와 치료자를 위협하며 험한 모습과 말투를 보이는데, 실제 공격적 행동을 하는 경우는 거의 없고 그런 행동을 하려는 경우에도 적절한 최면 암시로 쉽게 제압할 수 있다. 이런 경우 치료자는 동요하지 말고 침착하고 단호한 대응으로 그 존재의 기를 꺾어 환자를 안심시켜야 한다.

치료가 시작되자 환자는 즉시 몸을 크게 뒤틀며 심하게 몸 전체를 떨기 시작했다. 신체 부위에 따라 심한 경련과 근육강직 현상이 일어났고, 온몸에 힘이 들어가면서 얼굴과 목 부분을 중심으로 벌겋게 달아오르는 울혈 현상이 나타났다. 이럴 때 치료자는 옆에서 잘 지켜보면서 지나친 경련과 신체 반응을 적당히 풀어주며 치료를 진행해야 한다.

왜 환자의 몸에 이런 격렬한 반응이 일어나는지는 정확히 알 수 없지만 이 같은 현상은 내면에 숨어 있다가 표면으로 드러난 다른 인격들이 환자의 몸에서 나가려고 하거나 치료로 인해 괴로움을 느낄 때 공통적으로 나타나는 현상이다. 마치 환자 내면에서 상반되는 두 개의 힘이 강한 충돌을 일으키며 싸우는 것처럼 보이는 이 현상은 지켜보는 사람들에게 공포감과 혐오감을 일으킨다. 그래서 공포영화나 심령영화에서는 이런 모습을 어느 정도 왜곡하고 과장해 사용하기도 한다. 이 때 체력 소모가 크긴 하지만 환자 자신은 정작 별 불편과 고통을 느끼지 못하며, 내면에 있는 다른 존재나 인격이 괴로움을 느끼는 주체가 된다.

한 : …… [얼굴과 목 부분이 충혈된 채 다급한 목소리로] 그만, 그만해줘요.
　　…… 나갈 테니까 시간을 좀 줘요.
김 : 그동안은 이 사람을 안 괴롭힐 거야?

한 : 그건 어려워요. 내가 그냥 있기만 해도 이 사람은 힘들어요.

김 : 나갈 준비할 시간을 줄 테니까 최대한 편하게 해줘.

한 : [체념한 듯] 그렇게 해볼게요.

처음에는 반항적이고 적대적이던 이 존재들은 치료 과정이 진행되면서 대부분 순종적이고 약한 모습으로 변하고, 결국 완전히 무력해져 환자에 대한 영향력을 상실하거나 떠나게 된다. 그것에 비례해 환자의 증상은 호전되어 결국 치료를 완전히 마칠 수 있다.

치료를 마칠 때까지 필요한 최면 작업의 횟수와 과정은 환자에 따라 차이가 많아 단 한 번으로 모든 것이 해결되는 환자가 있는 반면, 오랜 시간에 걸쳐 복잡하고 지루한 여러 단계의 치료 과정이 필요한 경우도 많다. 증상이 호전되었다고 문제가 다 해결되는 것은 아니다. 언제나 이런 증상의 뿌리가 될 수 있는 환자 내면의 문제들을 같이 처리하고 환자 스스로 건강하게 자기 관리를 하는 데 필요한 자기최면 기법들을 교육하고 훈련하는 것이 더 중요하다.

이 환자의 내면에서 올라온 다른 인격도 자신을 무력화시키는 치료 과정의 고통을 피하기 위해 "앞으로는 이 사람을 편하게 해주기 위해 노력하겠다"는 말을 했지만 치료자는 환자의 상태가 분명하게 호전되는 것을 확인할 때까지 이들의 말을 액면 그대로 받아들여서는 안 된다. 환자의 전반적 힘과 지혜를 강화하고 미지의 인격의 힘을 약화시키는 치료 과정을 계속 진행하며 끝까지 긴장을 늦추거나 방심하지 않아야 한다.

이 환자의 경우 하루 종일 귓전에서 맴돌던 환청 현상은 첫 치료 후부터 약해지기 시작했고 세 번째 치료 후로는 먹던 약을 완전히 중단했다. 스스로 편해졌다고 생각해 임의로 중단했기 때문에 처음에는 좀 걱정이 되었지만 이후 별 불편 없이 생활했기 때문에 굳이 약을 다시 먹으라고 하지는 않았다. 그러나 조금이라도 증상이 심해지면 약을 다시 복용해야 한다는 점을 분명히 했고, 최면치료는 치료자와의 작업도 중요하지만 평소 생활 속에서 꾸준히 자기 치료를 하는 것이 더 중요하다는 점을 강조했다. 일단 치료의 원리와 요령을 터득하면 혼자서도 충분히 힘든 증상을 완화시킬 수 있고 재발도 방지할 수 있다는 사실도 치료 때마다 강조했다.

심한 환청 증상이 사라지고 환자가 스스로의 노력으로 나을 수 있다는 자신감을 회복하며 안정을 찾아감에 따라 내면에 숨어 있는 미지의 존재를 무력화시켜 내보내는 작업뿐만 아니라 어린 시절부터의 이야기와 가족관계, 살아오면서 힘들었던 경험과 상처들에 대해 광범위한 대화와 최면 분석 치료를 병행할 수 있었다.

치료 횟수를 거듭함에 따라 환자는 신체적·정신적으로 점점 더 호전되었으며, 약을 써야 할 증상들도 완전히 사라지게 되었다. 짧게는 한 달, 길게는 석 달 만에 한 번씩 치료를 받으면서 그는 점점 안정된 모습으로 집안의 사업을 도울 수 있게 되었다. 최면치료를 시작한 후 증상의 악화나 재발이 전혀 없어 치료 초기에는 미심쩍은 눈으로 바라보던 가족들도 전과는 완전히 다른 태도로 환자를 대하게 되었다.

모두 열두 번의 상담과 최면치료 후 환자 내면의 다른 인격은 더 이상 발견되지 않았고, 환자 스스로도 다른 인격이 완전히 자신을 떠난 것 같다고 했다. 몹시 피곤하거나 신경 쓸 일이 많을 때는 가벼운 환청 증세가 잠시 나타나지만 스스로의 힘으로 즉시 없애버릴 수 있다고 했다. 약을 완전히 끊고도 불편한 증상이 없어진 지 여러 달이 지나 더 이상은 치료가 필요하지 않다는 판단 하에 환자와 나는 치료를 종결하기로 의견을 모았다.

"나와 같이 하는 치료는 일단 끝내지만 모든 것이 완전해진 것은 아닙니다. 인철 씨가 혼자 생활하는 시간이 사실은 투병에서 가장 중요한 시간이에요. 방심하지 말고 내가 가르쳐준 방법들을 계속 써야 하고, 그것을 통해 자기를 보호하고 강화시켜나가야 합니다. 언제든 혼자 해결하기 어려운 일이 생기거나 불편한 증상이 다시 나타나면 즉시 내게 연락하고 의논해야 합니다."

나는 이렇게 주의를 주었고 그는 "완전히 새 삶을 얻은 것 같아요. 정말 편안합니다. 환청이 얼마나 괴로운 것인지 겪어보지 않은 사람은 모를 겁니다. 이제는 웬만큼 안 좋은 일이 있어도 혼자 얼마든지 이겨낼 수 있을 것 같아요. 가르쳐주신 방법을 이용하면 마음이 불안해지다가도 금방 가라앉아요. 그동안 감사했습니다"라는 인사를 남기고 집으로 돌아갔다.

그 후 지금까지 여러 해 동안 과거와 같은 증상은 재발하지 않았고, 몹시 지치거나 힘들 때 가벼운 환청이 들릴 때가 있지만 금방 사라져 생활에 불편이 없는 상태다. 최면치료를 시작한 직후부터 지금까지 약은 전혀 먹지 않고 있다.

"산소에서 귀신이 씌었나봐요"
성묘를 다녀온 후에 생긴 병

빙의 증상이나 해리성 정체성 장애 증상을 보이는 환자 중에는 처음 발병했던 상황과 시기를 아주 뚜렷이 기억하는 경우가 많다. 갑자기 큰 충격을 받아 놀라거나 몸이나 마음에 큰 상처를 받은 후 발병했다는 사람이 많지만 아무 문제없이 지내다가 초상집이나 병원 영안실, 종합병원, 산소 등을 방문한 후 이전에 없던 괴로운 증상이 갑자기 생겼다는 사람들을 더러 볼 수 있다. 이들이 겪는 증상의 종류도 다양해 단순한 불안이나 우울, 공포 외에 의학적으로 이해할 수 없는 특이한 신체 증상과 통증도 흔하다.

특정 장소를 방문하는 것이 병의 원인이 될 수 있다는 사실은 의학적으로나 상식적으로 인정하기 어렵고 단순한 우연의 일치로 보인다. 하지만 평소 건강하던 사람이 영안실에 문상을 다녀온 후부터 가슴이 답답하고 우울증과 불안 증상이 생겨 오래도록 없어지지 않는다면 영안실 방문과 그 증상 사이에 어떤 연관관계가 있는지를 따져볼 필요가 있다.

주의 깊게 살펴보지 않고 그 같은 환자의 주장을 무시해버리거나 '단순한 착각이거나 그 장소에 대한 방문이 환자 내면의 어떤 민감한 부분을 건드려 증상을 유발했다'라고 단정하는 것은 잘못된 태도이다.

마흔다섯 살의 미혼남 이중호 씨는 현재 결혼을 전제로 사귀고 있는 여자가 남편과 사별한 사람이라고 했다. 그런데 얼마 전 그 여자의 가족과 함께 그녀의 죽은 남편 산소에 성묘를 다녀온 날 밤부터 갑작스런 복통과 함께 누군가 머리를 손바닥으로 반복해 때리는 것 같은 통증을 자주 겪고 있었다.

평소 성격이 느긋하고 원만하며 몸이 건강한 편이라 병원 신세를 진 적이 없던 터라 그는 갑자기 생긴 이 증상들에 잠시 당황했지만 곧 대수롭지 않게 생각하고 무시해버렸다. 성묘에 다녀온 것이 이 증상들과 연관이 있을 것으로는 꿈에도 생각하지 않았고 몸이 피곤해 생긴 일시적 불편함이려니 생각했다. 그러나 시간이 지나도 증상은 호전되지 않았고, 오히려 시도 때도 없이 깜짝깜짝 놀랄 정도의 복통과 두통이 계속되어 할 수 없이 내과병원을 찾았다. 이것저것 검사를 했는데 결과가 모두 정상이어서 결국 증상에 맞춰 약물처방을 받아왔지만 별 차도가 없었다.

날이 갈수록 증상은 심해졌고, 그는 주위 사람들이 "성묘에 다녀오면서 귀신이 붙어서 그렇다"고 하는 말에 점점 마음이 쏠리기 시작했다. 평소에 죽은 사람의 영혼이나 귀신 등에 대해 별로 생각해본 적이 없었고 '귀신이 붙어 병이 난다'는 것은 터무니없는 생각이라고 믿고 있던 그로서는 난감한 일이었다. 그러던 중 그는 알고 지내던 사람의 소개로 나를 찾게 되었다.

"벌써 한 달 가까이 두통과 복통에 시달리고 있습니다. 제 생각에는 약을 먹는다고 해결될 것 같지 않아 오게 되었습니다. 다른 정신과에는 가지 않았습니다. 선생님은 최면으로 영적인 문제와 신병을 치료하는 것을 연구하신다고 해서 제게 도움이 될 것 같아 왔습니다. 사실 아직 그렇게 믿고 있는 것은 아니지만, 그냥 우연히 생긴 증상이라고 보기에는 너무 이상해서요. 어쨌든 몇 군데 병원에 가봐도 도움이 안 됩니다. 혼자 이겨내보려고 많이 노력했는데 요즘은 자다가도 느닷없이 머리를 때리는 손길을 느낄 때가 많아요. 전에는 한 번도 이와 비슷한 일조차 없었는데……. 처음에는 안 그랬는데 며칠 전부터는 불안하고 무섭다는 생각도 자주 들어요."

건장하고 큰 체격에 사람 좋게 생긴 그는 병원을 찾아온 것이 크게 창피한 일인 것처럼 멋쩍어하면서도 태연한 듯 행동했지만 불안한 눈빛에 담긴 긴장과 두려움을 감출 수는 없었다.

"뭔가 원인이 있겠죠. 사람들이 얘기하는 '산소에서 귀신이 들렸다'는 말은 일단 신경 쓰지 마세요. 영적인 문제는 아직 확실히 밝혀진 것도 없고 밝혀내기도 어렵습니다. 다만 많은 사람들이 그 같은 현상을 체험했다고 주장하고 있기 때문에 저는 전문 치료자로서 그 얘기에 주목하는 것이지, 그들의 주장을 액면 그대로 받아들이는 것은 아닙니다. 어떤 선입견이나 진단명을 미리 마음속에 두지 말고 최면치료라는 방법을 통해 자기 내면에 있는 정보들을 찾아내고 치료에 활용하는 것이 중요합니다. 치료 작업을 하다 보면 어떤 원인들이 있는지 알 수 있을 겁니다."

나는 이렇게 말해주고 첫 면담을 마쳤고, 얼마 후 예정보다 빨리 첫 치료를 시작할 수 있었다.

김 : [환자의 긴장을 조금 푼 가벼운 최면 상태에서] 머리를 때리고 배를 아프게 하는 것이 뭔지 살펴보세요.

이 : …… [두려운 듯] 아, 이상한 얼굴이 보여요. 무당이 춤추는 모습도 보이고, 험하게 생긴 얼굴이 저를 노려보고 있어요.

김 : 그 얼굴이 어디에 있습니까?

이 : …… 제 머릿속인 것 같습니다.

김 : 아는 얼굴인가요?

이 : …… 아니요.

김 : 그럼 그게 누구죠?

이 : …… 모르겠어요. 하지만 그가 저를 괴롭히는 것 같아요.

김 : 머리와 배의 통증 말인가요?

이 : …… 네.

김 : 겁내지 말고 편하게 긴장을 푸세요. 그리고 그에게 물어보세요, 왜 괴롭히는지.

이 : …… [겁먹은 목소리로] 저를 죽이겠답니다. 제가 자기 아내를 속이려고 한대요.

김 : 자기가 그 사람 남편이라는 말인가요?

이 : 그런 것 같습니다.

김 : 두려워 말고 그런 말들은 무시해버리세요. 그리고 또 한 가지 물어보세요. 이제는 나갈 생각이 있는지를.

이 : …… [불안한 듯] 무섭게 화를 냅니다. …… [괴로운 목소리로] 아, 머리가 아프기 시작해요. 배도 아픕니다. [계속 몸을 뒤틀며 고통스러워 함]

김 : 다시 한 번 물으세요. 스스로 나갈 건지, 여기 남아서 고통을 당하다

가 쫓겨나갈 것인지를 선택하라고 하세요.

이 : …… [안정을 조금 찾은 목소리로] 망설이고 있어요. 화났던 얼굴이 걱정
하는 표정이 되었어요.

김 : 직접 나하고 대화를 할 것인지를 물어보세요. 괜찮다면 중호 씨 대
신 그가 내 말에 대답합니다.

환자의 인격을 잠시 비키게 한 후 다른 인격을 표면으로 불러내 직접 대
화하는 것은 환자를 중개자로 내세워 다른 인격과 간접적으로 의사소통을
하는 것보다 더 효과적인 경우가 많다. 이 환자는 최면 몰입 상태가 비교적
깊었고, 내면에서 느껴지는 다른 인격의 반응도 아주 구체적이었기 때문에
그런 식으로 진행하기로 마음먹었다.

내가 그렇게 제안하자 곧 그의 표정이 변하며 다른 인격이 표면으로 떠
오르는 것을 느낄 수 있었다.

김 : 언제부터 이 사람 속에 있었어?

이 : [기묘하게 일그러진 표정으로] 아주 옛날, 어릴 때부터.

김 : 그런데 왜 지금 와서 갑자기 아프지?

이 : [즐겁다는 듯 웃으며] 전부터 괴롭혔는데 잘 몰랐지.

김 : 이 사람에게 오기 전에는 어디 있었어?

이 : …… [몹시 괴로운 얼굴로 변하며 숨을 몰아쉬기 시작함] 강가에…….

김 : 왜 강가에 있었어?

이 : …… [계속 괴로운 듯 몸을 뒤틀며] 물에 빠져 죽어서…….

김 : 죽은 후에 왜 거기 있었어? 하늘로 가지 않고.

이 : [몸을 떨며] 무서워서…….

김 : 뭐가 무서워?

이 : 빛이…….

김 : 왜 빛이 무서워?

이 : …… [심한 두려움 때문에 계속 몸을 덜덜 떨며] 벌을 받을까봐요…….

김 : 왜 벌을 받아? 뭘 잘못했어?

이 : 잘 몰라요…….

김 : 왜 이 사람에게 들어왔어?

이 : …… 외로워서. 얘도 외로워하고 있어서 끌렸어. ……들어오려고 계
    속 따라다니다가 얘가 아플 때 들어왔어요. 다리 다쳤을 때…….

김 : 지금 머리와 배가 아픈 것도 너 때문이야?

이 : [고개를 끄덕임] …….

김 : 산소에 다녀온 후에 아픈 이유는 뭐야? 죽은 남편인 것처럼 한 것도
    너지?

이 : …… [재미있다는 듯] 얘가 마음이 불안하고, 혹시 죽은 남편이 자기에
    게 원한을 품지는 않을까 하는 생각을 하고 있기에 내가 갖고 놀았지.

이런 인격들은 아주 오래 전부터 환자의 내면에 잠복해 있다가 특정 상
황이나 심한 스트레스에 노출되는 것을 계기로 겉으로 드러나는 경우가 상
당히 흔하다. 이 환자도 그에 해당되지만 본인으로서는 산소에 다녀온 후
갑자기 병이 난 것으로 생각할 수밖에 없었을 것이다.

병의 원인을 찾아 깊이 파고 들어가는 최면치료를 하다 보면 어린 시절
부터 환자의 내면에 잠복해 있다가 잦은 잔병치레와 심신의 쇠약, 정신적

불안과 우울, 위축감, 대인관계 회피 등을 유발함으로써 생활 전반에 걸쳐 악영향을 지속적으로 끼쳐왔다는 주장을 하는 이 같은 존재들을 자주 만날 수 있다. 만약 그 주장이 사실이라면 이 존재들은 보이지 않는 몸속 깊은 곳에 숨어 있는 기생충과 마찬가지로 환자의 몸과 마음을 약화시키고 파괴하는 데 큰 역할을 한다고 볼 수 있다.

김 : 그래서 남편인 척하면서 이 사람을 더 괴롭힌 거야?

이 : [심술궂게 웃으며 고개를 끄덕임] …….

김 : 이제 여기서 나가야 한다는 걸 알지?

이 : [괴로운 듯 찡그리며 고개를 흔들기 시작함] …….

김 : 나가는 게 싫어?

이 : [우는 듯한 목소리로] 무서워…….

김 : 그럼 나갈 준비를 할 시간을 줄 테니까 그동안 이 사람을 편하게 해 줄래?

이 : …….

김 : 왜 대답을 안 해? 그렇게 못하겠어?

이 : [반항적이고 공격적인 표정으로 거부하듯 고개를 가로저음] …….

김 : 그럼 나갈 때까지 널 괴롭혀도 되겠어?

이 : [두려운 표정으로 몸을 떨며 고개를 저음] …….

‘환자를 괴롭히지 말라’거나 ‘나가라’는 치료자의 지시를 거부하고 반항적으로 나오는 인격들은 그 힘을 무력화시킬 필요가 있다. 이 존재들을 무력화하는 가장 효과적 방법은 환자의 심상과 생각을 이용해 이 존재들의 힘을 형성하고 있는 부정적이고 파괴적인 에너지와 정반대되는 성질의 에너지를 강화하고 보충하게 도와주는 것이다. 이것은 결국 같은 차원에서 작용하는 두 가지 상반된 성격을 가진 에너지의 대결 구도가 되어 빛과 어둠의 대결로도 비유될 수 있다.

따라서 오래 전부터 여러 종교에서 선과 악, 창조와 파괴, 삶과 죽음, 건강과 질병 등 서로 반대되는 힘 사이의 대비를 '빛과 어둠의 싸움'으로 비유하는 것도 이 같은 물리적 현실을 상징적으로 표현한 것이라고 나는 생각한다.

일부 종교에서 귀신 들린 환자를 치료하기 위해 행하는 각종 의식과 기도도 따지고 보면 선하고 성스러운 힘으로 악과 어둠의 힘을 제거하려는 나름의 노력으로 볼 수 있다. 하지만 환자 내면에 깊이 숨어 있는 정체불명의 이 존재들은 자신이 불리하거나 힘겹다고 느끼면 환자를 떠나는 척하면서 더 깊이 숨어버리는 경우가 많기 때문에 종교적 신앙과 열정만으로는 이들을 찾아내거나 통제하기 어렵다. 이 환자 내면에 있는 존재도 "떠나기가 무섭다"며 스스로 나가는 것을 거부했기 때문에 그 힘을 무력화하고 환자를 강화시켜나가는 치료 수순이 필요했다.

김 : 너는 이 사람을 마음대로 괴롭히면서 누가 널 괴롭히는 것은 싫어?

이 : [고개 끄덕임] …….

김 : 앞으로 이 사람이 점점 강해지면 너는 밀려나게 될 것을 알고 있지?

이 : [찡그리며 고개를 끄덕임] …….

겁먹은 반항적인 어린아이를 다루듯 대화와 힘을 번갈아 쓰며 달래고 설득하는 작업이 때로는 지루하고 힘들지만 이 인격 역시 환자 내면에 있는 또 다른 환자라는 생각으로 배려하며 치료를 진행해야 한다.

이 환자 내면의 존재는 설득을 해도 끝내 나가기를 거부했기 때문에 머물러 있는 것을 고통스럽게 만들어줌으로써 도저히 여기서는 더 이상 견딜 수 없다는 사실을 인정하게 만들어 결국 "당장 나가겠다"는 약속을 받아냈다. 그와 동시에 환자의 몸은 목과 몸 전체가 뒤로 젖혀지며 활처럼 구부러졌다. 그 자세를 유지하며 뭔가가 입과 코를 통해 연기처럼 빠져나가는 듯한 동작으로 한동안 가만히 있다가 서서히 원래의 자세로 돌아오며 표정도 편안하게 바뀌었다.

김 : 지금 어떤 기분입니까?

이 : …… 뭔가 이상한 기운이 몸속에서 움직이면서 머리 위쪽으로 빠져나가는 느낌이 들었어요.

김 : 불편한 부분이 없는지 몸 전체를 잘 살펴보세요.

이 : …… 가슴이 좀 답답합니다.

김 : 그 부분에 마음을 집중해보세요.

답답한 가슴 부위에서 환자는 또 다른 존재를 느낄 수 있었고, 그것은 머리가 흰 할머니의 형상으로 떠올랐다. 그 할머니 인격은 "오래 전부터 이 사람 속에 살았으니 나갈 수가 없다"고 했다. 또 다른 숨은 존재들이 있느냐는 내 질문에 젊은 청년의 모습을 한 존재도 표면화되면서 "나는 교통사고로 죽은 사람의 영혼"이라고 했다.

한 사람의 내면에 단 하나의 다른 인격이 숨어 있는 경우보다는 이처럼 다양한 모습들이 어우러져 숨어 있는 경우가 더 흔하며, 그 존재들 각각이 가진 특성과 문제들이 환자에게는 복잡하고 복합적인 증상으로 나타나는 것을 흔히 볼 수 있다.

이들 모두를 설득하고 약화시켜 한꺼번에 내보내고 필요한 마무리 작업을 한 후 환자를 깨웠을 때 그는 자신에게 방금 일어났던 이상한 현상들이 믿기 어려운 듯 어리둥절한 표정이었지만 "머리가 맑고 가슴이 답답하던 것도 풀렸어요. 지금은 아주 편안합니다"라며 만족스러워했다.

그 날의 치료는 이렇게 끝났고 일주일 후에 다시 한 번 그의 내면을 확인하며 필요한 부분을 스스로 치료하고 강화하는 방법을 연습시켰다. 그는 지난 치료 시간 이후 머리를 때리는 느낌과 배의 고통이 완전히 사라졌다고 좋아하며 치료 원리와 앞으로 주의할 점들에 대한 내 설명을 열심히 들은 후 이제 치료를 그만하고 지켜보자는 내 제안에 다음과 같이 대답하고 돌아갔다. 그리고 5년이 지났다.

"큰 문제들은 아니었지만 어릴 때부터 혼자 있는 걸 좋아하고 자주 위축되는 성향이 있던 것이 사실입니다. 특히 어릴 때는 차를 무서워했는데 내 안에 그런 존재들이 있었다면 이해가 갑니다. 잘은 모르겠지만 신비로운 영적 세계가 있는 것 같아요. 지금은 편하니까 치료는 선생님 말씀대로 그만해도 될 것 같습니다. 가르쳐주신 방법들을 평소에 열심히 활용하면 잘 지낼 수 있을 것 같은 자신이 생겼어요. 문제가 생기면 꼭 다시 연락드리겠습니다."

"늘 기운이 없어요"

만성피로증후군

　비교적 최근에 새롭게 등장해 많은 사람들의 관심을 끌게 된 '만성피로 증후군'이라는 병이 있다. 이 병의 실체에 관해서는 아직 알려진 것이 별로 없으며, 의학계 내부에서도 여러 학자들 간에 의견이 엇갈리고 있다. 일종의 누적된 피로와 스트레스로 인한 장애라고 생각하는 의사도 있고, 원인이 따로 있는 독립된 질병이라고 주장하는 의사도 있지만 현재로서는 뚜렷한 치료 방법이 없다.

　늘 무기력하고 지쳐 있어 일상생활에 큰 지장을 초래하는 이 병의 증상은 우울증을 비롯한 여러 신경증 환자들에게서 볼 수 있는 신체 증상들과 흡사한 부분이 많다. 여러 가지 내과적 검사를 거쳐 이 병으로 진단되었다는 환자들을 치료해봐도 객관적으로 저하된 신체 기능이 원인이라기보다는 보이지 않는 정신적 원인들에 의해 증상 정도가 더 크게 좌우된다는 사실을 거듭 확인할 수 있어 이 증후군이 새롭게 발견된 내과질환이라는 주장에 나는 동의하지 않는다.

20대 초반의 여대생인 신경미 씨는 만 2년이 넘도록 만성피로증후군 전문 내과의원에서 먹는 약과 주사제로 치료를 받아왔다. 그녀가 느끼는 주증상은 항상 무기력하고 우울하며 온몸에 기운이 없어 오후만 되면 졸음을 참기 힘들고, 기억력과 집중력이 떨어져 학교 공부를 따라가기 어렵다는 것이었다.

"매스컴에서 소개하는 만성피로증후군에 대한 정보가 제 증상과 일치한다는 생각에 정신과 진료를 받을 생각은 해보지 않았어요. 그런데 아무리 전문 내과에서 치료받아도 별 도움이 안 되는 것 같아 최면치료를 하면 원인을 좀 찾을 수 있을까 해서 왔어요. 고등학교 3학년 때부터 이런 증상이 시작된 것 같은데, 3년이 지난 지금도 전혀 나아지지 않아서 걱정이에요. 이대로는 사회생활도 못 할 것 같고 취직을 해도 일을 오래 할 수 없을 것 같거든요. 체력이 도저히 안 돼요."

내성적이고 잔병치레가 많긴 했지만 비교적 원만하고 큰 문제없이 유년 시절과 성장 과정을 보냈는데, 입시 준비를 하다가 심한 감기몸살로 한 달 가까이 고생하고 나서부터 이 증상이 시작된 것 같다고 했다.

"몸의 상태는 언제나 마음과 밀접하게 연결되어 있어요. 몸 자체에 특별한 이상이 없어도 뭔가 마음속에 숨어 있는 원인들이 있다면 지금과 같은 증상들이 얼마든지 올 수 있죠. 주로 무기력한 신체 증상을 보이는 정신과 환자 중에도 내과에 가면 만성피로증후군이란 진단이 붙을 사람들이 얼마든지 있어요. 자기 내면의 어떤 문제들이 이 증상의 원인이 되는지를 찾아보는 것이 가장 중요한 일이에요. 일반 치료 방법으로 해결이 안 되면 최면치료가 도움이 될 겁니다."

"저도 그렇게 생각하고 왔어요. 하도 답답해서 친구들하고 학교 앞에 있는 점집에 가본 적이 있는데 거기 있는 할머니가 저보고 '조상신이 와 있다'면서 굿을 하자고 하더군요. 제가 아픈 게 그 조상신 때문이라고요. 그때는 터무니없다고 생각하고 웃어버렸지만 하도 오래 안 나으니까 이젠 별생각이 다 들어요. 치료제와 영양제라는 주사도 굉장히 많이 맞고 약도 여러 가지를 먹었는데 거의 효과가 없어요. 기분으로만 잠시 가벼운 것 같다가 언제나 다시 원래 상태로 돌아가요. 정신과에 오는 것은 상상도 못 했는데 제 친구가 선생님이 하시는 최면치료 얘기를 해줘서 오게 되었어요. 한약도 먹고 기 치료도 받아보고 안 해본 것이 없어서 이제 여기서 안 나으면 어떻게 해야 할지 모르겠어요. 정말 굿이라도 해야 하는 건지……."

"굿으로 해결되는 병은 없다고 생각해요. 굿을 했던 많은 환자들이 나를 찾아오는데 일부 환자는 굿을 하고 나서 잠시 증상이 호전되었다고 하지만 일시적으로 좋아져도 오래가지 못하고 대부분 재발을 해요. 오히려 어떤 환자들은 굿을 하고 나서 훨씬 더 심해지거나 새로운 문제가 생기기도 하죠. 증상의 원인에 대한 이해를 바탕으로 정확한 치료 과정을 거쳐야만 완치를 기대할 수 있어요. 특히 일반적 치료로 잘 낫지 않는 병을 해결하려면 그것이 유일한 길이죠. '조상신이 씌웠기 때문에 영적 능력을 가진 무당이나 종교인이 쫓아내줘야 낫는다'는 것은 정말 잘못된 생각입니다. 올바른 치료는 환자를 강하게 만들어줌으로써 스스로 그 병을 몰아내고 건강을 되찾게 해주는 것이고, 어떤 원인이라도 모두 자기 힘으로 이해하고 극복할 수 있도록 성장하는 것이 재발을 방지하고 건강을 지킬 수 있는 치료의 핵심입니다."

이런 대화를 나누고 그 날의 면담은 끝났다.

첫 치료는 그로부터 두 달 후에 있었다. '기다리는 동안에도 내과 치료를 계속 받았지만 달라진 것이 없다'는 그녀에게서 어린 시절과 성장 과정에 겪은 중요한 사건과 경험, 가족관계, 사회생활, 집안의 종교 문화적 배경과 가치관, 현재의 갈등과 고민 등 정신과 진료에 필요한 기본 정보들을 먼저 듣고 최면치료의 이론과 특징에 대해 설명해준 후 치료에 들어갔다.

가벼운 최면 상태에서 그녀는 자기 몸 전체를 채우고 있는 이상한 느낌의 어두운 기운을 찾아낼 수 있었고 그것이 자기 병의 원인이라는 직감이 들었다.

김 : 그 기운이 몸의 어떤 부분에 가장 밀집해 있나요?

신 : ……머리와 가슴이요. 다른 부분보다 더 검고 단단한 것 같아요.

김 : 그 검은 기운과 의사소통을 할 수 있습니다. '언제부터 거기 있었는
    지' 물어보세요.

신 : …… [놀란 목소리로] '다섯 살'이라는 느낌이 들어요.

김 : '내가 아픈 것이 너 때문이냐?'고 물어보세요.

신 : …… 대답을 피하는 것 같은데…… 긍정하는 것 같아요.

김 : 나하고 직접 대화할 생각이 있는지 물어보세요.

신 : …… [잠시 침묵하다가 표정과 목소리가 남자처럼 거칠게 변하며] 당신이 왜
    이 일에 끼어드는 거야? 날 가만히 놔둬.

김 : 너 때문에 이 사람이 고생을 하니까 그렇지.

신 : [화가 나 못 견디겠다는 듯] 이년은 죽어야 돼. 아주 나쁜 년이야. 내가
반드시 죽일 거야.

김 : 왜 그래야 되지?

신 : …… [괴로운 듯 몸을 떨며 울기 시작함] 이년이 옛날에 날 학대했어. 때리
고 욕하고 발로 차고, 그러다 날 죽였어.

김 : 옛날이라니, 언제를 말하는 거야?

신 : 오래된 전생이지. 난 이년 집에서 일하는 하인이었는데, 그 때 우린
둘 다 남자였어. 자기 부인이 보석을 잃어버렸는데, 늘 미워하던 나
를 범인으로 몰아서 때리고 가둔 채 굶어죽게 했지. 난 복수하기 위
해 찾아온 거야. 바로 앞의 삶에서도 내가 복수를 했지. 내가 그렇게
죽는 바람에 우리 어머니도 슬퍼하다 돌아가셨어. 이 인간은 죗값을
반드시 치러야 해.

김 : 네 말이 사실이라 해도 이미 오래 전 일이고, 이 사람은 나름대로 죗
값을 치르고 있을 거야. 네가 나서서 복수를 하지 않아도 영혼과 우
주의 법칙은 누구에게나 공평하게 정의를 실현하잖아? 복수를 한다
고 분노와 증오를 품으면 그로 인해 네 고통만 더 심해지고 풀어야
할 일들이 더 복잡해지지.

신 : …… [계속 눈물을 흘리며] 나도 알고 있어. 그렇지만 내 슬픔과 분노를
나도 어떻게 할 수가 없어.

김 : 누구나 결국은 자신의 잘못에 대한 대가를 치른다는 사실을 안다면
지금과 같은 상황이 크게 잘못된 것이고 문제를 더 복잡하게 만든다
는 것도 알잖아?

신 : …… [고민하듯 침묵하다 존댓말을 쓰기 시작] 알고 있지만 이 사람을 편하

게 놔둘 수는 없어요.

김 : 네가 고통을 당했다는 그 삶의 기억들을 떠올려봐. 지금부터 그 삶의 고통들에 대해 풀어가는 치료를 할 수 있어.

신 : [갑자기 몸을 뒤틀며 괴로운 듯 신음함] 아, 나는 훔치지 않았어. 내가 아니란 말이야!

김 : 지금 어떤 일이 일어나고 있어?

신 : …… [눈물을 흘리며] 사람들이 나를 둘러싸고 때리고 있어요. 그 집에서 같이 일하던 하인들인데, 내가 주인의 보석을 훔쳤다고요. 그런데 나는 절대 훔치지 않았어요! 같이 일하고 고생했던 사이인데 이놈들이 어떻게 내게 이럴 수 있어? …… 주인은 보이지 않아요.

김 : 시간이 가면서 어떤 일들이 있었는지 기억해봐.

신 : [힘없고 작은 소리로] 그렇게 맞다가 정신을 잃었고…… 캄캄한 곳에 갇혔어요.

김 : 어떤 곳인지 느껴봐.

신 : …… 흙바닥이고…… 그 집에 있는 창고예요. 몸을 움직일 수 없어요, 많이 다쳐서. …… [담담하게] 3일 후에, 그대로 누운 채 죽었어요. 움직이지 못하고 누워 있을 때는 쥐들이 내 옆을 지나다녔는데 죽은 후에는 내 몸을 파먹었어요. 죽을 때까지 아무도 와보지 않았고 물도 음식도 넣어주지 않았어요. 죽고 나서 열흘이 지나서야 하인들이 와보고 밤에 시신을 몰래 가져다 산에 묻어버렸어요.

김 : 갇힌 채 죽어가면서 뭘 느끼고 어떤 생각들을 했어?

신 : …… [눈물을 흘리며 비통한 목소리로] 억울함과 분노, 아무것도 모르고 집에서 나를 기다리고 계실 어머니에 대한 걱정……. 그들은 내가

보석을 훔쳐서 먼 곳으로 도망갔다고 어머니에게 말했어요.

김 : 죽었을 때 몇 살이었지?

신 : 스물두 살.

김 : 죽기 직전에 자신이 뭘 생각했는지 기억해봐.

신 : …… [몸을 떨며] 복수, 복수하겠다고 마음을 다지고 있어요.

김 : 죽음의 순간을 넘어가며 어떤 일들이 있었는지 기억해봐.

환자의 내면에서 새롭게 드러나는 다중인격이나 외부로부터 침입한 것으로 의심되는 정체불명의 존재와 대화할 때 나는 특별한 경우 외에는 항상 반말을 사용한다. 그 이유는 환자와 내 입장에서 볼 때 이들은 병의 가장 큰 원인으로 작용하는 오염물질이나 침입자에 해당하기 때문이다. 또 다른 중요한 이유는, 만약 이들이 치료에 비협조적인 태도로 나오거나 적개심을 보이며 자신들의 힘을 믿고 저항하려 한다면 더 큰 힘과 권위로 제압하기 위해서다.

저항하기로 마음먹은 이 인격들은 상대방의 힘과 지혜와 의지가 자신보다 강하다고 느낄 때에만 타협하거나 굴복한다. 이들은 자신에게 압박을 가하는 치료자에게 처음에는 공격적으로 대하다가도 자기 힘으로 그를 이길 수 없다고 느끼거나 치료자의 말에 설득되면 이 환자의 경우처럼 자발적으로 존댓말을 쓰며 저자세로 변한다.

이와는 반대로 치료자의 힘과 능력이 부족하다고 느껴지면 이들은 그 치료자를 조롱하거나 위협하고 비웃는 일을 서슴지 않는다. 때로는 치료자도 이들의 공격 대상이 될 수 있으니 충분한 지식과 마음의 준비 없이 함부로 이런 치료에 뛰어들어서는 안 된다. 치료자는 되도록 힘을 사용하지 않고 대화와 인내로 문제를 풀어가는 것이 바람직하지만, 그것이 받아들여지지 않을 때는 아주 엄격하고 강한 힘으로 이들을 통제하고 제압할 수 있어야 한다.

김 : 죽음의 순간을 넘어가며 어떤 일들이 있었는지 기억해봐.

신 : …… [몸을 떨며] 죽어 있는 내 몸이 보여요. 허공에 떠서 내려다보고 있는데, 비통하고 처참한 심정이에요.

김 : 그 상태에서 자신이 어디로 가는지, 어떤 일이 이어지는지 느껴봐.

신 : …… [성난 목소리로] 내게 빛이 다가왔지만, 따라가지 않았지. 나는 빛을 피해버렸어. 얼마 후 그 분이 내게 복수를 도와주겠다고 했어요.

김 : 그 분이라니?

신 : 그 분은 온 우주의 어둠을 지배하는 큰 힘을 가졌어요. 사람들이 '악마'라고 부르는 존재죠. 자기를 도와주면 내가 복수할 수 있게 해준다고 했어요.

김 : 자기를 어떻게 도와달래?

신 : …… [음흉하게 웃으며] 사람들을 괴롭히면 된대요. 서로 싸우게 하고, 죽이고 파괴하는 일이죠. 그는 내가 가진 분노를 칭찬하면서 자기가 도와줄 테니 나를 죽인 사람들을 모두 죽이라고 했어요.

김 : 그래서 어떻게 했어?

신 : [통쾌한 듯] 두 사람을 죽였어요. 주인남자 그리고 나를 가장 심하게 때렸던 동료 하인을 죽였죠. 주인남자에게는 내가 들어가서 하루 종일 무서운 환청이 들리게 했어요. 그는 두려움 때문에 술을 계속 마시다가 물에 빠져 죽었고, 그 하인은 다른 하인의 칼에 죽게 만들었

어요.

김 : 그렇게 복수했는데 지금 왜 또 이 사람을 괴롭히는 거야?

신 : …… [풀이 죽은 목소리로] 복수를 한 후에 나는 후회와 공허함을 느꼈고 내 행동이 잘못되었다는 사실을 깨닫게 되었어요. 빛을 따라가야 한다는 생각을 했는데, 그 분이 나를 가로막았어요. 내가 이미 자신의 말을 듣고 사람을 죽였으니 빛을 따라가면 지옥의 불 속으로 가게 된다면서요. 계속 자기 말을 들어야 지옥에 빠지는 것을 피할 수 있다고 하면서 자기 말을 듣지 않으면 내 영혼이 완전히 파괴되어 영원히 사라지게 된다고 했어요. 자기를 도와 사람들을 괴롭히면서 우주를 같이 지배할 수 있고 그것을 기쁨으로 삼으면 행복하게 살 수 있다고 했죠. 내키지는 않았지만 지옥에 대한 두려움 때문에 그의 말을 들을 수밖에 없었어요. 나처럼 그의 지배를 받게 된 영혼이 아주 많아요. 그는 내게 이 사람이 태어날 때마다 따라가서 죽이라고 했어요.

김 : 그래서 지금 만족해?

신 : …… [눈물을 흘리며] 아뇨.

김 : 이제 어떻게 해야 한다는 것은 알지?

신 : …….

김 : 그 삶에서 너를 죽였던 주인남자와 하인들의 모습을 떠올려봐. 그리고 그들의 내면을 자세히 들여다봐. 어떤 힘이 그들을 악하게 만들고 그런 짓을 하게 만드는가 살펴봐.

신 : …… [무척 놀란 목소리로] 그 사람들의 내면과 주위에 그 분의 부하들이 몰려와 있어요. 아, 그 어둠의 힘이 주인남자와 하인들을 부추겨

서 나를 죽이게 만들었어요. 그 사람들이 나빴던 것이 아니군요.

김 : 그 악마가 너를 속인 거야?

신 : …… [울먹이며] 네. 이 사람에게 미안해요. 제가 빛을 찾아갈 수 있게
　　도와주세요.

김 : 당장 나갈 수 있을지 잘 살펴봐.

신 : 그 분이 보낸 검은 존재들이 주위를 에워싸고 막으려 해요. 그 분이
　　화가 많이 났어요.

김 : 상관하지 말고 두려워하지 마. 너를 어떻게 할 수 없을 테니.

신 : 네, 도와주세요.

빛을 따라갈 수 있도록 마음의 준비를 시키고 주위를 에워싼다는 검은
존재들을 제거한 후 나갈 수 있는 길을 열어주자 이 존재는 곧 환자의 몸에
서 빠져나가기 시작했다.

잠시 후 환자는 편안해진 얼굴로 "검은 기운이 모두 빠져나갔다"고 말했
다. 온몸을 깨끗이 정화하고 밝고 건강한 에너지를 채우도록 한 후 깨웠을
때 환자는 눈을 동그랗게 뜨고 놀랍다는 듯이 자신이 느낀 일을 말했다.

"제 몸에서 검은 기운이 마치 연기가 굴뚝을 타고 올라가듯 하늘로 빨려
올라갔어요. 몸속에서 이리저리 움직이던 그 검은 연기 같은 존재는 절대
환상이 아니었어요. 하늘에서부터 제 머리 위까지 굉장히 밝은 빛이 통로처
럼 연결되었고 그 빛을 따라 빠져나갔어요. 그 빛의 통로 주변에는 짙은 어
둠이 밀려왔는데 빛 자체를 뚫고 들어오지는 못했어요. 선생님, 그런데 대
체 이런 일을 어떻게 받아들여야 하나요? 아까 그 존재와 직접 말씀을 나누
실 때는 그가 제 몸과 입을 움직여서 대답하는 것 같았고 저는 그냥 보고만

있었어요."

"어떤 현상이라고 정확히 얘기하기는 어렵지만 본인이 느끼는 것처럼 뭔가가 일어난 것만은 사실이죠. 복잡하게 생각하지 말고 일단 좀 지켜보면서 의견을 나눕시다. 지금 기분은 어떠세요?"

"몸이 아주 가벼워졌어요. 이렇게 머리가 맑고 가벼웠던 적은 제 기억으로는 한 번도 없어요. 정말 그 검은 존재가 제 병의 원인이었나요? 그렇다면 그게 뭐죠?"

"몸이 편하고 가볍다면 다행입니다. 가장 중요한 것은 바로 그 점이니 얼마나 오래 그런 상태가 유지되는지 지켜보세요. 두고 보면 정말 그것이 원인이었는지 또 다른 원인들이 있는지 알게 되겠죠. 그 실체가 뭔지는 아직 모르지만 그 존재의 주장대로 악마가 보낸 것일 수도 있고 아닐 수도 있어요. 모든 것은 생각하기 나름입니다. 집에 가서도 자신을 치료하고 정화하는 작업은 계속 연습해야 합니다."

이런 대화를 나눈 후 방금 겪었던 믿기 어려운 현상들로 인해 다소 흥분된 표정으로 그녀는 돌아갔다.

2주일 후의 다음 약속시간에 그녀는 밝은 얼굴로 그동안 어떻게 지냈는지를 말했다.

"그 날 이후 지금까지 낮에 졸지 않고 지냈어요. 몸도 가볍고 체력이 아주 강해진 것 같아요. 곰곰이 생각해보니까 어릴 때부터 알게 모르게 크고 작은 영향을 받아왔던 것 같아요. 사람들과 잘 어울리면서도 내심은 왠지 불안하고 편치 않았던 것과, 어릴 때의 가위눌림이나 몸이 약해서 늘 감기를 달고 살았던 일들이 모두 그 검은 기운의 영향이 아니었나 생각돼요. 한

편으로는 제가 지난 시간에 겪었던 일들이 전부 의심되기도 하지만, 이렇게 몸 상태가 완전히 변했으니 꿈이나 환상일 수는 없겠죠. 돌아가서도 선생님이 가르쳐주신 대로 연습을 자주 했어요. 내과 약도 끊었고 주사도 안 맞았어요. 이 정도로만 지낸다면 더 이상은 치료가 필요 없을 것 같아요. 참 신기해요."

"앞으로 더 나아질 겁니다. 생활에 지장을 줄 정도의 고통과 불편이 없어진다면 치료를 계속 할 이유가 없죠. 그렇지만 전에도 말한 것처럼 이 치료는 환자가 자신감을 되찾아 스스로를 관리하고 발전시켜나가는 능력을 회복하는 것을 목표로 하고 있기 때문에 증상이 없어진다 해도 방심하지 말고 계속 연습해야 합니다.

지난 시간에 경험했던 일들은 상식적으로 납득하기 어렵겠지만 과학이 더 발달하면 그 검은 존재들의 실체가 뭔지 규명할 수 있는 날이 오겠죠. 아직 그런 현상에 대해 밝혀진 사실은 없지만 임상의학에서 가장 중요한 것은 '치료의 성과와 효율'이기 때문에 환자에게 도움이 된다면 치료에 이용하는 것이 당연합니다. 그걸 어떻게 받아들이는지는 환자에 따라 차이가 있어요. 지금 널리 쓰이는 현대의학의 치료 방법들 중에도 그 작용 원리가 아직 분명히 밝혀지지 않은 치료법이 아주 많지만 임상 경험상 환자에게 도움이 되고 별다른 부작용이 없기 때문에 계속 치료에 이용하면서 작용 원리를 밝혀나가는 것이죠. 오늘 한 번 더 점검해보고 큰 불편이 없다면 치료를 마쳐도 좋습니다."

대화를 마치고 최면에 들어가 어린 시절에서 지금에 이르는 동안의 중요했던 경험을 몇 가지 회상한 후 몸 전체와 주변 공간을 정화하고 강화시키는 치료를 계속 시켰다. 검은 기운이 차지하고 있던 신체 부위에 남아 있는 상처와 찌꺼기를 모두 제거하고 새롭고 건강한 질서를 회복하는 것을 끝으로 그 시간을 마쳤다.

"지난 시간에는 뭐가 뭔지 알 수가 없었는데 오늘은 최면치료가 어떤 건지 좀 알겠어요. 몸이 가벼워지니 의욕도 생기고 자신감도 생겨요. 치료를 끝내도 좋다고 하시니 그냥 지내볼게요. 이상이 생기면 또 와도 되죠?"

"필요하면 언제든 다시 치료할 수 있으니 염려하지 마세요. 새로 배운 치료 원리를 잘 이해하고 실천하면 어떤 문제든 스스로 해결할 수 있다는 사실을 잊어서는 안 됩니다."

치료를 마치고 밖으로 나간 그녀는 한참 후 커다란 꽃다발을 사들고 다시 들어왔다.

"뭐라고 감사드려야 할지 모르겠어요. 이대로 계속 지낼 수 있다면 제 삶이 통째 바뀌는 것이나 마찬가지예요. 어떻게 나은 것인지는 아직 잘 모르겠지만 아무튼 감사드려요."

내게 꽃을 내밀며 이렇게 말하고 돌아간 지 2년이 지난 후에 그녀는 계속 잘 지내고 있다는 연하장을 보내왔고, 그 후 4년이 더 흐른 지금까지 건강하게 지내고 있다.

"평생 위축되고 불안해하며 살았어요"

47년 동안 시달려온 사회공포증

공포증은 불안장애에 속하는 증상이다. 특별한 대상에 대해 심한 두려움을 느끼는 특정 공포증과 대인관계와 사회활동 전반에 걸쳐 두려움을 느끼고 피하게 되는 사회공포증으로 나뉘는데, 무척 흔한 증상이지만 많은 환자들이 병원에 오지 않고 힘들게 지내거나 잘 모르고 엉뚱한 치료를 받기 쉽다.

특정 공포증은 그 대상만 피하면 증상을 예방하거나 완화시킬 수 있지만, 사회공포증은 사람들이 모이는 공공장소에 잘 가지 못하거나 낯선 사람들 앞에서 심하게 위축되고 불안감을 느껴 꼭 필요한 사회생활과 대인관계까지도 회피하게 만든다. 그렇기에 피해가 더 광범위하고 그대로 방치할 경우 점점 더 심각한 장애로 발전할 수 있다. 그다지 친밀하지 않은 사람들에게 관찰되거나 평가받는 것, 모욕을 당하거나 비난받을 수 있는 모든 상황을 미리 걱정하고 피함으로써 증상의 정도에 따라 정상적인 사회생활이 아예 불가능해지는 경우도 많다.

60대 초반의 강호철 씨는 어린 시절부터 겪어온 심한 불안과 대인공포 증상을 최면치료로 해결할 수 있지 않을까 하는 기대를 가지고 나를 찾아왔다. 그동안 여러 병원을 전전하며 좋다는 치료 방법은 모두 써봤지만 별 효과를 못 봤다며 이렇게 하소연했다.

"병원에서 약을 먹으면 잠시 편하기는 한데 그때뿐이고 낫지를 않아요. 잠도 잘 못 자겠고, 조금만 신경을 쓰면 머리도 아프고 소화가 잘 안 되서 음식도 제대로 먹을 수 없어요. 먹기만 하면 가슴과 배가 답답하게 막히는데 사진을 아무리 찍어도 이상이 없으니 진단이 안 나와요. 불안증이다 공포증이다 하면서 그저 '마음을 편하게 가지라'고 의사들이 얘기하는데 그게 말처럼 쉬운 일인가요? 선생님이 쓰신 책을 읽으니 혹시 나도 그런 원인이 숨어 있어서 아픈 게 아닐까 하는 생각이 들었어요. 옛날 국민학교 시절에 생긴 병인데, 젊은 시절 내내 남들 앞에만 가면 위축되고 불안해서 뭘 제대로 할 수가 없었어요. 말이 잘 안 나오고 얼굴이 벌게지면서 손이 떨리니 직장생활도 오래 못 했어요."

햇수로 따지면 47년째 불편을 겪고 있다며 학교 다닐 땐 공부를 잘했고, 학교를 졸업한 뒤에는 직장에 다니는 대신 새로운 기술들을 개발해 특허를 내면서 살아왔다고 했다.

"어떤 종류의 최면치료가 도움이 될지는 앞으로 치료 과정을 보면서 결정하게 됩니다. 다른 방법들이 모두 도움이 안 되었다 해도 최면치료는 도움이 될 겁니다. 그렇지만 지나친 기대와 조급함을 가지지 말고 차분하게 원인을 찾아가는 작업을 해야 합니다. 원인을 이해하고 제거한다면 증상은 호전될 겁니다."

나는 이렇게 대답하고 치료 예약을 받아주었다.

약속된 첫 시간에 최면치료의 이론과 과정에 대한 설명을 마치고 바로 치료에 들어가 처음으로 공포 증상을 경험했던 과거의 시점으로 환자를 유도했다.

강 : …… [얼굴을 찡그리며 불안한 듯] 학교 교실입니다. 선생님이 문으로 들어오시면서 눈을 부릅뜨고 화난 얼굴로 저를 향해 오세요. 아, 화난 선생님 얼굴이 점점 커지더니…… 제 **뺨**을 세게 때리셨어요. 너무 두렵습니다. [숨이 거칠어짐]

김 : 긴장을 풀고 편하게 진행합니다. 선생님이 왜 그렇게 화가 나셨습니까?

강 : …… 교실에서 친구와 장난을 쳤어요. 제가 연필을 깎고 있는데 친구가 옆에서 짓궂은 장난을 자꾸 쳤어요, 제게 집적대면서. 그래서 친구를 제지하려고 무심코 연필 깎던 칼을 쥔 채 손을 쳐들었는데, 그 때 선생님이 교실에 들어오시다가 그 광경을 보고는 제가 칼로 친구를 어떻게 하려고 했다고 생각하신 거예요. 곧바로 제게 달려와서 다짜고짜 얼굴을 때렸는데, 저를 때리기 직전 선생님의 화난 얼굴을 보면서 가슴이 철렁 내려앉는 것처럼 무섭고 놀랐어요. 그 날 집에 돌아와서 밤에 자려고 누웠는데 잠도 잘 안 오고 계속 무섭고 불안한 마음이 가라앉지를 않았어요. 그 전에는 아이들하고도 잘 어

울리고 까불고 명랑했는데 그 날 이후로 자꾸 위축되고 불안하고, 성격이 어둡고 우울해진 것 같아요. 그 이후로 지금까지 계속 그래요. 조금 나은 때도 있었지만 한 번도 완전히 벗어나본 적이 없는 것 같아요."

갑작스럽고 강한 충격과 두려움을 경험한 후 이처럼 불안이나 공포증 같은 정신 증상이 생겼다는 환자들을 자주 만날 수 있다. 이 환자도 어떤 사건을 계기로 자신의 증상이 처음 시작되었는지를 분명히 기억하고 있었다. 그 충격의 결과로 내면의 안정 상태가 깨지면서 병적 불안과 이에 동반하는 신체 증상들이 발생해 표면으로 드러나기 시작한 것이다. 이것은 우리 몸에 갑작스런 충격을 주었을 때 신체적 질병이나 손상으로 발전해가는 것과 같은 현상이라고 볼 수 있다. 차이가 있다면 눈에 보이는 영역인 신체적 손상과 보이지 않는 정신 영역의 손상이라는 점뿐 발병의 원리는 비슷할 것으로 추정된다.

첫 시간이었기 때문에 우선 최면 상태에서 환자의 긴장을 더 풀도록 하고 갑자기 뺨을 맞던 공포의 순간을 잠시 지웠다. 그 후 그 충격으로 인해 환자 내면에 생긴 상처에 마음을 집중하게 함으로써 그것을 치유하고 몸과 마음의 안정감과 균형을 심어주는 방법을 가르치고 숙달시켰다. 그 과정에서 환자의 내부에 뭉쳐 있는 검은 덩어리 같은 기운을 찾아냈고, 그 덩어리와 증상 간의 관계에 대해 조금씩 더 이해할 수 있었다.

김 : 그것이 언제부터 몸속에 있었나요?
강 : [놀란 듯] 화가 난 선생님 얼굴을 보고 겁에 질렸을 때예요. 제 주위에

서 맴돌고 있다가 그 때 제 안에 뚫고 들어왔답니다.

김 : 그럼 밖에서 침입해 들어왔다는 말인가요?

강 : 그렇습니다.

김 : 그 사건이 있기 전의 자기 내면을 보세요. 어떤 차이가 있습니까?

강 : …… 그 때는 이 검은 덩어리가 없습니다. 마음도 편하고요.

김 : 그것이 들어온 후로 어떤 영향을 받았습니까?

강 : 불안과 공포, 소화불량, 위축감 모두가 이것 때문입니다. 이것만 없
　　 으면 다시 건강해질 수 있을 것 같습니다.

김 : 그 검은 덩어리의 실제 모습이 어떤 것인지 볼 수 있을 겁니다. 마음
　　 을 집중하면서 떠올려봅니다.

강 : …… [놀라며] 아주 지저분한 남자 모습이 보입니다. 겁에 질린 것 같
　　 은 얼굴인데, 누군지 모르겠습니다.

김 : 그에게 물어보세요, 왜 거기 있느냐고.

강 : …… [어이없다는 듯] 갈 곳이 없답니다.

김 : 그가 누군지 물어보세요.

강 : ……대답을 안 합니다. 두려워하는 것 같아요.

김 : '왜 내게 들어왔는가?'를 물어보세요.

강 : ……제가 좋아서 따라다니면서 들어올 기회를 엿보다가 그 날 놀랐
　　 을 때 제 보호막이 깨져서 쉽게 들어올 수 있었답니다.

김 : 도와주면 나갈 건지 물어보세요.

강 : ……망설이고 있어요.

김 : 나가는 것을 두려워하나요?

강 : ……그런 것 같습니다.

김 : 편안한 곳으로 갈 수 있게 도와주면 가겠는지 또 물어보세요.

강 : ……'그런 곳은 없다'고 합니다. 그렇지만 '어떻게 도와주겠느냐'고 묻는데요.

김 : 나갈 생각이 있다면 도와주고 그렇지 않으면 쫓아내겠다고 해보세요.

강 : ……시간을 좀 달라고 합니다.

김 : 시간을 주면 '더 이상 나를 괴롭히지 않고 나갈 준비를 하겠는가?'라고 물어보세요.

강 : ……'그렇게 하겠다'고 합니다. 자기가 발각된 것에 대해 무척 당황하며 놀라는 것 같습니다.

김 : 그가 뭐라고 하건 상관없이 자신을 강화시키는 작업을 계속 하세요. 그가 나가건 안 나가건 신경 쓰지 말고 계속 그 작업을 지속해야 합니다.

이처럼 숨어 있는 존재들에게는 발각되는 것 자체가 패배의 시작으로 받아들여진다. 따라서 치료자나 환자에게 들키지 않기 위해 이들은 갖은 수단을 동원해 더 깊이 숨으려고 한다. 남은 시간 동안 지저분한 남자의 모습으로 보이는 존재의 힘을 무력화하고 영향력을 없애는 방법을 연습시킨 후 환자를 깨웠다.

환자는 얼떨떨한 표정으로 깨어나더니 놀라 크게 뜬 눈으로 "처음에 무척 놀랐습니다. 그렇지만 이제 이해가 좀 갑니다. 평생을 제가 이놈 때문에 고생한 셈이군요. 지금은 머리도 맑고 기분이 좋습니다. 세상에 이런 일이 있다니, 참 믿기 어렵군요. 저는 이런 것은 꿈에도 상상을 못 해봤습니다.

참, 어이가 없네요. 선생님 그 검은 덩어리가 뭡니까? 사람들이 말하는 귀신인가요?" 하고 물었다.

"그건 아무도 모릅니다. 자기 안에 있는 병적인 부분이나 성격이 그런 모습으로 상상되었을 수도 있죠. 실체가 무엇이건 자기 내면에서 느껴진 것이니 일단 존중하면서 그 정체를 차차 밝혀나가야죠. 오늘부터 계속 조금 전에 연습하신 것을 자주 활용하세요. 그 존재의 힘이 약해질수록 편해지실 겁니다."

이런 대화를 나눈 후 그 날의 치료를 마쳤다.

일주일 후의 약속시간에 진료실에 들어서는 그의 모습은 완전히 딴사람 같았다. 검게 늘어졌던 얼굴 피부는 희고 밝게 윤이 났으며 창백하던 안색은 건강한 붉은 색조를 띠고 있었다. 체중도 좀 늘었는지 홀쭉하던 양 볼에도 살이 두둑하게 붙어 보였다. 밝고 들뜬 표정으로 자리에 앉자마자 그는 어린애처럼 기뻐하며 말했다.

"지난 일 주일 사이에 두 배로 건강해졌습니다. 이젠 뭘 먹어도 소화가 다 되고 배가 전혀 불편하지 않아요. 제 평생 이런 일은 처음입니다. 지난번 치료를 마치고 집에 돌아가서 저 혼자 그놈을 불러내서 내보내는 작업을 했습니다. 아주 열심히 했습니다. 죽기 살기로 힘을 모아 선생님이 가르쳐주신 연습을 하면서 나가라고 했죠. 처음에는 저항하다가 나중에는 나갔습니다. 그러고 났더니 입맛도 좋아지고, 시험 삼아 아무거나 먹어봤는데도 문제가 없었어요. 불안이나 공포증도 다 나아버렸어요. 나이 육십이 넘어서야 건강을 되찾은 것 같습니다. 진작 이런 치료를 했더라면 얼마나 좋았을까요. 요즘은 갈비나 고기처럼 제가 평생 못 먹었던 것들을 일부러 자주 먹는데, 그랬더니 체중도 늘었어요."

244

"정말 잘됐습니다. 얼굴이 참 편안해 보이시네요. 한 주일 전만 해도 아주 힘들어 보이셨는데. 그렇지만 방심해서는 안 됩니다. 내보냈다고 하시지만 그것이 전부가 아닙니다. 그보다 더 중요한 것은 어떻게 자신을 늘 건강하게 관리하고 보호하는가입니다. 오늘은 지난 시간에 이어 지금 상황에서 가장 필요한 치료 작업을 하게 됩니다."

자기 문제를 스스로의 힘으로 완전히 해결했다는 만족감을 감추지 못한 채 들떠 있는 그에게 나는 이렇게 말하고 자리를 옮겨 최면치료에 들어갔다.

최면 상태에서 확인한 결과 그의 믿음과는 달리 지난 시간에 느껴지던 검은 덩어리는 그 자리에 그대로 남아 있었다. 그것이 완전히 자기 몸에서 나갔다고 믿고 있던 그는 실망과 혼란의 기색이 역력했고, 뜻밖의 상황에 적잖은 충격을 받은 듯했다. 마음의 안정을 되찾을 수 있도록 긴장을 풀어준 후 첫 시간과 마찬가지로 차분하게 내면을 정리하고 치료하는 과정을 반복하며 대화를 이어나갔다.

김 : 왜 나가지 않았느냐고 물어보세요.

강 : …… [화난 목소리로] 저를 속였다고 합니다. 나가는 척하면서 가만히 있었답니다.

김 : 나가는 걸 두려워하나요?

강 : …… 아니라고 하는데, 사실은 두려워하는 것 같습니다.

김 : 밝고 좋은 곳으로 갈 수 있다면 가겠는지 다시 물어보세요.

강 : …… 가기는 하겠지만, 아직은 더 있고 싶답니다.

비슷한 환자들을 많이 치료해본 결과 이 검은 덩어리와 같은 존재들이 환자에게서 완전히 떠나는 데는 대부분 어느 정도의 시간과 결심이 필요한 것 같다. 이 상황에서 억지로 밀어붙이거나 힘겨루기를 하는 것은 불필요하다. 이미 그 존재는 환자에 대한 영향력을 급속도로 잃기 시작했고, 그 결과 짧은 기간 안에 여러 가지 증상이 사라지고 있었기 때문이다.

한두 번의 치료 후에 이처럼 빠른 호전을 보이는 사람들은 대부분 장기적인 경과 또한 아주 만족스러워 몇 번 더 환자를 강화시키고 다져주는 치료 작업만으로도 완치 상태에 이른다.

자기 안에 있는 이상한 검은 덩어리를 반드시 당장 내보내야 한다는 생각은 사실상 불필요한 것이었지만 환자는 그 생각에 지나칠 정도로 집착하고 있었다. 거의 평생을 그 존재로 인해 고통받았다는 분노와 피해의식이 그를 그렇게 만든 것 같았다.

실제로 그는 젊은 시절부터 여러 가지 치료와 시도로 공포증을 극복해보려는 노력을 계속해왔다. 또한 두려움을 이겨내기 위해 특유의 강한 의지와 끈질긴 집념으로 남보다 몇 배의 힘든 노력을 쏟아 부음으로써 나름대로 인생에서 성공할 수 있었다. 그런 그에게 강한 의지와 힘겨운 노력으로도 극복되지 않는 불안과 공포 증상은 이해할 수도 없고 받아들일 수도 없는 깊은 좌절감의 원인이었다. 그런데 첫 최면치료에서 '이제 원인을 찾았다'는 희망이 생기자 그동안 싸울 대상을 찾지 못하던 투지가 용솟음치며 그동안의 울분을 모조리 쏟아놓듯 그 존재를 밀어붙였던 것이었다.

의지가 아무리 강하고 노력이 눈물겹다 해도 상황의 흐름을 파악하고 자기 힘의 초점을 어디에 맞춰야 하는지를 정확히 모른다면 문제는 해결될 수 없다. 환자가 가장 큰 좌절감을 맛보고 의기소침해지는 때는 치료자의 조언과 권유를 충실히 따르고도 아무 성과가 없는 경우이다. 그것은 분명

치료에 접근하는 방향과 과정 중 뭔가가 잘못되어 있거나 부족함을 의미하는 것이다.

"자신을 더 강하게 만들고 계속 잘 관리해주면 그 존재는 적절한 시점에 스스로 떠나게 됩니다. 그러니 너무 힘들어서 쫓아내려는 생각은 할 필요가 없어요. 조급한 마음을 버리고 내면의 힘을 강화시키는 이미지를 더 많이 생각하세요. 어떤 불편함이나 증상에 대해서도 그 작업은 도움이 됩니다."

나의 이런 설명에 수긍하면서도 어떻게든 해결해보려는 노력을 그는 포기하지 않았다.

세 번째 만났을 때도 그는 "집에서 혼자 내보내려는 노력을 엄청나게 했는데 참 뜻대로 잘 안 되네요. 자꾸 저를 속이고 나가는 척은 하는데, 얼마 후에 다시 해보면 그대로 있어요. 아무래도 그것이 어떻게 나오건 무시하고 선생님 말씀대로 해야겠어요. 지난번과 마찬가지로 아주 잘 지냈습니다. 뭐든 자유롭게 먹을 수 있고 소화시킬 수 있으니 참 신기합니다" 하며 뜻대로 되지 않는 그 존재에 대해 실망감을 감추지 못했다. 그 시간에는 검은 덩어리 같은 존재를 약화시키는 작업을 하면서 한편으로는 어린 시절부터 살아오면서 입었던 마음의 상처들을 치유하는 연령퇴행 작업을 병행해나갔다.

김 : 선생님이 **뺨**을 때리기 직전의 순간으로 가보세요.

강 : …… [두려운 듯] 눈을 부릅뜨고 제게 다가오고 있어요.

김 : 그 장면에서 멈춥니다. 그 때 자기는 어떤 마음인지 느껴보세요.

강 : …… [작은 소리로] 당황하고 무서워서 어떻게 해야 할지 모르겠어요.

김 : 그 어린 아이의 마음을 편하게 만들어주세요. 늘 연습하던 방법을 그대로 쓰면 됩니다.

잠시 후 불안으로 굳어 있던 그의 얼굴은 편안하게 풀렸고 이어서 과거의 여러 시점을 넘나들며 상처와 고통의 원인이 된 여러 순간의 감정들을 처리하는 작업을 계속해나갔다. 표면의식 차원에서만 진행되는 대화 치료와는 달리, 최면 상태에서 넓고 깊게 확장된 인간의 의식에서는 과거와 현재, 미래의 시간적 경계가 모두 사라져 아주 오래 전에 겪었던 일도 바로 지금 경험하고 있는 것처럼 느끼며 해결해나갈 수 있다.

첫 시간 이후 불안을 비롯한 힘든 증상들이 모두 사라졌지만 환자 스스로 치료의 원리와 과정을 이해하고 자신을 치료해나갈 수 있는 기초를 충분히 다질 필요가 있었다. 그러기 위해 이 환자는 모두 다섯 번의 면담과 최면 치료가 필요했다.

마지막 시간에 확인했을 때 그 검은 덩어리는 거의 느껴지지 않았고 약간의 회색 흔적만 남아 있었다.

"방심하지 말고 자신을 강화시키는 연습을 자주 하세요. 충격이나 스트레스는 우리 몸과 마음의 건강한 에너지 질서에 약한 부분을 만들고 그 약점을 뚫고 병적인 에너지가 스며들 수 있습니다. 마치 피부가 찢어지면 세균이 침투해 염증을 일으키는 것과 비슷한 원리죠. 잘 없어지지 않는 검은 덩어리 같은 것을 느끼면 그것에 마음을 집중하기보다 자신을 강화시키는 작업에 의식을 집중하는 것이 더 효과적일 때가 많습니다. 과거처럼 힘든 불안이나 공포증이 재발할 가능성은 적지만 어지간히 힘든 일이 있어도 지금까지 연습한 방법만으로 얼마든지 해결할 수 있을 겁니다. 언제든 필요하면 다시 상담할 수 있으니 편히 지내세요."

"그동안 감사했습니다. 평생 시달리던 병에서 해방되니 다시 태어난 것처럼 모든 것이 새롭게 보입니다. 저도 나름대로 똑똑하다고 생각하면서 살아왔는데 이번 치료를 통해 정말 많은 것을 새롭게 생각하고 느끼게 되었습니다. 처음엔 불안과 공포증만 좀 낫게 할 수 있어도 다행이라고 생각했는데 이렇게 몸까지 편해지니 참 행복합니다. 힘들거나 의논드릴 일이 있으면 다시 오겠습니다."

이런 대화를 나누고 치료를 마친 지 벌써 여러 해가 흘렀다.

최면치료 경험이 없는 대부분의 정신과 의사는 그 치료 효과가 일시적이고 제한적일 것으로 생각하지만 그것은 큰 오해이다. 단순히 증상을 완화시키는 암시만을 쓰거나 기존 심리학 이론에 따라 진행되는 최면치료와 달리, 원인으로 작용하는 병적 에너지 체계를 실제로 제거하고 환자의 힘과 지혜를 구체적으로 강화시킬 수 있는 최면치료는 그 치료 효과가 지속적일 뿐 아니라 치료를 끝낸 후에도 그 훈련을 혼자 계속함으로써 환자는 더 강해지고 여러 면으로 성장하게 된다.

"내 안에 겁에 질린 소녀가 있어요"

해리성 정체성 장애로 인한 우울증

서른 살의 미혼 직장여성인 안정숙 씨는 중학교 시절부터 시작된 만성적 우울 증상과 대인관계의 불안, 충동적 행동이 점점 심해져 가까운 정신과 병원을 찾아 치료를 시작했다. 약을 먹고 상담을 하면서 증상이 조금 호전 되기는 했지만 마음속 깊이 자리잡은 우울과 불안은 없어지지 않았다.

대학에 가서는 학교 상담실과 가까운 대학병원 정신과를 오가며 정신분 석적 상담 치료를 4년 동안 받았다. 1~2주에 한 번씩 50분 정도의 상담 치 료를 했지만 별로 나아지는 것이 없었고 증상의 원인도 깊이 파악할 수 없 었다. 치료를 맡았던 정신과 의사는 어린 시절에 어머니와의 관계가 불안정 했기 때문에 병이 생겼다고 했지만 자기는 별로 수긍이 가지 않았다고 했 다. 아주 어릴 때부터 부모가 성격 차이로 심하게 다툰 적이 많아 불안해한 시간이 많았지만 각각의 부모와 환자의 관계는 나쁘지 않았다고 했다.

환자 내면에 깊이 숨어 있는 증상의 뿌리들은 일반 정신과 상담으로 밝혀내기 어렵다. 시간과 노력을 많이 투자해 정신분석 치료를 장기간 받는다 해도 증상의 원인들이 숨어 있는 내면의식 속으로 뚫고 들어가기는 쉬운 일이 아니다. 이 환자 역시 마지막으로 최면치료에 한 가닥 희망을 걸고 나를 찾아왔다.

첫 치료 시간에 그녀는 불안이나 우울 증상과 관계 깊은 어린 시절로 자유롭게 연령퇴행이 되었고, 그 이후의 과정은 다음과 같이 진행되었다.

김 : 지금 어디에 있어요?

안 : [울먹이기 시작함] …….

김 : 거기가 어딘가요? 편안하게 살펴보세요. 어떤 상황에 있습니까?

안 : …… [작은 소리로 울음을 삼키며] 엄마와 아빠가 싸우고 있어요, 안방에서요. 저는 옆방에서 떨고 있어요.

김 : 자신이 몇 살인지, 그리고 뭘 생각하고 느끼는지 말해보세요.

안 : ……저는 다섯 살이에요. 너무 무서워요. 엄마가 비명을 지르고, 물건이 부서지는 소리가 들려요.

김 : 그런 일이 자주 있나요?

안 : 네, 거의 매일 그랬어요. 저와 동생들은 아버지가 저녁에 집에 들어오시면 언제나 불안했어요. [심하게 울먹이기 시작함]

어린 시절의 괴로웠던 기억들과 그로 인해 내면에 오랫동안 쌓여온 부정적 에너지들을 찾아 차례로 다시 경험하며 소멸시키는 것은 여러 가지 증상 해소에 큰 도움이 된다. 평소 전혀 기억하지 못하던 과거의 충격적 사실들을 찾아내는 데도 최면은 도움을 주지만, 늘 기억하고 있던 일들도 긴장이 풀린 최면 상태에서 다시 떠올리면 그 사건을 겪었을 때의 괴롭고 강렬했던 감정들을 그 당시로 돌아가 생생하게 느끼며 해소시킬 수 있다.

또한 현재 자신을 괴롭히는 증상들이 과거 상처들과 어떻게 연결되어 있는지를 환자 스스로 깨닫게 해주기 때문에 다른 어떤 종류의 정신 치료보다 빠르고 강한 치료 효과를 경험하게 된다. 이 환자도 첫 시간에 그런 과정을 거치며 가슴이 답답하고 막막하던 느낌들을 어느 정도 덜어낼 수 있었다.

두 번째 치료 시간에는 환자의 입을 통해 자신이 열 살이라고 주장하는 '정희'라는 여자아이의 인격과 얘기를 나누게 되었다.

안 : [작은 소리로] 제 머릿속에 누가 있어요. 어린아이 같은데, 저를 보고 치료를 받지 말라고 해요.

김 : 그게 누구죠? 안에 있는 그 아이에게 말을 걸어보세요. 이름이 뭔가요?

안 : …… [목소리와 표정이 어린 아이처럼 변하며] 정희요..

김 : 몇 살이에요?

안 : [수줍은 듯] 열 살이요.

김 : 어디에서 왔어요?

안 : 몰라요. …… 원래 여기 있었어요.

김 : 이 사람에게 오기 전에는 어디 있었어요?

안 : 몰라요. …… 처음부터 이 사람하고 있었어요. 제가 이 사람이에요.

김 : 그런데 왜 따로 살고 있어요? 지금은 이 사람이 아닌가요?

안 : 네. …… 혼자 사는 게 좋아요.

김 : 왜 혼자 사는 게 좋죠?

안 : [우울한 목소리로] 엄마, 아빠가 너무 싸워서요. …… 지겹고 무서워요.

해리성 정체성 장애가 생기는 이유는 어린 시절의 심한 정서적 충격과 상처가 그 사람의 정상적 인격의 일부를 마치 파편처럼 떨어져 나오게 하기 때문이라는 것이 학자들의 해석이다. 그 충격과 상처를 피해 이렇게 떨어져 나온 작은 조각의 인격은 떨어져 나온 시점의 나이와 성격을 그대로 지닌 채 자기 나름의 욕구를 충족시키려 하며, 충격을 받았던 당시의 감정 상태에 언제나 머물러 있게 된다. 이 작은 인격은 그 사람을 완전히 지배하지는 않지만 무의식적 충동으로 나타나거나 기분의 변화, 사회성, 음식물이나 사물에 대한 선호와 혐오, 특이한 습관 등 여러 가지 신체적·정신적인 면을 통해 그 모습을 드러낸다.

이런 식으로 인격의 일부가 떨어져 나오는 것을 '해리'라고 부르고 해리성 정체성 장애 외에도 여러 가지 정신 증상의 원인이 된다고 본다. 이 환자도 부모의 잦은 충돌과 갈등 상황이 인격의 한 부분을 해리시켜 '정희'라는 이름의 새로운 존재를 탄생시켰다고 볼 수 있다.

정체불명의 인격들에게 나는 대개 반말로 대화를 진행하지만 겁에 질린 어린 인격인 정희에게는 상냥한 존댓말로 대화를 풀어나갔다. 물론 정희라는 존재도 치료자와 환자를 혼란에 빠뜨리기 위해 꾸며낸 다른 인격의 가면일 수 있었지만 그것은 대화를 이어가다 보면 저절로 드러나기 때문에 처음부터 신경 쓸 필요는 없었다.

김 : 그렇게 힘든데 정희는 어떻게 견디나요?
안 : [작은 소리로] 그냥 참아요.

김 : 누가 같이 있나요?

안 : 아니요. 저 혼자 있어요.

이때 환자는 정희가 창문도 출입문도 없는 작고 깜깜한 방의 한쪽 구석에 웅크리고 앉아 있는 모습이 떠오른다고 하며 '정말 애처로운 모습'이라고 했다.

김 : 이젠 엄마 아빠가 안 싸우니까 무서워하지 않아도 돼요. 괜찮으니까 그 방에서 나올래요?

안 : [아주 작은 소리로] 못 나가요. …… 여긴 문이 없어요. …… 내가 다 막았어요.

김 : 그럼 문을 만들어주면 나올래요?

안 : [망설이며 주저함] …….

나는 환자로 하여금 그 방에 햇살이 들어오는 작은 창문을 만들어 방 전체가 조금씩 밝아지는 모습을 상상하도록 했다. 그리고 정희가 열고 나올 수 있도록 출입문도 만들도록 했다.

김 : 아무 일 없으니 이제 나올 수 있어요. 원래 자기 자리로 돌아가면 돼요.

안 : [겁에 질린 목소리로 울면서] 안 돼요. …… 안 돼요! …… 못 해요. …… 싫어요!

정희가 가지고 있는 불안과 공포, 의심을 우선 가라앉힌 후 나는 환자의 건강한 성인 인격에게 그 방으로 들어가서 정희를 따뜻하게 가슴에 안고 달래주며 안심시키도록 했다. 그리고 편안해진 어린아이 모습의 정희가 건강한 성인 모습의 인격 속에 녹아들어가 하나가 되는 모습을 그리도록 했다.

마무리 작업을 마친 후 깨어난 환자는 눈물을 흘리며 "그 아이의 모습이 제 어릴 때와 똑같았어요. 자라면서 저는 그 때 그 악몽 같은 시간들을 전부 잊고 극복한 줄 알았어요. 그런데 그게 아니었네요. 그 때의 괴로움이 하나도 나아지지 않고 제 안에 고스란히 남아 있었어요. 지금 마음은 아프지만 가슴이 참 후련하고 가벼워요."

정희는 자신이 분리되어 나왔던 때의 괴롭고 불안했던 감정 상태에 묶인 채 환자의 무의식 속에 숨어 생활 전반에 악영향을 끼쳐온 것이다. 정희가 사라짐과 동시에 그가 가지고 있던 우울과 무기력, 불안과 유아적이고 충동적인 행동들도 모두 같이 사라져버렸다.

그러나 나는 급격히 호전된 자신의 모습에 약간 들떠 있는 환자에게 "치료의 중요한 부분을 마쳤지만 아직 끝난 것으로 생각하면 안 됩니다. 어릴 때의 힘들었던 시간들에 대해 충분한 치료가 필요하니 앞으로도 그 기억들에 대해 계속 치료해가야 합니다. 오랜 세월에 걸쳐 깊어진 어린 시절 상처들은 짧은 시간에 모두 회복되지 않습니다. 혼자서도 치료 시간에 배운 방법대로 꾸준히 실천하세요"라고 당부했다.

증상이 모두 사라진 후에도 몇 번 더 이어진 치료 시간에는 연령퇴행으로 어린 시절의 중요한 상처들을 치유하면서 현실적 문제들에 대한 상담과, 생활 속에서 혼자 꾸준히 실천해야 할 자기 최면치료 기법들을 연습시켰다.

마지막 시간에 그녀는 "이제 제 삶을 되찾았으니 정말 열심히 살아야죠.

부모님에 대해서도 이제는 담담한 마음으로 바라볼 수 있어요. 그 분들을 생각하면 늘 마음이 복잡하고 답답했는데 저도 모르게 분노가 많이 쌓여 있었나 봐요. 지금도 자주 정희를 떠올리면서 따뜻하게 안아주고 위로하는 생각을 해요. 그 아이가 불쌍했던 제 어린 시절의 모습이니까요."

그녀는 힘든 일이 있으면 꼭 다시 찾아오겠다는 말을 남기고 떠났고 그 후 여러 해가 지난 지금까지 소식이 없다.

"자꾸만 죽고 싶어져요"
심한 자살충동을 가진 만성 정신분열증 환자

정신분열증은 심각하고 복잡한 대표적 정신병이다. 세계적으로 전체 인구의 1% 정도가 이 병에 걸리고, 대부분 어린 나이에 발병해 파괴적이고 만성적으로 진행되며, 가까운 가족들로부터도 이해받기 힘든 망상과 환각으로 고통받으며 살게 된다. 발병 초기부터 적절하고 지속적인 치료를 받기도 쉽지 않아 점차 사회로부터 고립되어 폐인이 되어가는 병이다.

원인과 증상에 대한 학설은 복잡하고 다양하지만 아직 뚜렷이 합의된 정설은 없는 상태다. 증상이 계속 진행되는 만성 정신분열증 환자는 여러 해에 걸쳐 사고 능력과 감정이 점점 둔해지고 황폐해져 나중에는 가까운 가족 간의 의사소통이나 몸을 씻고 옷을 갈아입는 등의 기본적 자기 관리조차 힘들어진다. 복합적 요인들이 병세에 영향을 미치기는 하지만 뇌 자체의 이상을 주원인으로 보는 것이 정신의학계의 입장이라 상담 위주의 정신치료보다는 약물치료에 의존하고 있다.

만성 정신분열증 환자의 정신치료에 가장 큰 장애가 되는 것은 이들 환자 대부분이 심하게 저하된 사고 능력과 집중력을 보이며, 자기 병에 대한 인식도 없고 치료를 받겠다는 의지조차 없어 치료에 소극적이고 수동적이라는 사실이다. 가족의 손에 끌려 억지로 병원에 오고 약을 먹긴 해도 최면치료처럼 환자가 적극적으로 참여해야 하는 치료 과정은 소화하기 힘들다. 치료의 이론적 근거와 과학적 원리에 대한 설명도 잘 이해하지 못하고 최면 유도에도 깊이 집중하거나 따르지 못하는 점 또한 치료를 어렵게 만든다.

그렇기 때문에 많은 정신과 의사들이 정신분열증 환자에게 분석적 상담이나 최면치료같이 깊이 있는 정신치료를 하는 것은 별 도움이 되지 않을 것으로 단정하고 시도조차 해보지 않으며, 오히려 환자에게 해로울 수 있다고 주장하는 사람도 있다. 그러나 이것은 사실과 다르다. 아무리 심한 증상을 가진 정신분열증 환자라도 치료자와 의사소통이 가능하고 치료자의 지시를 소극적으로라도 따라온다면 최면치료가 큰 도움이 될 수 있다.

서른다섯 살의 임미숙 씨는 만성 정신분열증으로 진단되어 집에서 가까운 종합병원 정신과에서 수년째 약물치료를 받고 있었다. 부모와 함께 세 식구가 아파트에서 생활하고 있었는데 걸핏하면 칼로 자신의 몸에 상처를 내고 늘 우울한 얼굴로 말없이 지내다가 갑자기 "죽고 싶으니 뛰어내리겠다"며 수시로 베란다로 나가는 것을 제지하느라 부모가 항상 옆에 붙어 전전긍긍하며 지내고 있었다. 처음 나를 찾아왔을 때 환자는 무표정한 얼굴로 말없이 앉아 있었고, 같이 온 아버지는 하루 종일 환자를 따라다니며 감시하는 데 지쳐 얼굴이 말이 아니었다.

"지금 치료를 맡고 계신 과장님이 약을 아무리 바꾸고 강도를 올려줘도 소용이 없습니다. 전에 입원도 시켜봤는데 별 차도가 없어요. 어떻게든 자살하려는 생각만 없앨 수 있으면 가족이 좀 살겠는데, 정말 이대로는 더 못 견디겠습니다. 혹시나 최면치료가 도움이 될까 해서 왔으니 좀 도와주세요. 지금 입원시킬 형편이 못 되기도 하고, 입원해봐야 같은 약만 먹을 테니 도움이 될 것 같지가 않습니다. 이러다가 우리 늙은이들이 지쳐서 먼저 죽겠습니다. 결과가 어떻든 상관없으니 꼭 좀 최면치료를 해주십시오. 제 딸도 선생님께 치료받겠다고 해서 데리고 왔습니다."

간곡하게 청하는 그녀의 부모에게 "자살 시도를 하는 환자는 정신과에서 가장 심각한 응급 환자로 봅니다. 입원 치료를 하는 것이 환자 보호를 위해 꼭 필요하죠. 부모님께서 늘 같이 계시다고는 하지만 완전하게 환자를 보호할 수도 없고 두 분 모두 너무 지치기 때문에 지금 상황은 문제가 많습니다. 그리고 정신분열증은 뇌신경 기능의 장애가 큰 원인이기 때문에 최면치료가 얼마나 도움이 될지는 장담할 수 없습니다. 치료 성과는 병의 정도에 따라 다르고 환자의 태도에 따라서도 큰 차이가 납니다"라고 대답하고, 환자에게 말을 걸어보았다.

그녀의 어둡고 무표정한 얼굴은 사고 능력과 감정이 피폐해진 전형적인 만성 정신분열증 환자에게서 볼 수 있는 것이었지만 다행히도 묻는 말에 '네', '아니오' 정도의 대답은 해주었다. 아주 수동적인 태도였지만 "새로운 치료를 받아보겠느냐?"는 내 제안에 주저없이 "네"라고 대답했고, 복잡한 질문에는 모두 침묵으로 대답을 대신했지만 치료에 대한 거부감이나 두려움은 크게 보이지 않았다.

첫 치료 시간에는 다른 환자보다 훨씬 간단하게 치료의 이론적 근거와 과정을 설명해주고 바로 치료 작업에 들어갔다. 이 환자에게 가장 필요한 것은 시도 때도 없이 올라오는 자살충동과 불안의 해소였기 때문에 그 증상을 가라앉히는 데 도움이 되는 치료 기법을 중점적으로 가르친 후 경과를 지켜보고 다음 치료 계획을 세우려는 것이 내 생각이었다.

> 김 : [환자가 긴장을 어느 정도 풀고 편안해졌을 때] 자기 내면의 모습을 상상해
> 보세요. 몸속의 상태를 마음의 눈으로 본다면 어떤 색일까 생각하고
> 떠올려봅니다.
> 임 : …… 전부 검은색이요.
> 김 : 그 검은 부분들이 어떤 느낌을 줍니까?
> 임 : …… 답답해요.
> 김 : 그 검은 것을 모두 없애면 좀 편안해질까요?
> 임 : …… 네.

감정이 섞이지 않아 높낮이가 없는 목소리였지만 걱정했던 것보다는 내 유도를 잘 따라와주었다. 몸속을 채우고 있는 검은 부분들을 제거하는 방법을 반복해서 가르쳐준 후 집에 돌아가서도 틈날 때마다 계속 연습을 하라고 강조한 뒤 환자를 깨웠다.

치료가 끝난 후 뚜렷한 표정의 변화는 없었지만 그녀는 "머리가 좀 가벼워졌다"면서 집으로 돌아갔다. 돌아가기 전 아버지를 따로 불러 그 시간에 했던 치료 내용을 대충 설명해주고 환자가 그 날 배운 것을 자주 연습할 수 있도록 옆에서 많이 도와줄 것을 당부했다.

일주일 후 두 번째 치료 시간에 딸과 같이 온 아버지는 무척 기쁘고 흥분

한 얼굴로 "지난 번 치료받고 가서부터 지금까지 한 번도 자해나 자살 시도를 하지 않았습니다. 표정도 밝아졌어요. 어떻게 하셨는지 모르지만 정말 신기하군요. 제가 옆에서 자꾸 연습을 하라고 시키기는 했는데 제대로 했는지는 잘 모르겠어요"라고 말했다. 나는 "생각하는 능력도 떨어지고 감정도 많이 메마른 상태라 복잡한 치료는 하기 어렵습니다. 우선 지금은 자기를 관리할 수 있고 스스로 치료할 수 있는 단순하고 쉬운 방법만 연습시킬 테니 당분간 더 지켜보세요"라고 대답해주고, 지난 시간과 같은 연습을 통해 환자 내면을 밝고 건강하게 바꾸는 작업을 계속 했다.

과거의 중요한 기억을 회상하는 것이나 마음속의 이미지를 좀 더 복잡하게 이용하는 작업은 환자가 잘 따라오지 못했기 때문에 가장 단순하면서도 기본이 되는 방법만을 반복해 연습시킨 후 치료를 끝냈다. 이상한 망상이나 환각이 있는 환자에게 최면 기법을 사용할 때는 세심한 주의가 필요하다. 이 환자도 자살과 자해를 하고 싶은 충동을 유발하는 편집증적 피해망상이나 환각 증상을 숨기고 있을 가능성이 있었기 때문에 지나치게 상상력을 자극하거나 감정을 흔들 수 있는 최면치료는 하지 않았다.

세 번째 치료 시간에 환자의 아버지는 "이제 자살이나 자해 시도는 완전히 사라졌어요. 그리고 생전 하지 않던 집안일도 돕고 밥도 하고 설거지도 해요. 말은 거의 없지만 우울한 기색도 없어졌고, 우리와 같이 앉아 텔레비전도 봅니다. 우리 노인네들이 이제 좀 살 것 같습니다. 며칠 전에는 '내가 빨리 취직해서 돈을 벌어야 하는데 이러고 있다' 면서 가까이 사는 언니에게 직장을 구해야겠다고 말했답니다. 어쨌든 첫 치료 후로 죽고 싶은 생각은 전혀 나지 않는다고 하니 얼마나 다행입니까?" 하며 치료 결과에 대해 무척 만족스러워 했다.

"이 병은 여러 가지 복잡한 원인이 있지만 뇌 자체에도 문제가 있는 것으로 봐야 합니다. 그러니 지금 쓰고 있는 약은 그대로 계속 먹이고, 다음에 병원에 가시면 담당 주치의에게 환자가 잘 지내고 있으니 약을 좀 조절해달라고 해보세요. 양을 더 줄일 수 있을 겁니다. 제가 가르쳐준 방법들을 얼마나 기억하고 열심히 연습하는가에 따라 앞으로의 경과는 많은 영향을 받을 수 있습니다. 그 연습 자체가 약보다 더 큰 힘이 될 수 있으니 절대 소홀해서는 안 됩니다."

환자와 아버지에게 이렇게 설명한 후 증상 악화 없이 계속 안정된 상태로 생활하는 것을 전제로 다음 약속은 한 달 후로 잡았다.

한 달 후의 네 번째 시간에 다시 만난 환자는 여전히 무표정했지만 편안해 보이는 얼굴이었고, 그동안 증상의 재발이나 심한 감정의 기복은 없었다고 했다. 같이 온 아버지 역시 처음 만났을 때의 불안하고 초췌했던 모습을 완전히 벗어버리고 몰라볼 정도로 표정이 밝아지고 살도 더 붙은 것 같았다.

"먹는 약도 줄었고, 이제 하루 종일 쫓아다니지 않아도 되니 제가 너무 편해져서 살이 쪘어요. 보는 사람마다 좋은 일 있냐고 물을 정도니 참 신기합니다. 애 엄마도 정말 좋아합니다.

간단한 집안일은 자기가 찾아서 하고, 어쩌다 기분이 좀 안 좋아 보이면 녹음해주신 연습 테이프를 들려주는데, 그러면 금방 편안해지는 것 같아요."

"지금으로 봐서는 처음에 정했던 치료 목적은 이루었습니다. 그러나 이 병 자체는 만성적인 뇌신경계 질환이기 때문에 최면치료가 어디까지 도움을 줄 수 있을지는 가늠하기 어렵습니다. 사고 능력이 충분하다면 더 복잡하고 정밀한 치료 작업을 할 수 있겠지만 그렇지 못한 상태라 기본적인 자기 관리 방법밖에 가르칠 수가 없습니다. 그러나 그 방법을 꾸준히 실천하면 실제 뇌신경의 기능이 좋아지고 병의 원인이 되는 부분들의 기능도 정상으로 돌아올 가능성이 있습니다. 생각과 상상만으로도 신체를 변화시킬 수 있으니까요. 앞으로의 경과는 환자 스스로 그 방법들을 얼마나 이해하고 따르는가에 의해 많이 좌우될 겁니다. 심한 정신질환 증상들이 최면으로 완치되는 경우가 많이 있지만 이 병은 그중에서도 가장 경과가 좋지 않은 병이기 때문에 너무 많은 것을 한꺼번에 기대해서는 안 됩니다. 약도 쓰고 최면 치료도 열심히 하면서 최선의 결과를 기대해봐야죠. 일단 치료는 이 정도에서 마무리하고 앞으로 봐가면서 다시 의논하는 것이 좋겠습니다."

"저도 선생님 말씀이 옳다고 생각합니다. 워낙 오래 된 병이라 완치는 기대하지 않습니다. 자살한다고 자기 손목을 칼로 긋고 베란다에서 뛰어내리려는 시도를 하지 않는 것만으로도 정말 만족합니다. 아무리 먹는 약을 늘리고 바꿔줘도 소용없었는데, 지금 그런 증상은 감쪽같이 없어졌으니까요."

아버지와 이런 대화를 나눈 후 환자와 마지막 최면치료를 하며 그동안 가르쳤던 방법들을 다시 연습시켰다. 혼자 있을 때도 항상 잊지 말고 연습하라는 당부를 끝으로 그간의 치료를 모두 마쳤다. 그 후 여러 해가 지난 지금까지 이 환자는 잘 지내고 있다.

완전한 치유로 볼 수는 없지만 다른 방법으로 해결되지 않던 심각한 자살충동을 해결하고 계속 안정된 상태를 유지할 수 있게 된 것은 결코 작은 성과가 아니다. 이 환자는 치료 원리를 이해하지도 못했고 적극적으로 따를 수도 없었다. 아버지에게 떠밀려 할 수 없이 새로운 치료를 받아들였지만 그렇게 소극적으로라도 적절한 치료 방법을 받아들일 때 의외로 큰 도움이 될 수 있다는 사실을 보여주는 사례이다.

"청룡열차를 탄 뒤로 발작이 시작됐어요"

소아 간질 발작

간질은 오랜 옛날부터 모든 시대와 문명 속에서 널리 발견되고 관찰되어 온 뇌신경계 질환이다. 온몸에 발작적인 경련을 일으키며 정신을 잃고 쓰러지는 간질 환자의 모습은 보는 사람에게 큰 충격과 두려움을 주기 때문에 두렵고 혐오스런 불치의 병으로 인식되어왔으며, 천벌이나 악마의 저주가 원인이라고 생각되어왔다. 20세기가 되어서야 대뇌생리학의 발달과 뇌파검사의 개발로 이 병이 신경계의 질환이며 대뇌에서 발생하는 강력한 전기자극이 발작의 원인임이 밝혀졌다.

현대의학의 발달과 함께 간질 발작에 대한 병리학적 이해가 깊어지고 이를 바탕으로 새롭고 효과적인 치료제들이 끊임없이 개발됨으로써 치료에 큰 발전을 이루고는 있지만, 아직도 환자와 가족들은 이 병을 부끄럽게 여겨 숨기거나 인정하지 않아 적절한 진단과 치료의 기회를 놓치는 경우가 많다.

간질은 증상의 형태도 다양하고 원인도 복잡해 현대의학이 이를 완전히 극복하려면 아직 갈 길이 멀다. 환자 수를 최소한으로 잡아도 전체 인구의 0.5%를 넘는다는 것이 믿을 만한 통계이고, 이는 인구 200명당 1명 이상이 간질 환자라는 사실을 의미한다. 또한 한 번 시작되면 짧게는 수년에서 길게는 수십 년까지 지속되고, 전체 환자의 70% 정도가 다섯 살에서 스무 살 사이의, 인생에서 가장 중요한 학령기와 사회 진출 시기에 발병해 환자와 가족의 삶 전체에 장기적으로 큰 부담이 되는 질병이기 때문에 조기에 적절한 진단과 치료가 필요하다.

간질의 종류와 발생 연령에 따라 원인에도 큰 차이가 있고 여러 가지 원인이 섞여 있는 경우도 많아 쉽게 규명하기는 어렵지만 크게는 선천성과 후천성으로 원인을 나눈다. 선천성은 약 30% 정도의 환자가 해당되며 뚜렷한 원인을 찾을 수 없는 경우이고, 70%의 환자는 후천적 뇌 손상, 뇌혈관 기형, 뇌 감염, 뇌종양, 내과적 질환 등이 원인으로 작용한다.

초등학교 4학년인 한영진 군은 간질 증상 때문에 아버지의 손에 이끌려 나를 찾아왔다. 영진이가 여덟 살 때 갑자기 시작된 간질 증상이, 계속 약을 먹는데도 불구하고 점점 심해져 최면치료가 혹시 도움이 되지 않을까 하고 찾아왔다면서 아버지는 그간의 치료 과정에 대해 다음과 같이 이야기했다.

"집에서 가까운 대학병원에서 간질 진단을 받고 지금 만 4년째 약을 먹고 있는데 이상하게 요즘 들어 약이 잘 듣지 않습니다. 이 약 저 약 바꿔가면서 처방을 해주시는데 모두 별 도움이 안 돼서 담당 과장님도 걱정을 많이 하고 있어요. 처음에는 약만 먹으면 잘 지냈는데 아이가 크면서 더 심해지는 게 아닌가 고민이 됩니다. 약을 써도 안 되면 최면치료를 한번 받아보라고 하면서 잘 아는 분이 여길 소개해주셨어요. 무슨 방법이든 치료에 도움이 된다면 해봐야죠."

처음 발병했을 때 뇌파 검사와 뇌 컴퓨터촬영 결과가 모두 정상이었고 최근의 뇌파 검사 역시 정상이라고 했다. 병원에서는 '원인을 잘 모르겠지만 크면서 좋아질 수도 있다'며 약물치료를 권유해 거르지 않고 꾸준히 약을 먹고 있다고 했다.

"이 증상은 뇌 자체의 이상 기능으로 오는 것이기 때문에 최면치료가 큰 도움이 되지 않을 수도 있어요. 그렇지만 지금 열심히 약물치료를 받고 있는데도 도움이 안 된다니, 최면치료를 해보는 것도 괜찮겠어요. 얼마나 도움이 될지는 앞으로 두고 보면서 판단해야 합니다."

나는 이렇게 대답한 후 치료 예약을 받아주었고, 환자가 어리고 정서적으로도 민감한 나이였기 때문에 빠른 시일 안에 첫 치료 시간을 정해주었다.

약속한 첫 치료 시간에 아버지와 함께 온 어린 환자는 잔뜩 긴장하고 있었고 처음 병원을 다녀간 이후에도 발작 증상이 계속된 탓인지 얼굴에 병색이 확연히 드러났다. 최면치료에 필요한 기본 지식을 아이와 아버지에게 간략히 설명한 후 치료실로 자리를 옮겨 긴장을 풀어주고 바로 치료 작업에 들어갔다. 대부분의 소아 환자는 어른보다 심리적 저항이나 잡념이 적기 때문에 최면치료를 더 편하게 받아들이는 경향이 높고 상상력과 이미지를 이용하는 치료 작업을 하기에도 쉬운 편이다.

가벼운 최면 상태에서 환자의 머릿속을 검사한 결과 뇌의 오른쪽 한 부분에 검고 단단한 이물질 같은 것이 느껴진다고 해 그 부분에 환자의 의식을 집중시켜 치료를 진행해나갔다.

김 : 그 부분이 어떤 영향을 주는 것 같아?

한 : [작은 소리로] 그것 때문에 아픈 거예요.

김 : 언제부터 그것이 머릿속에 있었지?

한 : 어릴 때 청룡열차를 탔는데, 많이 무섭고 놀랐어요. 그 때 머리에 들어왔대요.

김 : 그 때 들어왔다고 그 덩어리가 얘기하니?

한 : 네.

김 : 왜 너한테 들어왔는지 물어봐.

한 : …… [잠시 침묵 후 수줍은 듯] 제가 좋아서 들어왔대요.

김 : 그 덩어리가 너한테 어떤 영향을 주고 있는 것 같아?

한 : …… [두려운 듯] 저를 자꾸 아프게 하고 무섭게 해요.

김 : 그게 없어지면 나아질까?

한 : 네, 그럴 것 같아요.

이런 대화가 어린 환자의 터무니없는 공상을 따라가는 무책임한 시도라고 생각할 사람도 있을 것이다. 그러나 환자가 떠올리고 말하는 그 어떤 내용이든 그의 현재 상태를 암시하는 정보와 상징들이 숨어 있다는 사실을 알아야 한다.

환자와 보호자에게는 미리 '최면 상태에서 어떤 것을 경험하고 느끼더라도 그것을 액면 그대로 해석해서는 안 되며, 사실 그대로 받아들여서도 안 된다. 그것은 상징이나 비유일 수도 있고 때로는 단순한 공상일 수도 있기 때문'이라는 설명을 해줌으로써 자유롭게 상상력을 펼치고 부담 없이 내면의 느낌을 따라 이야기를 이어나갈 수 있도록 해주었다.

현대의학과 전통의학, 종교와 무속, 다양한 대체의학의 치료 기법들과 자기 수련 등을 모두 사용해도 소용없던 난치의 환자들이 최면치료를 통해 낫는 과정을 지켜보면서 항상 느끼는 것은 '진단과 치료에 필요한 중요한 열쇠들은 모두 환자의 내면에 감춰져 있고, 그것을 제대로 찾아내 이용하는 것이 치료의 성패를 가장 크게 좌우한다'는 사실이다. 이 어린 환자도 의식의 저항과 잡념이 줄어든 최면 상태에서는 마음속 깊은 어딘가에 숨어 있는 자신의 병에 대한 정보를 찾을 수 있을 것이라는 믿음이 내게 있었기 때문에 환자의 상상력과 직감을 이용해 그 정보를 찾아내는 시도를 한 것이다.

김 : 그 덩어리가 너한테 들어오기 전에는 어디 있었대?

한 : 그냥, 여기저기 떠돌아다녔대요. 청룡열차를 탔을 때 너무 놀라서 제가 약해졌을 때 들어왔대요.

김 : 오래 있었으니 이제 나갈 마음이 있는가 물어봐.

한 : ······ [얼굴을 찌푸리며] 나가기 싫대요.

김 : 왜?

한 : ······ 그냥 여기서 살겠대요. 나가는 건 무섭대요.

김 : '너 때문에 내가 아프니까 더 있어서는 안 된다'고 해봐.

한 : ······ 대답이 없어요. ······ [놀란 듯] 그 덩어리가 머리에서 없어졌어요.

김 : 어딘가 있을 거야, 몸 전체를 잘 찾아봐.

한 : ······ [잠시 집중한 후] 배에 있어요.

환자의 몸에서 나가기를 거부하며 숨거나 저항하는 이 정체불명의 존재를 다루는 방법은 앞서 기술한 다른 치료 사례들에서 여러 번 설명했다. 같은 방법으로 무력화시키며 제거하기 시작하자 상황은 다음과 같이 진행되었다.

한 : …… [긴장한 목소리로] 검은 덩어리가 머리로 다시 돌아왔는데, 점점 색이 엷어지면서 작아지고 있어요. …… 이제 나가겠대요. …… 아, 연기처럼 빠져나가요. 하늘로 빨려 올라가요. …… [한참 침묵한 후] 이제 전부 나갔어요. 머릿속이 깨끗해요.

마무리 작업으로 어둡고 탁한 기운이 퍼져 있던 머릿속을 밝고 건강한 에너지로 채우도록 한 후 환자를 깨웠다. 기분이 어떠냐는 내 물음에 환자는 밝게 웃으며 최면에서 깨어난 느낌이 신기한 듯 "머리가 맑아졌어요. 아프지도 않고요"라고 대답했다.

밖에서 기다리던 아버지를 불러 첫 치료의 진행 과정을 얘기하고 평소에 환자와 가족이 주의하고 노력해야 할 점들을 설명한 후 환자가 처음으로 발작을 일으켰던 여덟 살 때의 자세한 정황을 물었다.

"그 날 우리 가족과 친척들이 놀이공원에 갔었어요. 청룡열차를 다 같이 타려고 했는데 영진이는 무섭다고 안 타겠다는 거예요. 그래서 우는 애를 겁쟁이라고 놀리고 떠밀어서 억지로 태웠죠. 그게 잘못한 것 같아요. 타는 동안에도 계속 소리를 지르고 울었는데, 열차에서 내리자마자 얼굴이 하얗게 질리면서 발작을 일으키고 정신을 잃었어요. 모두 놀라서 물을 떠다 입에 넣어주고 팔다리를 주무르고 한참 법석을 떨었어요. 그 날 이후로 이 병이 생긴 거죠. 그 전에는 아무 이상 없었어요."

최면 상태에서 환자가 했던 얘기가 사실임을 뒷받침하는 말이었다.

이처럼 심하게 놀라거나 충격을 받은 후 없던 병이나 증상이 갑자기 생겼다는 이야기는 환자나 보호자들에게서 자주 들을 수 있다. 약해진 사람에게 병을 일으킬 수 있는 파괴적 에너지가 외부에서 쉽게 뚫고 들어오거나, 내면에 잠복하고 있던 문제들이 갑자기 표면으로 올라와 병을 일으키는 것이 사실인지는 알 수 없다. 하지만 실제 많은 환자들이 자신의 병과 과거의 충격 사이에 분명한 연관이 있다고 믿고 있다.

치료자의 입장에서 볼 때도 갑작스런 충격과 발병 사이에는 상당한 연관이 있는 것으로 보인다. 현대의학은 아직 정신적 충격과 부정적 정서 상태가 우리의 몸과 마음에 어떤 파괴적 영향을 미치는지를 분명히 밝히지 못하고 있지만 최근 개발된 기능성 자기공명영상검사(fMRI) 결과들은 생각과 대화, 강한 감정만으로도 뇌의 구조와 기능이 변화한다는 사실을 분명히 보여주고 있다.

2주일 후에 다시 만난 환자는 지난번과 달리 밝고 건강한 얼굴이었다.

"그 날 돌아간 후로는 증상이 나타나지 않았어요. 잠도 잘 자고 잘 놀고 모든 게 정상으로 돌아온 것 같아요."

믿기 어렵다는 듯 밝은 목소리로 얘기하는 환자의 아버지는 기뻐하는 기색이 역력했다. "영진이 너는 기분이 어때?" 하고 묻자 "아주 좋아요. 머리도 안 아프고요" 하며 환자도 밝게 웃었다. 처음 왔을 때와는 다르게, 새로운 치료가 아픈 주사를 맞거나 힘든 과정을 참아야 하는 것이 아니라 편안한 상태에서 진행된다는 것을 알았기 때문에 병원에 오는 것을 겁내지 않게 되었다고 옆에서 아버지가 거들었다.

치료실로 자리를 옮겨 최면 상태에서 다시 몸속을 살펴보자 지난 번 깨끗하게 변했던 머릿속이 다시 어둡게 물들어 있었다.

김 : 전에 검게 보이던 부분이 지금은 어떤 상태야?

한 : 다시 어두워졌어요. …… 전보다는 덜 검고 크기는 작아졌어요.

이런 경우는 흔히 볼 수 있다. 한두 번의 치료 작업으로 모든 것이 깨끗하게 변했던 부분도 시간이 지나면서 다시 어두워지고 오염된 모습으로 돌아갈 수 있다. 그렇기 때문에 평소 생활 속에서 환자 스스로 자신을 보호하고 치료하는 방법을 가르쳐줄 필요가 있는 것이다.

첫 시간에 했던 것처럼 그 부분의 어두운 에너지를 모두 제거하고 밝고 건강한 기운으로 채우도록 한 후 몸 전체와 주변까지 보호하는 방법을 가르쳐주고 두 번째 작업을 마쳤다.

그 후로 발작 증상은 재발하지 않았는데, 한 달쯤 지난 어느 토요일에 늦은 시간까지 축구를 하고 기진맥진해 집에 돌아와 잠을 자다가 한 번 재발을 했다고 한다. 간질 발작은 몹시 지치거나, 술을 먹거나, 끼니를 걸렀을 때 잘 나타난다. 그 날 증상이 재발했던 것은 점심도 제대로 안 먹고 저녁까지 지치도록 축구를 했기 때문이었을 것이다.

증상이 없어진 후에도 최면치료를 통해 병의 원인이 될 수 있는 약한 뇌신경조직을 찾아내 치료하고 보강하는 작업을 한 달에 한 번씩 네 번 더 했다. 그 기간 동안 경련 발작은 한 번도 없었고, 몹시 피곤하거나 지쳤을 때 가벼운 두통을 잠시 느끼는 일은 가끔 있었다.

발작 증상이 쉽게 없어진 데다 환자의 나이가 어리고 가정 내의 갈등이나 다른 뚜렷한 스트레스 요인이 없었기 때문에 원인이 될 만한 과거의 숨은 상처나 기억을 찾아 들어가는 연령퇴행 기법이나 내면의식 차원에서의 복잡한 치료 작업은 하지 않았다. 6개월 이상 발작 증상 없이 건강하게 지내는 것을 확인한 후 치료를 종결하면서 아들의 병의 원인이 머릿속에 들어간 귀신이나 악령 때문이었을 것으로 믿고 있던 아이 아버지에게 다음과 같이 그간의 치료를 정리해주었다.

"최면치료는 마술이 아닙니다. 우리 각자의 내면에 숨어 있는 정보와 힘을 이용해서 문제를 파악하고 해결하는 합리적인 치료 도구로 볼 수 있어요. 아드님이 나은 과정을 정확히 설명할 수는 없지만, 분명한 것은 약을 아무리 먹어도 낫지 않던 증상이 좋아진 겁니다. 머릿속에 있던 검은 덩어리가 아이가 놀랐을 때 뚫고 들어간 귀신이나 악마 같은 이상한 에너지인지, 아니면 단순히 자기 증상을 상징적으로 그려낸 것인지 지금은 아무도 분명하게 말할 수 없습니다. 그러나 그동안 치료 과정에서 배웠던 방법들을 이용해 자기를 보호하고 건강하게 만드는 훈련은 어떤 상황에서건 큰 도움이 되니 아이가 늘 기억하고 활용할 수 있도록 옆에서 많이 도와주세요. 다른 아이들보다 원래 뇌신경조직이 민감하거나 약점이 숨어 있을 가능성도 크기 때문에 방심해서는 안 됩니다. 증상이 다시 나타나면 바로 연락을 하세요."

환자와 아버지는 밝은 얼굴로 "조금이라도 문제가 생기면 다시 오겠다"고 약속하고 돌아갔고, 여러 해가 지난 지금까지 잘 지내고 있다.

"탈영할 것 같아요"

현역 군인의 간접적 최면 원격 치료

30대 중반의 주부 전종희 씨는 몇 번의 최면치료로 만성적 불안과 우울 증상을 해결했다. 치료를 끝낸 지 몇 개월 지난 어느 날 그녀에게서 다시 연락이 왔다.

"상의드릴 일이 있어서 전화했습니다. 제 막냇동생이 대학에 다니다가 얼마 전에 입대를 했는데 군 생활에 적응을 잘 못하는 것 같아요. 훈련은 무사히 마치고 자기 부대에 배속이 되었는데 소속 중대장님에게서 며칠 전에 연락이 왔어요. 동생이 몹시 불안해하고 울면서 죽고 싶다고 한대요, 군대 생활이 싫고 무섭다면서요. 원래 내성적이고 말이 없는 편이긴 했지만 군대 가기 전에는 특별한 문제가 없었어요. 어떡해야 좋을지 모르겠어요. 탈영하려 하거나 총기 사고를 낼지도 모르겠다면서 중대장님이 걱정을 많이 해요. 외출이라도 나오도록 해서 선생님께 진료를 받았으면 해요."

"사병인데 밖에 나올 수가 있나요? 영내에도 병원이 있고 군의관이 있으니 우선 정확한 진단부터 받고, 필요하면 약도 써보면 될 것 같은데요?"

"벌써 그렇게 했대요. 부대 의무실에도 입원해봤는데 전혀 도움이 안 된다고 해서 이렇게 연락드렸어요. 그 부대 군의관 중에 정신과 의사는 없답니다. 중대장님은 저더러 내일 동생 면회를 오라고 하면서 제가 동생을 안정시킬 방법을 못 찾으면 어쩔 수 없이 수도통합병원 정신과에 입원시킬 수밖에 없다고 해요."

내성적이고 조용한 사람은 스트레스와 갈등을 혼자 마음속에 담아두는 경향이 강하다. 군에 입대해 갑작스런 환경 변화와 낯설고 힘든 생활을 견디다 보면 이처럼 불안과 우울, 공포 증상을 동반한 적응 장애가 갑자기 나타날 수 있다. 이 청년도 원래 성격에 불안정과 과민함이 있었겠지만 입대 전에는 그다지 눈에 띄지 않았을 것이다. 발병 원인이 되었을 만한 자세한 상황은 알 수 없었지만, 갑자기 자유가 구속되는 영내 생활의 답답함과 스트레스가 쌓이면서 감당하기 어려워져 여러 증상이 표면으로 드러났을 것으로 짐작되었다.

"내일 면회를 가면 중대장님께 부탁해서 선생님께 진료를 받을 수 있으면 좋겠는데요. 군 병원에 입원했다가 낫지 않으면 의가사 제대를 할 수도 있다고 하네요. 그런 것은 기록으로 남아 평생 따라다닐 텐데……. 정상적으로 군 생활을 마쳐야 하는데 그러지 못할까봐 걱정이에요."

다른 환자와 면담 중이었기 때문에 나중에 다시 의논하기로 하고 일단 전화를 끊었다. 그 날 진료가 모두 끝난 후 그녀와 다시 통화하면서 나는 "내일 부대에 가시면 동생을 빠른 시일 안에 외출시켜 데리고 올 수 있는지 알아보세요. 우선 만나서 직접 얘기를 들어봐야 어떻게 도울 수 있을지 판단할 수 있어요. 동생과도 뭐가 힘들고 어려운 문젠지 얘기를 충분히 나눠

보세요. 나름대로 뭔가 이유가 있을지도 모르니까요. 그런 다음에 다시 의논합시다"라고 조언했다. 그리고 이렇게 덧붙였다.

"전에 최면치료 때 썼던 방법들을 기억하시죠? 누나가 최면 상태에 들어가 동생을 도와줄 수 있을지 모르니, 괜찮다면 오늘 밤에 그런 방법을 시도해볼 수도 있을 거예요."

최면 상태에서의 간접치료와 원격치료를 염두에 두고 나는 이렇게 말했다. 그녀는 반색을 하며 "그렇게 할 수만 있다면 너무 좋겠어요. 내일 가는 것은 별도로 하고 결과가 어떻든 그렇게 좀 해주세요" 하며 내 제안을 반겼다. 그 날 밤 10시 30분경 전화를 이용해 누나를 최면 상태로 유도한 후 동생에 대한 간접 · 원격 최면치료를 시도해보기로 약속을 정하고 다시 전화를 끊었다.

멀리 떨어진 거리에서도 의식과 상념의 전달이 가능한 텔레파시 현상에 대한 최근 연구 결과들은 이 현상이 부정할 수 없는 사실임을 보여주고 있다. 따라서 이 현상을 이용한 치료가 실제로 가능하다는 사실도 논리적으로 받아들여지고 있고, 여러 객관적 치료 결과들도 발표되고 있다. 이 방식의 치료는 미국에서 '의식 기반 치유(Consciousness Based Healing)'라는 이름으로, 믿을 만한 여러 대학과 기관에서 많은 연구가 진행되고 있다.

그 날 밤 약속 시간에 다시 전화가 왔고 나는 어떤 방법을 사용할 것인지를 간단히 설명한 후 그녀를 최면 상태로 유도했다. 그 방법은 최면 상태에서 그녀의 의식을 확장시켜 동생이 처한 상황을 살펴보고 문제의 원인을 이해한 후 해결책을 찾아내는 것이었다.

김 : 동생이 어떤 상태에 있는지 살펴보세요.

276

전 : 모두 불을 끄고 자고 있어요, 나란히 누워서. 저는 위에서 내려다보고 있어요. 동생 내무반인가 봐요. [놀란 목소리로] 이런 게 보이다니, 정말 신기하네요.

김 : 동생을 찾아보세요, 어디쯤 있는지.

전 : …… [잠시 침묵 후] 찾았어요. 사람들 틈에 누워 있고, 얕은 잠이 든 상태예요.

김 : 동생의 내면과 주변을 잘 살펴보세요. 뭔가 느껴지는 게 있는지 보세요.

전 : …… [놀라고 흥분한 목소리로] 네, 뭔가 있어요. 동생의 목과 머리, 가슴 부분에 이상하게 생긴 얼굴들이 보여요.

김 : 어떤 모습이죠?

전 : [혐오감을 담은 목소리로] 흉측한 모습인데…… 악마처럼 보여요.

김 : 그것들에게 말을 걸어보세요. 왜 거기 있는지.

전 : …… [작은 소리로] 동생을 죽이겠대요. 지금 동생의 증상들도 이들 때문에 생기는 것 같아요.

김 : 모두 쉽게 나갈 것 같아요?

전 : 아니요. 비웃는 표정으로 절 노려보고 있어요. 안 나간대요.

김 : 전에 자신을 치료할 때 했던 것처럼 그들을 없애보세요.

전 : …… [정신을 집중하듯 잠시 침묵 후] 밝은 빛으로 그것들을 모두 녹여버렸어요. 일부는 빛으로 싸서 하늘로 올려보냈어요. 이제 모두 없어졌어요.

김 : 동생의 몸 주변과 내면까지 깨끗하게 정화시키고 밝은 에너지를 채워서 건강하게 만들어주세요.

전 : …… [한참 침묵한 후] 모두 끝났어요.

최면 상태에서 깨운 후 나는 그녀에게 이렇게 말했다.

"이 작업이 도움이 될지도 모르지만 너무 큰 의미를 두지는 마세요. 내일 동생을 만나면 대화를 충분히 해보고, 가능한 빠른 시일 안에 외출 허가를 받아 데려오세요. 동생에게 마음으로 밝고 건강한 에너지를 보내는 작업도 자주 해주세요."

다음 날 그녀는 예정대로 동생을 만났는데 전해 듣던 것과는 달리 건강하고 편안해 보이는 얼굴이었다고 한다. 그동안의 일이 어떻게 된 거냐고 묻는 그녀에게 동생은 "많이 힘들었던 게 사실인데 이상하게 어젯밤 꿈에 뭔가 어두운 기운이 몸에서 빠져나가는 느낌이 들었고 아침에 일어나니 몸도 편하고 불안과 공포감도 완전히 없어졌다"고 말했다고 한다. 지난 밤에 있었던 일을 얘기하자 동생은 '믿기 어렵지만 신기한 일'이라는 반응을 보였고, 중대장도 하루 밤 사이 변해버린 동생의 모습에 의아해하면서도 무척 기뻐했다고 한다.

그 날 이후 동생은 불안과 공포에 다시 시달리지 않았고, 한참 남았던 군생활을 무사히 마치고 복학해 지금은 학교도 졸업한 상태다. 저절로 나을 때가 된 시점에서 그 날 밤의 치료가 이뤄진 것인지, 아니면 정말 이상한 기운이 동생의 내부에서 불안 증상을 일으켰던 것인지는 알 수 없지만 그 날 밤 치료 후 문제가 해결되었다는 것은 분명한 사실이다.

이 경우처럼 환자가 치료에 직접 참여할 수 없거나 치료를 받아들이지 않는 경우 가까운 가족을 통한 간접치료와 원격치료가 큰 힘을 발휘할 때가 종종 있다. 간접치료를 이용해 치료를 거부하는 환자 내면의 저항과 문제들을 해결해가면 얼마 지나지 않아 환자가 자발적으로 치료에 참여하겠다고 마음을 바꾸는 경우도 많다. 이 때부터는 간접치료를 중단하고 직접 환자와의 치료가 가능해지는데, 치료를 거부하던 처음과 달리 환자는 상당히 협조적이 되고 증상 호전도 빨라진다.

Part 4

최면치료로
삶의 깊은 의미를
찾은 사람들

죽은 아들과의 작별 인사

건강하던 젊은 자식이 뜻밖의 사고로 갑작스럽게 죽었을 때의 충격과 슬픔은 어머니로서 겪을 수 있는 가장 큰 불행일 것이다. 세월이 가면 괴로움을 잊는다고들 하나 그것은 옆에서 지켜보는 사람들의 생각일 뿐이다. '자식은 가슴에 묻는다'는 옛말이 있듯 아무리 세월이 흘러도 살아 있는 동안 그 괴로운 기억을 지울 수는 없는 것이다.

대학교 2학년이던 아들이 어느 늦은 밤 친구와 함께 차를 몰고 나갔다가 고속도로에서 교통사고로 즉사했다는 50대 후반의 정인순 씨는 그 사고 전에는 건강하고 평범한 주부였다. 슬픔에 잠긴 채 누워서만 지내며 눈물로 세월을 보내는 모습을 보다 못한 친지의 소개로 병원을 찾은 그녀는 상당 기간 제대로 못 자고 못 먹은 듯 병색이 완연하고 초췌한 모습이었다. 그녀는 어디서 그렇게 들었는지 최면 상태에서는 죽은 아들의 영혼을 만날 수 있을 것이라는 막연한 희망을 가지고 있었다.

"그날 밤 그 아이가 집을 나갈 때 내다보지도 못해서 너무 미안하고 마음이 안됐어요. 그게 마지막이었는데…… 집에서 입고 있던 추리닝 바람에 슬리퍼를 끌고 나가서 그렇게 죽었으니…… 정말 단 한 번만이라도 다시 만나 작별인사를 할 수 있다면 당장 죽어도 한이 없겠어요. 선생님, 무슨 방법이 없을까요?"

간곡하게 매달리는 모습이 딱하기는 했지만 최면에 대해 그녀가 가지고 있는 비현실적 기대에 동조할 수는 없어 "최면 상태에서 죽은 아드님을 만날 수 있다는 것은 잘못된 생각입니다. 최면은 그런 목적으로 쓰는 것이 아니라 살면서 겪는 힘든 일들의 의미를 더 깊이 이해하고 받아들임으로써 슬픔과 고통을 더 잘 이겨내도록 도움을 주는 거예요. 최면을 통해 평소에는 잘 알 수 없는 자기 마음속 아주 깊은 곳을 들여다보고 정리하는 작업을 할 수 있는 거죠"라고 말해주었다.

"어쨌든 지금 같아서는 도저히 살 수가 없어요. 나도 자꾸 따라 죽고 싶고, 하루 종일 아들 생각만 나고 악몽에 시달리니 그 치료를 받아서 마음이 좀 편해질 수 있다면 좀 도와주세요."

괴로워하는 그 모습이 안쓰러워 서둘러 첫 치료 시간을 얼마 후에 마련해주었고, 치료는 다음과 같이 진행되었다.

김 : 그 사고가 있었던 날 저녁으로 가보세요. 어떤 일들이 있었나요?

정 : …… [울먹이면서] 아들이 그 날 학교에서 일찍 돌아왔어요, 수업 마치고 바로 왔다고 하면서. 저녁 먹을 때까지도 나갈 생각을 안 했고, 나중에 나갔다는데 언제 나갔는지도 나는 몰랐어요. 밤늦게 11시쯤

되어서 죽은 아들의 바로 밑의 동생인 딸아이가 '친구가 찾아와서 오빠가 나갔다'고 하대요. 집의 차를 몰고 나갔다고 해서 마음이 좀 불안했는데 뭐 별 일이야 있겠나 생각했죠. …… [괴롭게 울기 시작하면서] 12시가 넘어도 안 들어오길래 기다리다 그냥 잤는데. …… 새벽 2시가 조금 지나 경찰서에서 전화가 왔어요. 놀라서 무슨 일이냐니까 …… 아들이 탄 차가 도로변에 있는 벽을 들이받아서 아들은 죽고 친구는 중상을 입었다는 거예요. 아들이 과속을 한 것 같다면서요. 그 길로 나는 정신이 하나도 없어져서…… 어떻게 병원에 갔는지도 생각이 안 나요.

최면 상태에서 그 날 밤에 있었던 일을 얘기하면서 환자는 무척 괴로워했고, 당시의 충격과 슬픔을 그대로 다시 경험하고 있는 것 같았다. 한밤에 정신없이 달려가 병원 영안실에 싸늘한 시신으로 누워 있는 피투성이 아들을 붙들고 통곡하는 그녀의 모습은 정말 처절했다. 실감도 나지 않고 경황 없이 흘러간 2~3일 사이에 치러진 아들의 장례식과 화장이 끝난 후에야 밀려오는 뼈저린 상실감과 그리움에 그녀는 식음을 전폐한 채 드러눕고 말았다.

정 : …… [계속 눈물을 흘리며] 그 아이는 정말 착했어요. 늘 엄마 마음을 잘 알고 속을 썩이는 법이 없었죠. …… 그 날 밤에 나갈 때는 금방 온다고, 입고 있던 옷 그대로 나갔다는데 글쎄 그게 마지막이 될 줄 누가 알았겠어요. …… 죽을 때 얼마나 아팠을까요. 그것만 생각하면 가슴이 미어져요.

샘처럼 솟구치는 눈물과 끊어질 듯 토해내는 괴로운 신음을 들으며 나는 평소 최면치료에서는 잘 쓰지 않는 기법을 한 가지 써보기로 마음먹었다.

김 : 아드님을 정말 만나보기를 원하세요?

정 : [강하고 열렬한 목소리로] 네. …… 그 아이가 잘 있는지 정말 알고 싶고, 왜 그렇게 떠났는지 물어보고 싶어요.

그녀의 격앙된 감정이 조금 가라앉기를 기다린 후 죽은 아들을 만나기를 염원하는 그의 마음이 받아들일 수 있는 적절한 암시를 주었을 때 치료 작업은 다음과 같이 진행되었다.

김 : 지금 옆에 누가 있습니까?

정 : …… [놀랍고 믿을 수 없다는 듯] 그 아이가 왔어요. 내 옆에 서서 나를 내려다보고 있어요.

김 : 그의 모습이 어때요?

정 : [더듬거리며 흥분한 어조로] 집을 나갈 때 입었던 옷을 그대로 입고 있어요. …… 안색이 밝고 몸에 상처가 하나도 없네요, 옷도 깨끗하고.

김 : 그와 대화해보세요. 묻고 싶은 것들을 묻고, 그가 뭐라고 하나 들어보세요.

최면 상태에서 환자가 주관적으로 체험하고 있는 현실을 이용해 치료를 전개시켜나가는 것은 흔히 쓰는 방법이다. 남들이 보기에 그 체험이 어떤 것이건 환자에게는 현실이며 나름대로 중요한 내용과 의미를 담고 있기 때문에 치료자가 이해하기 어렵거나 동의하기 어려운 체험이라 해도 일단 그대로 인정하고 존중해주는 것이 좋다.

죽은 아들이 옆에 와 있다는 환자의 얘기는 황당하고 엉뚱하게 들릴 수 있지만 그런 일이 불가능하다는 것을 누구도 증명할 수 없는 한 환자의 얘기에 일단 귀를 기울여야 한다. 죽은 아들의 영혼이나 그와 비슷하게 느껴질 수 있는 어떤 존재나 에너지가 정말 환자 옆에 다가왔거나 그렇게 느끼도록 영향을 주었을지도 모르고, 그것이 환자의 소망에 따른 단순한 상상에 불과했다 해도 그 상상이 가지는 의미와 목적이 있을 것이기 때문이다.

정 : …… [정신을 집중해 아들과 대화하는 듯 긴장한 상태로 잠시 시간이 흐른 후] 걱정하지 말래요, 자기는 정말 잘 있다고. …… 혈색도 좋고, 정말 그런 것 같네요. …… 오히려 내 걱정을 하고 있어요. …… [감격스러운 듯 눈물을 흘리며, 밝고 흥분한 표정으로] 엄마한테 정말 미안하지만 자기는 그렇게 가야 할 것을 알고 있었고, 살면서 해야 할 일을 다 마쳐서 죽은 거래요. …… 슬퍼하지 말고, 건강 조심하라고. 나를 사랑한다면서, 죽을 때 아프지도 않았고 죽음은 끝이 아니래요.

이렇게 말하면서 환자의 표정은 점점 안정되고 편안해졌다. 목소리에도 힘과 여유가 느껴지며 절망 속에서 희망을 찾은 사람처럼 모든 것이 달라지기 시작했다.

김 : 아드님에게 하고 싶은 말이 있으면 하세요. 작별 인사도 하고요.
정 : 네. …… [뭔가 집중해 얘기하는 듯 잠시 침묵한 뒤에] 이제 가야 한대요. 나

도 몸조심하고 건강하게 살 테니까 안심하고 가보라고 했어요. ……
살아 있을 때 엄마가 잘 못해준 것들 미안하다고 했더니 다 괜찮대
요. 나중에 다시 만나자고 약속하고 손을 흔들며 가고 있어요.

소중한 누군가와 헤어질 때 시선으로 그의 뒷모습을 따라가며 아쉽게 배
웅하듯, 그녀는 감은 눈으로 점점 멀어져가는 아들을 응시하는 듯했다. 잠
시 후 깨어나 정신을 차린 그녀는 완전히 다른 사람처럼 보였다. 눈에 생기
가 돌고 얼굴은 밝아졌으며 목소리에는 기쁨과 흥분 섞인 떨림이 가득했다.

"정말 믿기 어렵지만 분명히 그 아이였어요. 너무나 생생하게 느껴졌어
요. 이젠 죽어도 여한이 없네요. 저세상에서 잘 있다는 믿음이 생기니 마음
이 참 편해졌어요. 나도 잘 살아야 아들이 걱정을 안 할 것 같아요."

갑작스런 아들의 죽음으로 드러눕기 전까지 그녀는 정상적으로 생활하고
있었고 평소 환각이나 착각, 망상을 비롯한 어떤 정신 증상도 경험한 적이
없었다. 흔히 얘기하는 신기가 있거나 최면감수성이 높은 편도 아니었다.

나는 그녀에게 "아들과의 만남이 사실인지 아닌지는 알 수 없지만 그 경
험이 마음을 편하게 해주고 아들을 잃은 충격을 극복하는 데 도움이 된다면
문제 될 것이 없습니다. 그러나 이런 경험에 지나치게 관심을 가지고 자꾸
시도하는 것은 위험합니다"라고 조언해주었다. 앞으로의 생활을 봐가면서
치료를 한두 번 더 할 것인지 여부를 결정하기로 하고 편안한 모습으로 그
녀는 돌아갔다.

며칠 후 다른 환자와의 최면치료를 마치고 나오자 간호사가 '이젠 지낼
만하니 치료를 더 받을 필요는 없겠다. 선생님께 감사하다고 전해달라'는
그녀의 전화 메시지를 전해주었다.

그 한 번의 체험이 아들을 갑작스레 잃은 충격을 모두 씻어줄 수는 없다. 그러나 적절히 사용된 최면 기법은 아주 짧은 시간 동안의 체험만으로도 평소에 이해할 수 없고 받아들일 수 없던 많은 것을 가슴속 깊은 곳으로부터 깨닫고 수용하게 함으로써 다른 어떤 치료 방법으로도 벗어날 수 없던 고통으로부터 자유롭게 해준다.

그녀는 아들과의 만남이라고 느꼈던 최면 상태의 경험을 통해 단절과 고통으로만 여겨지던 죽음의 다른 모습을 보았고, 처참한 상처와 피로 얼룩졌던 아들의 마지막 모습에 대한 기억을, 깨끗한 옷을 입은 밝고 말끔한 청년으로 바꿀 수 있었다. 못 했던 작별 인사도 할 수 있었고 다시 만나자는 약속까지 나눈 후 헤어질 수 있었다.

그녀 곁에 다가와 대화를 나눈 그 존재가 정말 죽은 아들의 영혼인지는 알 수 없지만 다른 환자들도 최면치료 중 고인이 된 사랑하는 이를 만나거나 대화하는 경우가 자주 있다. 이들 모두 그 만남과 대화의 경험 후 죽은 이와의 관계에서 풀리지 않던 애증과 후회, 그리움 등의 복잡한 감정과 고통이 무척 가벼워진다. 이 변화는 최면에 의한 일시적 진통 효과나 환상이 아니라 가슴 깊은 곳으로부터의 이해와 수용, 억눌렸던 감정의 정화와 배출을 통해 고통의 뿌리를 제거함으로써 주어지는 영속적 치료 효과이다.

죽은 후의 삶이 있는지, 죽은 이의 영혼과 교류가 가능한지에 대해 현대 과학은 아직 답을 내놓지 못하고 있다. 그러나 환자들의 이 같은 경험과 변화, 치유의 사례는 드문 일이 아니다.

어린 딸의 죽음과 재회

어린 자식의 죽음은 부모의 가슴에 지워지지 않는 큰 상처를 남긴다. 말 못 하는 아기보다는 한창 재롱을 부리며 재잘대는 귀여운 자식을 잃은 부모의 슬픔이 더 크다고 한다. 함께한 세월이 길수록 정은 더 깊어지고 이별과 상실의 슬픔 또한 커지기 때문이다. 죄 없고 천진난만한 어린 아이의 고통과 죽음 앞에서는 누구나 '왜 이런 일이 일어나야 하는가? 하늘도 참 무심하다'라는 의문과 원망을 품기 쉽다.

30대 초반의 민정숙 씨는 나를 처음 찾아오기 한 달여 전에 다섯 살 된 외동딸 주희를 잃었다. 어느 날 오후 유치원에 다녀와 피곤하다며 방에 들어가 곤히 낮잠에 빠진 모습을 본 것이 살아 있는 주희를 본 마지막이었다. 잠시 외출을 다녀와 아이가 너무 오래 자는 것 같아 깨우러 들어간 그녀는 잠든 듯 죽어 있는 딸을 발견했다. 그 날 이후 그녀의 삶은 살아 있는 것이 아니었다.

원인이 될 만한 이유는 아무것도 찾을 수 없어 갑작스런 돌연사로 볼 수밖에 없었지만 그녀는 엄마로서 자신이 뭔가를 잘못했기 때문에 주희가 죽었다는 생각에 빠져 심한 자책감에 시달리고 있었다. 남편과 친척들의 위로도 소용없이 슬픔에 잠겨 지낸 한 달 동안의 괴로움은 그녀의 얼굴과 몸 전체에서 풍겨 나오고 있었다.

임신 4개월의 몸으로 제대로 먹지도 자지도 못하며 몸과 마음이 축나는 것을 보다 못한 친지의 소개로 찾아온 그녀는 지치고 갈라진 목소리로 "이 괴로움에서 도저히 벗어날 수 없을 것 같아요. 왜 이런 일이 있어야 하는지, 왜 그 아이가 그렇게 어린 나이에 죽어야 하는지 받아들일 수가 없어요. 주희와 제 인연을 알고 싶고, 우리가 왜 이런 일을 겪어야 하는지 알고 싶어요. 이대로는 도저히 견딜 수 없어요. 최면요법으로 그런 것들을 알 수 있다고 해서 희망을 가지고 찾아왔어요"라고 애원하듯 말했다.

"지금 같은 상황은 누구나 견디기 힘들 겁니다. 그러나 아무런 이유나 목적 없이 일어나는 일은 없다고 생각해야 합니다. 최면은 우리 내면에 있는 깊은 지혜와 통찰력을 일깨워 의식적으로는 알 수 없는 많은 것을 깨닫고 이해하게 함으로써 견디기 힘든 많은 것을 받아들이고 극복하게 해줍니다. 어떤 식으로 진행될지는 치료를 해가면서 봐야 합니다."

나는 이렇게 대답하고 그녀의 상태가 빨리 호전되지 않으면 뱃속의 태아에게도 악영향을 미칠 것으로 생각해 최대한 빠른 날짜에 치료 예약을 잡아주었다. 며칠 후 약속시간에 다시 온 그녀는 처음 봤을 때와 다르지 않았다.

최면치료의 기본 원리에 대해 간단한 설명을 들은 후 그녀는 곧 바로 최면에 들어갔고 치료는 다음과 같이 진행되었다.

김 : [긴장을 충분히 풀게 한 후] 주희가 죽은 것을 발견했을 때로 가보세요. 어떤 상황이었는지 기억해봅니다.

민 : …… [울기 시작하며] 제가 주희를 안고 있어요. …… 흔들어도 반응이 없고, 저는 어쩔 줄 모르고 있어요. …… 아이는 이미 죽었어요.

김 : 긴장을 풀고 그 상태에서 주위를 잘 둘러보세요. 주희가 어딘가 있을 겁니다. 찾아보세요.

민 : …… [놀란 듯] 네, 정말 그래요. …… 제 옆에 서서 저를 보고 있어요. 이럴 수가, 저는 죽은 주희를 안고 있는데 …… 제 옆에 있는 것은 주희의 영혼인가 봐요.

김 : 주희가 뭐라고 하는지 잘 들어보세요.

민 : …… [흥분한 듯 떨리는 목소리로] 저보고 슬퍼하지 말래요. 죽을 때 하나도 아프지 않았다고 해요. …… 꼭 이렇게 죽어야 할 이유가 있었다고요. 어떻게 죽었는지는 하나도 중요하지 않대요.

김 : 계속 들어보세요.

민 : 그것은 자기 영혼이 가야 할 길이었고, 엄마와 아빠의 인연도 자기가 죽어야 할 이유 중 하나였대요. …… 자기의 죽음을 겪음으로써 우리 부부가 풀어나갈 수 있는 문제가 있대요. …… 그럴 이유가 있었으니 슬퍼하지 말고 받아들이래요. …… 자기는 엄마 곁으로 꼭 돌아갈 거라고 해요. …… 아, 뱃속에 있는 아기가 되어 돌아올 건가 봐요. …… [기쁜 듯 밝은 목소리로] 네, 그래요. …… 주희가 제 뱃속에 있는 아기에게 들어올 것 같아요. …… [흥분한 목소리로] 동생의 몸으

로 다시 태어나 엄마 아빠 곁으로 돌아가겠대요.

김 : 죽은 후 주희가 어디로 가는지 보세요.

민 : …… [만족스러운 듯 안정된 목소리로] 제 옆에 서서 죽은 자기를 안고 있는 저를 지켜보고 있다가 …… 밝은 빛을 따라갔어요. …… 그 아이 얼굴이 참 어른스럽고 평화로워 보여요. …… 가면서 제게 꼭 돌아온다고 했어요.

죽은 어린 딸이 엄마 뱃속에 있는 태아를 통해 다시 태어나겠다는 의사를 전했다는 것은 상식적으로 선뜻 받아들이기 어려운 일이다. 그러나 '그럴 리 없다'고 환자와 입씨름을 벌이는 것 또한 이 상황에서는 불필요한 일이다.

죽은 어린 딸의 영혼이 정말 그런 의사를 전한 것인지, '그랬으면' 하는 환자의 소망이 그런 착각과 환상을 불러일으킨 것인지는 아무도 정확히 말할 수 없다. 환자가 겪었다는 주관적 현실에 대해 치료자는 함부로 판단하거나 결론을 내려서는 안 된다. 그 현상과 경험이 과연 무엇이었는지를 진지하게 의논해 환자 스스로 가장 합리적인 결론에 도달하도록 돕는 것이 치료자의 역할이다.

힘들 때 스스로 긴장과 불안을 풀 수 있는 자기최면 기법을 한두 가지 가르쳐준 후 마무리 작업을 하고 깨웠을 때 그녀는 아주 밝고 들뜬 표정으로 눈을 떴다. 그녀는 곧 나를 바라보며 아직도 놀라움과 흥분에 떨리는 목소리로 물었다.

"선생님, 정말 놀라웠어요. 주희가 죽었을 때 그 아이 영혼은 제 옆에서 저를 위로하려고 했어요. 아이답지 않게 어른스러운 태도로 저를 안타까운 듯 바라보고 있었어요. 그 날 왜 저는 그것을 느끼지 못했을까요? 왜 저는 오늘처럼 그 아이 영혼을 찾아볼 생각을 못 했을까요? 선생님이 '주희가 뭐라고 하는지 들어보라'고 하셨을 때 저는 순간적으로 '그런 게 어떻게 가능할까?' 하는 의심을 품고 반신반의하며 마음을 집중했는데, 정말 주희가 제게 말하는 것처럼 마음속에 또렷이 그 아이의 말과 생각들이 전달되기 시작했어요. 저도 마음속으로 주희에게 '엄마는 정말 너를 사랑한다. 너를 죽게 해서 너무 미안하다'고 말했어요. 그 말에 주희는 밝게 웃으며 엄마 탓이 아니라고 했어요. 너무 신기한 일이에요. …… 이제까지의 슬픔에서 벗어날 수 있을 것 같아요. 제 안에 있는 아이가 주희라는 확신이 아주 강하게 들어요. 주희가 죽은 후 저는 혼자서 '이 아이를 통해 주희가 다시 태어나면 얼마나 좋을까' 하는 생각을 참 많이 했었죠. 그런 생각을 해서였는지 몰라도 정말 그럴 거라는 확신이 더 강하게 들어요."

"최면 상태에서의 느낌과 경험을 액면 그대로 받아들여서는 안 되지만, 비슷한 상황에 있는 다른 사람들도 죽은 사람의 영혼으로 느껴지는 그 같은 존재와의 만남과 교류를 많이 경험합니다. 아직 과학과 정신의학은 이 방면에 대해 정확한 데이터나 결론을 제시하지 못하고 있고, 사람의 영혼에 관한 문제는 앞으로 과학이 풀어야 할 큰 과제 중의 하나죠. 몇 달 후에 태어날 아기가 되어 주희가 부모 곁으로 돌아온다는 것은 환생과 윤회의 개념에 익숙한 문화권에서는 쉽게 받아들여질 수 있겠지만 대부분의 현대인에게는 미신이나 동화 같은 얘기겠죠. 그러나 어머니로서 확신을 가지고 그렇게 믿는다면 그럴 수도 있는 일이겠죠. 오늘의 작업을 통해 느끼고 경험한 것들이 그간의 슬픔과 상실감, 억울함 등의 파괴적이고 부정적인 감정과 고통을 없애고 새로운 깨달음과 희망을 얻는 계기가 된다면 그것으로 충분한 의미가 있습니다."

　나는 이렇게 정리해주었고, 너무나 안정되고 밝은 모습으로 갑자기 변해 버린 그녀에게 "일단 그냥 지내고, 계속 힘들면 그때 다시 만나자"고 했다.

　몇 달 후 그녀는 병원으로 전화해 '아기를 무사히 낳았고 그 아기를 다시 태어난 주희라고 생각하며 행복하게 지내고 있다'고 했다. 단 한 번뿐이었지만 그 최면치료는 정말 자신에게 큰 도움이 되었다며 다시 한 번 감사하다는 말을 전했다. 그 후 여러 해가 지난 지금까지 그 가족은 별 문제없이 잘 지내고 있다.

젊은 부부의 사별

서로 사랑하는 연인 중 한 사람이 의외의 사고나 불치의 병에 걸려 죽음으로 헤어지게 되는 것은 사랑에 빠진 사람들이 상상할 수 있는 가장 큰 불행일 것이다.

아무리 서로 사랑한다 해도 행복한 연애가 평생을 함께하는 행복한 결혼으로 이어지지 못하는 경우가 많은 것이 현실이다. 어려운 여건을 헤치고 결혼에 성공해 꿈 같은 행복을 잠시 함께 누리다가 갑자기 한 사람이 죽게 된다면 그 슬픔과 충격은 연애 시절보다 더 커져서 모든 연령층에 걸쳐 배우자의 죽음은 자식의 죽음보다도 더 큰 충격이라고 한다.

진정 서로를 사랑하는 부부는 삶의 열정과 어려움, 기쁨과 슬픔을 가장 가까이서 함께 나누며 의지하기 때문에 어느 한 사람이 먼저 죽는 것은 다른 한 사람의 삶을 지탱하는 큰 기둥을 잃는 것과도 같아 그 상실감과 공허감을 현명하게 극복하지 못하면 남은 한 사람의 존재 근거까지도 뿌리째 흔들리게 된다. 그래서 우리는 사랑하는 사람을 잃고 시름시름 앓다가 죽거나 자살하는 사람들의 이야기를 가끔 들을 수 있다. '아직도 그 사람을 생각하느냐?'는 주위의 무신경한 질책을 피하기 위해 잊은 듯 태연함을 가장하고 살아도 가슴속에는 하루 24시간 죽은 이에 대한 그리움이 가득한 사람들이 많다.

여러 해 전 어느 날, 상담 전화의 녹음 내용을 확인하던 중 깊이 인상에 남는 사연 하나를 듣게 되었다.

"선생님은 저를 모르시겠지만 저는 선생님의 저서인 《전생 여행》을 읽은 독자입니다. 그 책을 무척 재미있게 읽었고 내용에 많은 공감을 하고 있습니다. 오늘 전화 드린 이유는 저 혼자 감당하기 힘든 일을 얼마 전에 겪었기 때문입니다. 저는 올해 스물여덟 살이고 이름은 최정은입니다. 재작년에 결혼해 이제 2년밖에 되지 않았습니다. 그런데 제 남편이 갑작스런 병에 걸려 한 달 전에 세상을 떠났습니다. 지금 제게는 그의 죽음이 정말 믿어지지 않고 도저히 받아들일 수 없는 일입니다. 선생님이 책에 쓰신 것처럼, 그가 죽었다 해도 저와 완전히 헤어진 것이 아니고 죽음이 모든 것의 끝이 아니라는 것을 확인하고 싶습니다. 최면치료로 그와 저의 관계에 대해 더 깊이 알고 싶고, 제 삶이 왜 이렇게 되었는지에 대해서도 알고 싶습니다. 조만간 직접 찾아뵙고 말씀드리겠습니다."

감정을 억제한 차분한 목소리가 뒤로 갈수록 떨리며 눈물에 젖어 있었다. 나는 짤막한 위로의 말과 함께 '최면치료가 두 사람의 관계를 더 깊이 이해하게 해줌으로써 지금의 슬픔을 극복하고 그 깊은 상실의 의미를 깨닫는 데 큰 도움이 될 것'이라는 대답을 녹음해주었다.

얼마 후 직접 병원으로 나를 찾아온 그녀는 슬픔과 괴로움의 그림자가 가득한 얼굴이었고 시도 때도 없이 흐르는 눈물로 눈 주위가 부어 있었다.

"저희는 정말 서로 사랑했고 행복했어요. 남편은 갑자기 아프기 시작해서 암 진단을 받았고 수술 후 합병증으로 급성 염증이 생겨 결국 회복되지 못했어요."

대기업에 다니던 남편과는 대학 졸업 후 만나 연애를 시작했고 큰 문제 없이 결혼으로 이어져 행복하게 살았다고 했다.

"사랑하는 사람이 죽으면 누구나 최소한 6개월 정도는 정상적인 생활을 하기 어렵습니다. 아직 기간이 얼마 지나지 않았으니 그처럼 힘든 것은 당연한 일이죠. 시간이 어느 정도 흐르면 마음이 좀 가라앉겠지만, 죽음과 이별의 의미를 이해하고 받아들이는 것은 세월이 간다고 되는 것은 아닙니다. 최면치료는 자기 내면 깊은 곳에 있는 지혜와 통찰력을 통해 그 같은 삶의 문제들을 이해하고 깨달음으로써 고통을 극복하는 데 큰 힘이 될 수 있습니다. 비슷한 문제로 괴로움을 겪던 사람들이 최면치료 과정을 통해 큰 위안을 얻은 경우가 많으니 같이 노력해보도록 하죠."

"저도 그것을 원해요. 도대체 그 사람과 제가 왜 이런 일을 겪어야 했는지 알고 싶고, 앞으로 그 사람 없이 뭘 하면서 어떻게 살아가야 하는지 마음을 정할 수도 있으면 좋겠어요."

"아직 조급하게 뭔가를 결정하려 하지 마세요. 이 상태에서는 아무것도 결정할 수 없습니다. 시간이 흘러가면서 지금의 고통과 혼란이 조금씩 가라앉고 생각들이 제 자리를 잡아가는 것을 지켜봐야 해요. 지금은 위로해주는 가족과 친구들이 많아 그 사람이 옆에 없다는 사실이 그다지 실감나지 않겠지만, 앞으로 혼자 있는 시간이 많아지면 그가 정말 떠났다는 것을 더 분명하게 느끼고 더 힘들어질 수 있습니다."

이런 대화를 나눈 후 슬픔과 불면에 시달리며 몸과 마음이 많이 지칠 때 쓸 수 있도록 가벼운 안정제를 조금 처방해주었다.

당시 진료 스케줄이 많이 밀려 있어 최면치료는 상당 기간이 지난 후에야 시작할 수 있었다. 약속한 첫 치료 시간에 다시 마주 앉은 그녀는 예전보다 좀 나아지긴 했어도 크게 변한 것 같지 않았다.

"그 때보다 지내기가 조금 낫지만 생각은 거의 변하지 않았어요. 세월이 꽤 흘렀는데도 그 사람 생각에서 하루 종일 벗어날 수도 없고 저 혼자 이렇게 살아 있는 것이 그에게 죄스럽기도 해요. 얼마 전까지는 괴로워서 하루 종일 잠만 자려 한 적도 많지만 요즘은 주어진 일을 조금씩 하면서 하루를 보내고 있어요. 한동안 쉬었던 일을 얼마 전부터 다시 시작했거든요. 그래도 혼자라는 현실을 아직 잘 받아들이지 못하고 있어요. 살면서 그를 잊게 되면 어쩌나 하는 불안도 제 마음속에 있고요. 옛날로 돌아가고 싶어요. 만약 제게 죽음이 찾아온다면 주저없이 받아들일 것 같아요. 그를 정말 만나고 싶어요."

그녀는 친정이나 시집이 모두 경제적으로 여유가 있었고 돌봐야 하는 아이도 없어 원한다면 공부를 더 하거나 무엇이건 하고 싶은 일을 자유롭게 선택할 수 있는 처지였다. 대학에서 전공했던 예술 분야의 일을 최근에 다시 시작했다면서 어느 정도 그 일에 만족하는 듯 말했지만 남편을 잃은 상처와 그리움은 마음속에 고스란히 남아 있었다.

"세월이 아무리 가도 마음속의 상처는 저절로 없어지지 않습니다. 겉으로는 잊은 듯이 지내도 마음 깊은 곳에서는 과거의 모든 것을 기억하고 간직하고 있죠. 우리 마음속에서는 시간의 흐름이 별 의미가 없어요. 과거의 기억과 감정, 상처들은 드러나지 않는 내면에 숨어서 언제나 현재에 영향을 미치기 때문에 과거가 곧 현재의 일부로 존재하고 있는 겁니다. 최면치료가 다른 치료보다 월등한 힘을 발휘할 수 있는 이유는 바로 마음 깊은 곳에 숨어 있는 그 같은 감정과 기억의 정보와 상처들을 직접 다루고 정리할 수 있기 때문이죠. 그뿐 아니라 사람마다 깊은 마음속을 들여다보면 자신이 왜 지금과 같은 삶을 살고 있고 특정한 상황과 불행을 경험하는지를 깨달을 수 있습니다. 내면에 숨어 있는 영적 차원의 의식과 통찰력으로 그것을 느끼는 것이죠. 피할 수 없고 감당하기도 힘든 불행과 슬픔을 이해하고 극복하기 위해서는 그런 높은 수준의 의식으로 자신과 주변을 돌아볼 수 있어야 합니다. 앞으로의 치료는 그런 방향으로 진행될 겁니다."

나의 설명에 그녀는 만족했고, 이어서 진행된 치료는 다음과 같았다.

김 : 남편이 죽던 순간으로 가보세요. 당시의 상황을 그대로 느낄 수 있을 겁니다.

최 : …… [괴로운 듯 얼굴을 찡그리며] 죽기 직전의 아픈 모습이 보여요. 꿈에 가끔 보이던 모습이에요. 저는 그이 옆에 앉아 있어요.

김 : 그가 죽음의 순간을 넘어간 직후로 가보세요.

최 : …… 그는 죽었고, 저는 울고 있어요.

김 : 주위를 잘 느껴보세요. 남편이 어디 있는지 잘 살펴보세요.

최 : [놀란 듯] 남편이 …… 그의 영혼이 제 옆에 있어요.

김 : 그가 뭘 생각하고 느끼는지 알 수 있을 겁니다.

최 : 제게 '슬퍼하지 마라', '그럴 이유가 있다'라고 말해요.

김 : 그는 어떤 상태에 있죠?

최 : …… [기쁜 듯] 편안해 보여요. 이제 고통이 끝났대요. …… 저를 위로
하려고 해요. 자기 죽음은 이유가 있다고, 괴로워하지 말라고 해요.
[한동안 감정에 북받쳐 눈물을 흘린 후 편안한 표정으로 돌아옴]

남편의 영혼으로 여겨지는 어떤 존재의 영상과 느낌은 그녀에게 큰 안도
감과 안정감을 준 것 같았다. 죽음의 순간 이후를 다른 각도에서 체험해보
는 이 최면 작업은 죽음으로 사람의 영혼이 완전히 소멸하거나 단절되는 것
이 아니라는 느낌과 함께 그의 죽음이 단순한 고통과 불행 이상의 의미를
담은 필연적 사건이었다는 사실을 그녀에게 일깨웠고, 그 깨달음은 그간의
괴로움과 상실감에 큰 위안이 되었다.

최면 상태에서 임종의 순간을 다시 경험시키면서 그 고통스럽고 두려웠
던 시간으로 인해 그녀의 마음속에 자리 잡은 상처와 격렬한 감정의 찌꺼기
들을 모두 제거한 후 나는 시간을 역행시켜 그녀가 아직 세상에 태어나기
전의 상태로 돌아가도록 했다.

최 : 저는 조용하고 편안한 영혼이에요. …… 사람들에게 희망을 주기 위
해 세상으로 돌아갈 준비를 하고 있어요. 장로들처럼 보이는 선한
영혼들이 모여 있고, 회의를 하는 것 같아요. 저는 설레는 마음으로
그 자리에 있어요. …… 제가 살아야 할 삶은, 큰 아픔을 겪게 되지
만 다른 불행한 사람들의 아픔보다 크지는 않을 거예요. 난민들이
죽어가거나 다른 고통을 겪는 사람들보다 말이죠.

김 : 왜 그런 고통을 겪어야 되죠?

최 : 하느님의 목소리 같은 음성이 들려요. '너는 날 믿기도 하지만 안 믿는 부분도 많다. 이런 고통스런 일을 겪어야 진정한 믿음을 가지게 될 것이다'라고 말해요.

김 : 거기 모인 영혼들 중 아는 얼굴이 있나 보세요.

최 : …… [반가운 듯] 남편도 회의장과 같은 그 자리에 있어요. …… 그도 선한 영혼이고, 아주 친근하게 느껴져요. 우리는 함께하면서 동지가 되고 서로 도와주고 이끌어주는 관계예요.

김 : 남편의 죽음이 가지는 의미는 뭐죠?

최 : 그는 욕심이 많아서 편하게 살고 싶어 했어요. …… 좋은 부모와 아내를 만났고 친구들도 많았죠. 경제적으로도 여유가 있었어요. …… 그렇게 아쉬운 것 없이 살다가 모든 것을 빼앗겼죠. 그 경험을 통해 자신의 내면을 살펴보고 받아들이는 것을 배우게 되요. …… 세상을 바라보는 눈이 더 커지는 거죠. 태어나기 전에 이미 그 사람이나 저나 그런 죽음을 경험할 것을 알고 받아들였어요. 영혼의 성장을 위해서요.

담담하고 편안한 어조로 이어나가는 그녀의 이야기는 세상의 지성과 분별력이 아닌 영혼의 의식과 통찰력으로 삶과 죽음을 바라보는 다른 환자들의 경험담과 같은 것이었다. 편안하고 밝은 표정으로 깨어난 그녀는 최면 상태에서 자신이 방금 겪은 일들이 신기한 듯 생각에 잠긴 얼굴로 돌아갔다.

3주 후에 만난 그녀는 전보다 훨씬 밝고 가벼운 표정으로 "지난 번 치료를 끝내고 돌아가는 길에 하늘이 아주 맑은 것을 새삼 깨닫고 무척 기뻤어요. 지난 2년 동안 하늘을 쳐다본 적도 느낀 적도 없었거든요. 그 날의 그 느낌은, 대학시험에 붙었던 날과 남편을 처음 만났던 날 느꼈던 것과 같은 기분이었어요. 이제는 다시 잘 살아갈 수 있을 것 같아요. 죽음을 생각하거나 공허하다는 마음은 들지 않아요"라고 말했다.

오랫동안 자신을 짓누르던 증상에서 벗어나기 시작한 치료 초기의 환자들은 공통적으로 '눈앞이 갑자기 밝아졌다', '하늘이 참 맑고 아름답다는 걸 처음 느꼈다', '처음으로 꽃이 눈에 들어왔다' 등의 표현을 자주 한다. 괴로움에 눌려 주변과 세상에 대해 눈 먼 채 살아온 세월이 끝나고 자유를 얻을 수 있다는 희망이 처음으로 느껴질 때 이런 얘기를 많이 한다.

그 날은 최면치료를 하지 않고 그녀의 삶에 중요한 이런저런 주제들, 즉 앞으로의 계획과 경제적 독립의 필요성, 사회생활과 대인관계에서 주의할 점, 무엇을 위해 살아갈 것인지를 결정할 가치관과 종교관, 생명과 영혼, 윤회와 카르마의 의미 등에 대해 많은 이야기를 나누었다. 상담을 마치면서 나는 이렇게 제안했다.

"전생퇴행을 포함해 인간의 영적 내면을 다루고 체험하는 최면치료는 아주 강력한 치유와 깨달음의 힘을 가지고 있어요. 임상적인 괴로운 증상을 해결하는 측면에서만 본다면 정은 씨는 지금 상태에서 더 이상의 최면치료가 꼭 필요하지는 않을 것으로 생각됩니다.

최면치료는 언제나 충분한 대화와 그 대화를 통해 쌓이는 신뢰감을 바탕으로 진행되는 것입니다. 최면치료가 큰 힘을 가지고 있다 해도 눈앞의 현실적 문제들에 대한 지금과 같은 대화와 해결 노력도 그에 못지않게 중요하죠. 표면의식 수준에서의 이해와 내면의 깊은 잠재의식 수준에서의 직관적 느낌과 깨달음이 적절한 균형을 이룰 때 정신적으로 가장 건강한 상태가 됩니다. 머릿속의 생각과 의지로 모든 것을 분석하고 통제하려 하거나 직관적이고 감정적인 충동만을 무작정 따라가서는 어떤 문제도 제대로 해결할 수 없어요. 따라서 억지로 남편을 잊으려고 애쓸 필요도 없고, 잊지 않으려고 불안해할 필요도 없는 것이죠. 앞으로 살아가면서 생각과 경험의 폭이 더 넓어지고 유연해져 머리와 가슴이 조화를 이루게 된다면 모든 것이 자연스럽게 제 자리를 잡아가게 될 테니까요.

최면 상태에서 경험했던 느낌들이 마음속 깊은 곳에서 많은 것을 정리해 줄 겁니다. 이제 예전보다 훨씬 편해졌으니 다음 약속을 정하지 말고 그냥 지내시면서 필요하다고 생각될 때 다시 만나는 게 좋을 것 같아요."

그녀는 "저도 그렇게 하는 것이 좋을 것 같아요. 항상 답답하던 가슴도 풀렸고 다시 희망과 생명을 찾은 것 같으니 저 혼자 힘으로 지내보겠어요. 의논을 드리거나 혼자 해결하기 어려운 일이 있으면 꼭 연락드릴게요"라며 주저없이 동의하고 치료를 마쳤다.

그 후 오랜 세월이 지난 지금까지 그녀에게서는 소식이 없고 나는 그녀가 잘 지내고 있을 것을 의심하지 않는다.

위암 환자의 원격 최면치료

중년기의 입구에서 자기 정체성을 확인하고 삶의 목적과 방향을 찾기 위한 노력으로 최면 분석과 전생퇴행 요법을 수차례 받았던 진수정 씨는 지금도 복잡한 문제가 있을 때면 가끔 내게 상담과 최면치료를 받고 있다. 해결해야 할 정신 증상은 없어도 자신의 삶을 좀 더 깊고 넓게 이해해 발전시키고, 가족관계를 비롯한 삶 전반의 갈등과 한계를 극복하기 위해서는 이런 식의 비정기적인 최면치료가 큰 도움이 될 수 있다.

몇 해 전 초여름의 상담 시간에 그녀는 지방 대도시에서 교수 생활을 하고 있는 바로 위의 형부 이야기를 꺼냈다. 그가 그 곳의 한 대학병원에서 갑자기 위암 말기 진단을 받았으며, 최대한 빨리 수술을 받으라는 주치의의 권고에 따라 서울의 한 대학병원에 급하게 병실을 마련해 입원하게 되었다고 했다.

"형부가 입원하면 바로 조직검사를 다시 한 후 하루 이틀 안에 수술을 한

대요. 언니는 계속 울고 있어요. 너무 갑작스런 일이라 정말 저도 정신이 없네요."

지난 며칠간을 언니와 자주 통화하며 함께 고민한 탓에 까칠하고 피로한 얼굴로 그간의 상황을 얘기했다.

"형부는 올해 초부터 시도 때도 없이 배가 아프다며 움켜쥐었대요. 작년 가을에는 학기 중에 아파서 휴강까지 한 일이 있었지만 미련하게 계속 버텼고, 아픈 게 조금만 나아지면 모른 척했대요. 병원에 가보라고 잔소리를 수없이 해도 못 들은 척해 병원 가기 바로 전날 언니가 마지막 통보를 했답니다. 아파서 죽더라도 내색하지 말고, 죽건 살건 마음대로 하라고요.

다음 날 언니와 같이 병원에 갔는데 내시경검사를 마치고 의사는 즉시 컴퓨터단층촬영을 해야겠고 그 결과를 본 후에 얘기하자고 했대요. 검사를 마치고 형부가 혼자 설명을 듣겠다고 했는데 언니가 우기고 같이 따라 들어갔더니 주치의가 '위암이 진행된 상태가 3기이고 그중에서도 A, B로 분류하면 B에 속한다'고 했답니다. 그 의사는 내과 과장이었는데 자기가 들여다본 내시경 소견도 위암이고 컴퓨터단층촬영에 대한 방사선과 과장의 진단도 그렇다고 했대요. 조직검사 결과가 나오면 더 확실하겠지만 조직검사는 위장 전부를 떼어내서 보는 것이 아니니까 오히려 암세포가 안 나올 수도 있다고 했답니다. 임파선까지 전이된 것 같기는 한데 아직 형부 나이가 젊고 4기 직전이니 수술을 해볼 수는 있겠다고 하면서 수술을 할 경우 생존기간은 5년 정도이고, 하지 않으면 2년 정도 살 수 있다고 했대요. 수술하면 가을 학기는 쉬어야 하고 내년 봄 학기에는 일할 수 있을 거라고 하고요.

그 얘기를 듣고 돌아오는 길에 언니가 '아무래도 서울에서 치료하는 것이 좋겠다'고 말하니 형부는 '살아 있는 사람들만 더 고생한다'며 수술을 안 받겠다고 하더래요. 그래도 언니가 우겨서 다음 날 오전 비행기로 서울의 아는 방사선과 의사를 찾아왔는데 그 분은 가져온 사진을 보자마자 위투시촬영을 해서 확대된 사진으로 설명을 하겠다고 했고, 그 결과 마찬가지로 위암 3기 상태라고 했대요. 형부가 무식한 사람도 아니고 경제적으로 어려웠던 것도 아닌데 왜 그 지경이 되도록 몸을 돌보지 않았는지를 생각하니 언니는 정말 한심하고 기가 막혔대요.

위암 수술을 잘한다는 서울의 한 대학병원 의사를 연줄로 소개받아 통화한 후 3일 후에 입원하기로 하고 집에 내려가 집 안을 정리하고 아이를 돌본 뒤에 다시 서울로 올라왔어요. 사실 언니는 당장이라도 형부만 입원시키고 혼자 내려갔다가 올라오려고 했는데 형부가 마음의 준비와 주변 정리가 필요하다고 해서 같이 다녀왔어요.

서울로 올라와 입원하던 날에 수술을 맡은 그 의사가 사진을 보더니 '빨리 수술하는 것이 좋겠다'고 했고, 중요한 검사 결과는 모두 있으니 수술 전에 필요한 간단한 검사 두어 가지만 더하고 다음 날 하루 금식한 후 바로 수술을 하자고 했대요.

내일이 수술인데, 언니 혼자 수발하기 힘드니 제가 자주 가서 도와줘야 할 것 같아요. 형부는 아직 젊은데 너무 갑작스런 일이라 정말 충격이 크네요."

각종 암에 대한 이해와 치료 기술의 발달로 예전과는 비교할 수 없을 정도의 생존율과 치료율을 보이고는 있지만 암은 아직도 대표적 난치병이다. 어떤 종류의 암이건 말기까지 진행된 환자들은 열심히 치료해도 생명을 잃을 가능성이 매우 높다. 암 완치가 어려운 가장 큰 이유는 한 군데 장기에서 시작되었어도 병이 진행될수록 암세포가 혈류와 임파선을 타고 인근 조직과 장기뿐만 아니라 멀리 떨어진 신체 조직까지 퍼져나가 여기저기 새로운 암 덩어리를 만들며 정상적인 조직들을 파괴하기 때문이다. 수술로 암을 제거한 후에도 남아 있는 암세포를 모두 없애기 위해서는 견디기 힘든 화학요법과 방사선 치료를 받아야 하고 그 결과도 장담할 수 없기 때문에 암환자와 그 가족들의 불안과 고통은 신체적으로나 정신적으로나 모두 감당하기 어려운 것이다.

"마음의 힘과 근원적 에너지로 몸을 치료하는 법을 언니와 형부에게 좀 가르쳐주지 그래요. 옆에서 기도도 해주고 자기 힘을 보태주는 것도 좋은 도움이 될 거예요. 오늘 최면치료는 형부를 도와줄 수 있는 가장 좋은 방법이 뭔지 찾아보는 것에 초점을 맞추도록 합시다."

그녀는 내가 한 이 말의 의미를 잘 이해했다. 평소 명상과 기도를 자주하며 가끔 영적인 신비체험을 했고, 나와의 면담과 최면치료를 통해 자신을 비롯한 모든 사람의 내면 깊숙한 곳에 숨어 있는 신비로운 힘과 능력을 확인한 후 삶과 세상은 눈에 보이는 것만이 전부가 아니라는 사실을 확실히 깨닫고 있었기 때문이다.

최면치료 과정을 통해 그녀는 정신과 신체의 에너지가 어떻게 서로 작용하고 생각과 함께 공간의 근원적 에너지가 몸과 마음에 어떤 영향을 줄 수 있으며, 의식을 확장시켜 평소 접근할 수 없던 영역의 정보에 어떻게 다가갈 수 있는지에 대한 양자물리학적 이론과 근거를 이해하게 되었고 실제 경험을 통해서도 확신하고 있었다. 따라서 그녀가 스스로 힘을 모아 형부를 도와줄 수도 있고 형부로 하여금 직접 자신의 병을 다스리는 방법도 가르쳐줄 수 있을 것으로 생각해 나는 이 제안을 했었다. 그녀는 기다렸다는 듯 즉시 받아들였다.

잠시 긴장을 풀고 최면 유도를 한 후 나는 그녀로 하여금 형부의 내면의식에 집중하게 함으로써 몸의 상태를 살펴보고 위암의 원인이 될 만한 문제들을 찾아보라고 했다.

진 : …… [잠시 침묵한 후 얼굴을 찌푸리며] 몸속이 온통 시커멓게 보여요. 뱃속이 가장 검지만 전체적으로 어둡고 탁한 기운이 몸속에 꽉 차 있어요. 병이 아주 심하군요.

김 : 그런 기운들이 어디서 온 것인지, 어떤 원인이 있는지 찾아보세요.

진 : [집중한 채 잠시 침묵] …… 작은 개가 보여요. 그 개가 다쳤어요. 왜 이런 게 보일까요?

김 : 편하게 진행하세요. 생각하지 말고 느낌을 따라가 보세요.

진 : …… [믿기 힘들다는 듯] 개가 밥을 먹고 있는데 형부가 발로 걷어찼어요. …… 형부가 어릴 때 일인가 봐요. 어린애의 모습으로 형부가 보여요. …… 개는 많이 다쳤고, 며칠 동안 앓다가 죽었어요. [괴로운 듯] 아, 그 개가 가졌던 당시의 느낌이 전해져 와요. …… 원망하는 마음과 슬픔과 고통…… 그 원망의 마음이 위암과 관계있는 것 같아요. 개가 배를 다쳤었나 봐요. …… 형부는 그 일에 대해 별 죄책감을 느끼지 않았던 것 같아요.

김 : 다른 원인들이 있나 또 찾아보세요.

진 : 특별하게 느껴지는 것은 없는 것 같아요.

김 : 그럼 지금부터 형부 몸 안에 있는 병적인 기운과 암세포를 없애는 작업을 하세요.

그녀는 내 유도에 따라 형부의 몸속에 가득 차 있는 검고 탁한 기운과 암세포들을 제거하기 시작했고 그 작업은 몇 분간 계속되었다. 이 때 사용하는 방법은 상황에 따라 차이가 있지만 간단히 설명하자면 생각과 이미지가 가지는 에너지와 표면의식의 목표와 의지를 합해 치료와 변화에 필요한 심상 작업을 해나가는 것이다.

> 진 : …… [마음을 집중하며 한동안 말이 없다가] 이제 검은 기운이 모두 없어졌어요. 몸속이 밝은 에너지로 가득 찼고 암세포 덩어리도 모두 녹아 없어져버렸어요.

그녀는 마침내 이렇게 말하며 긴장을 풀었다.

내면의 검은 기운이 이처럼 쉽게 없어지는 것은 흔치 않은 일이다. 대개 어느 정도의 시간과 과정이 필요하며, 정말 죽을병에 걸린 경우는 이 작업으로 쉽게 어두운 기운을 제거할 수 없다. 형부의 몸속과 몸 주변에서 느껴지고 상상되는 모든 병적 기운들을 약화시키고 정화하도록 잠시 더 유도한 후 그녀를 깨웠다.

"형부가 어릴 때 개를 발로 찼었다는 얘기를 들은 적이 있어요?"

"아니요, 전혀 모르던 일인데 사실인지 물어봐야겠어요."

"그 암 덩어리가 쉽게 없어지던가요?"

"처음에는 단단한 듯했는데 비교적 쉽게 녹아버렸어요."

"경과를 좀 지켜봅시다. 형부하고 언니한테 오늘 치료에 대해 얘기해주고 어떤 마음 자세로 지내야 하는지 알려주세요. 회복되는 데 수정 씨 힘을 더해주고 자신들의 힘을 쓰는 방법도 가르쳐주고요. 수술 결과가 나오면 나도 궁금하니까 연락하세요."

그 날의 치료는 이렇게 끝났고 그 후 이 일에 대해 거의 잊은 채 지냈다. 그런데 열흘 정도 지난 후 그녀가 전화를 걸어 들뜨고 황망한 목소리로 소식을 전했다.

"믿을 수 없는 일이 일어났어요. 형부의 조직검사에서 암세포가 하나도 발견이 안 됐대요. '암이 아니었나보다'라고 의사들이 어쩔 줄 몰라해요. 방사선 치료나 화학요법도 전혀 필요 없대요. 어떻게 된 일인지 모르겠지만, 선생님 어쨌든 감사해요. 자세한 얘기는 병원에 가서 말씀드릴게요."

간단한 통화였지만 그녀의 흥분과 놀라움을 느끼기에는 충분했다. 나는 다행이라 말하고 형부를 위한 에너지를 보내는 작업을 계속 하며 형부와 언니에게도 방심하지 말고 계속 마음의 힘으로 치료하는 방법을 권유하라고 얘기했다. 몇 주 지나 예약된 치료 시간에 그녀는 다음과 같은 얘기를 들려주었다.

"지난 번 제가 병원에 다녀간 다음 날 수술을 했어요. 오후 1시 5분에 시작해서 4시 5분까지 세 시간 동안의 수술이었대요. 수술을 끝내고 바로 회진을 돌던 집도의가 언니와 시동생을 밖으로 불러내 '임파선까지 암이 전이된 상태니까 방사선 치료를 각오해야 한다'고 말했대요. 처음 위암 진단을 내렸던 내과 과장도 그런 얘기를 했죠.

그런데 수술한 지 일주일 만에 위조직의 병리검사 결과가 나왔고, 그 날 아침 회진을 온 수술 집도의가 무척 난감한 얼굴로 시선을 피한 채 형부에게 악수를 청하며 '축하한다. 명대로 다 살게 되었다'고 하더래요. 방사선 치료나 항암 치료도 전혀 필요 없게 되었다고 하면서요. 그 말을 듣고 언니는 갑자기 지옥에서 천국으로 온 기분을 느꼈고, 온종일 흥분해서 아무것도 손에 잡히지 않았다고 해요.

오후에 다시 회진을 온 그 분을 붙들고 '도대체 어떻게 된 일인지 설명을 좀 해달라'고 요청하니 '암이 아니어서 다행이고, 굳이 설명을 끌어다 붙이자면 궤양이 너무 심해 촬영검사 결과에 엉겨 붙은 모양으로 나타나서 암으로 보인 모양이다. 그냥 그렇게만 알고 있으라'고 애매하게 얼버무렸다고 해요. 각기 자기 분야에서 명망 있는 전문의 네 사람이 모두 같은 진단을 내렸었고 그중 직접 수술을 했던 분도 암이 임파선까지 전이되었다고 했었는데 정말 이상한 일이죠? 나중에 아는 분을 통해 전해 들으니 집도의는 의사생활 30년 동안 이런 일은 처음이라며 도저히 설명할 수 없는 일이라고 했대요."

이렇게 말하며 그녀는 지난 번 자신의 최면치료가 이런 신비로운 결과를 가져온 것으로 믿는다고 했다. 그런 그녀에게 나는 "그건 아무도 알 수 없는 일이죠. 원래 암이 아니었을 수도 있고 정말 그 치료 작업이 큰 도움이 되었을 수도 있어요. 중요한 것은 지난 시간과 같은 작업이 크든 작든 환자에게 도움이 될 수 있다는 사실이에요. 결과에 집착하지 말고 합리적으로 쓸 수 있는 모든 방법을 동원해 환자를 돕는 것은 언제나 좋은 결과를 가져올 수 있죠. 마음의 힘과 이미지를 질병 치료에 이용하는 것은 과학적으로도 점차 그 원리가 규명되고 있고 그 방법으로 난치의 질병을 고친 사례도 많이 보고되고 있어요. 형부도 그런 사례일 수 있지만 아닐 수도 있으니 지난 번 작업에 너무 큰 의미를 두지는 마세요"라는 말로 성급한 결론을 내리지 않도록 주의를 주었다.

수술 후 보름 만에 퇴원해 고향으로 돌아간 형부와 언니는 암도 아닌데 공연히 위장만 잘라냈으니 소송을 하라는 주위 친지들의 권유를 물리쳤다. 그리고 뭔가 알 수 없는 힘이 자신들을 도와주었고 동생의 기도와 염려가

치료에 큰 힘이 되었다고 믿으며 지낸다고 했다.

수술에서 회복된 후 '어렸을 때 집에서 기르던 개를 발로 찬 적이 있었느냐?'는 그녀의 질문에 형부는 깜짝 놀라 '어떻게 그런 일을 아느냐?'며 신기해했다고 한다. 그녀의 형부는 수술 후 여러 해가 지난 지금까지 건강하게 지내고 있다.

단순한 위궤양과 위암은 엑스레이 소견과 내시경, 컴퓨터검사 등에서 다른 모습의 특징들을 보인다. 대학병원에 근무하는 여러 명의 전문의가 각종 검사 결과를 보고 모두 암으로 진단했고 직접 배를 열고 환부를 들여다보며 수술을 담당했던 의사가 임파선에 전이된 상태까지 확인했다면 단순한 오진이었을 가능성은 거의 없을 것이다. 그러나 본인도 아니고 처제를 통한 단 한 번의 간접적 원격 최면치료로 몸속의 암세포가 모두 없어졌다고 무조건 주장하는 것 또한 무리가 있다. 이론적으로는 가능하지만 실제 그런 일이 일어날 확률이 무척 낮기 때문이다.

이 환자의 경우 정말 암이었다면 치료 결과가 기적이라고 할 수밖에 없고 암이 아니었다면 각자 진단을 내렸던 여러 명의 유능한 의사가 모두 오진을 했다는 결론이 될 수밖에 없다. 암 환자가 마음의 상상력과 이미지를 이용하는 방법만으로 크게 자란 암 덩어리를 작게 만들거나 완전히 없앴다는 보고는 더러 있다. 반복적으로 보고되고 확인되는 이 같은 치료 사례의 이면에는 그것을 가능하게 만드는 숨은 작용 원리가 있고, 치료자는 그 숨은 원리를 찾아내고 이해해 의학을 발전시켜나가야 한다. 이 환자의 경우도 그런 범주에 들어간다고 나는 생각한다.

먼 곳에 있는 환자에게 치료자나 가족의 상념과 에너지를 보내거나, 환자 본인이 치료를 거부하거나 협조할 수 없는 상황에서 그와 가까운 가족이나 친지를 최면 상태로 유도해 환자의 내면의식에 접근하게 한 후 문제의 원인을 파악하고 해결해나가는 간접적 치료 방법들은 공상과학 소설에나 나올 법한 일처럼 느껴지지만 사람의 마음과 정신이 가진 에너지의 물리적 특성과 작동 원리를 제대로 이해하면 지금도 얼마든지 쓸 수 있는 합리적 치료 방법이다. 처제로 하여금 최면 상태에서 형부의 몸과 마음의 깊은 내면을 살펴보고 문제점을 파악해 해결하도록 한 것 역시 최면에 의해 변화된 의식 상태에서는 다른 사람의 생각이나 감정에 자신의 마음을 동조시키기 쉬워지고 그 사람의 내면에 숨어 있는 정보에도 쉽게 접근할 수 있다는 사실을 치료에 이용한 예다.

물론 이런 방법이 모든 환자와 가족에게 도움이 되는 것은 아니다. 치료의 바탕이 되는 원리를 충분히 이해하고, 그 원리가 현실적으로 작용할 수 있다는 사실을 마음으로 받아들이지 않는다면 변화와 치료에 필요한 에너지를 움직일 수 없을 것이다. 또한 원리를 이해하고 집중된 힘을 치료에 쏟을 수 있어도 그 질병이 환자의 인생에서 차지하는 의미와 목적에 따라 치료 결과는 다르게 나타날 것이다.

예를 들어 그 질병이 환자의 삶에서 중요한 의미를 가지는 어려운 과제이지만 극복할 수도 있는 장애물이라면 이런 방법으로 나을 수 있겠지만, 그 환자의 카르마에 따라 정말 죽을 때가 되어 걸린 병이라면 무슨 수를 써도 회복되지 않을 것이다. 다행히 이 환자는 전자에 속했던 경우라고 나는 생각한다.

말기 폐암 환자

누구나 자신이 중병에 걸려 있고 이미 돌이킬 수 없을 정도로 병세가 진행되어 회복이 어렵다는 사실을 갑자기 알게 되는 것은 괴롭고 충격적인 일이다. 아직 한참 일할 나이의 젊은 사람이라면 그 충격은 더 클 것이다. 이 상황에서 그의 마음과 태도를 결정짓는 것은 무엇보다도 그가 가진 인생관과 신념 혹은 종교적 신앙의 깊이일 것이다.

어떤 이는 두려움과 분노에 이성을 잃고 삶의 남은 나날을 연장시키기 위한 애처롭고 안타까운 집착에 매달릴 것이고, 어떤 이는 담담하고 평안한 마음으로 자신의 살아온 모습을 돌아보며 다가오는 죽음을 피하지 않고 투병에 임할 것이다.

그러나 훨씬 더 많은 사람들은 이 두 가지 마음 사이를 혼란스럽게 오가며 천국과 지옥을 번갈아 경험한다. 뜻하지 않은 시점에 느닷없이 찾아온 죽음의 그림자를 볼 때 본인은 물론 가족과 친지 모두 혼란과 고통을 피하

314

기 어렵고 그동안 깊이 생각해볼 필요를 느끼지 못했던 영혼의 존재와 죽음 후의 세계를 생각하지 않을 수 없게 된다.

40대 중반의 이연숙 씨는 가벼운 우울 증상과 무기력감을 해결하기 위해 상담과 최면치료를 받고 있었다. 기독교적 분위기가 강한 가정에서 자란 그녀는 형제 중에 성직자도 있었고 자신도 교회 일을 열심히 돕고 있었다.

상담 시간이면 나는 늘 그녀의 종교관과 인생관이 편협하고 융통성이 부족해 우울과 불안 등 힘든 증상의 일부 원인이 된다는 점을 지적했고, 주위 사람들에 대한 지나친 책임감도 줄이도록 충고했다. 그에 반발해 그녀는 "선생님은 제가 가진 신앙에 대해 잘 모르시면서 그런 소리를 하세요"라며 자주 화를 냈지만 그 외의 문제들에 있어서는 서로의 입장을 이해하며 진지한 대화를 많이 나누었다.

어느 날 그녀는 어두운 목소리로 내게 전화를 걸어 긴히 의논할 일이 있다며 다음과 같은 이야기를 들려주었다.

"제 남동생이 몇 달 전에 폐암 선고를 받았어요. 이제 겨우 서른아홉인데 어떻게 손을 써볼 수가 없다는군요. 이미 여기저기 많이 퍼져서 수술할 수도 없대요. 통증이 너무 심하고 무척 힘들어해서 대학병원에 입원했는데 진통제를 써도 아프고 수면제를 먹어도 잠을 제대로 못 자고 있어요. 숨쉬기가 힘들어서 제대로 눕지도 못하고 밤새도록 앓는 것을 보면 너무 가슴이 아파요."

그녀의 동생에 대해서는 치료 시간에 가끔 들은 적이 있었다. 초등학교 5학년에 다니는 아들이 하나 있지만 아직 생활기반을 제대로 다지지 못해 그녀가 늘 마음을 쓰며 걱정하던 동생이었다.

"정말 힘들겠군요. 가족들 모두 많이 놀랐겠어요. 본인은 이 병을 어떻게 받아들이고 있나요?"

"자기 상태를 인정하지 못하는 것 같아요. 화를 내기도 하고, 통증이 심해 무척 힘들어해요. 옆에서 지켜보기도 괴로워서 가족 모두가 지쳐 있어요. 신생님께 전화 드린 이유는 혹시 최면으로 동생의 통증을 좀 덜어줄 수 없을까 해서예요. 입원하고 있는 병원에선 아무리 아프다고 해도 진통제를 잘 안 주려고 하고, 진통제를 맞아도 효과가 잠시뿐이거든요."

"동생 몸 상태가 어느 정도죠? 내가 시간을 낸다 해도 지금 있는 병원에서 외출 허가를 받아야 치료가 가능할 텐데, 괜찮겠어요? 통증을 없애고 숙면을 취하는 데는 최면이 도움이 될 수 있겠지만 환자 본인도 그걸 원하고 내 지시에 잘 따라와줘야 해요."

"시간만 내주신다면 동생한테 제가 직접 설명해서 데리고 가겠습니다. 구체적으로 어떻게 할 건지 가족들과도 의논해서 다시 연락드릴게요."

긍정적인 내 대답에 그녀는 기뻐하며 전화를 끊었다.

암 환자의 치료 과정에서 최면은 여러 가지 역할을 할 수 있다. 항암 치료제의 고통스런 부작용을 줄일 수 있고, 암으로 인한 직접적인 통증의 완화에도 효과적으로 쓰일 수 있으며, 이미지 기법을 이용해 암 자체를 파괴하는 것도 때로는 가능하다. 그러나 이 환자는 이미 수술이나 항암제가 소용없을 만큼 병이 진행된 상태였기 때문에 통증 완화 이상의 치료 효과를 기대하기는 현실적으로 어려워 보였다.

따라서 나는 최면치료로 그를 도울 수 있는 다른 가능성을 마음속으로 생각하며 그녀의 청을 받아들였다. 평일의 내 스케줄은 빈 시간이 없었고 환자는 하루하루 고통 속에서 죽음을 기다리는 처지라 토요일 일과가 끝나는 시간에 맞춰 약속을 잡았다.

입원하고 있는 병원에서는 통증 조절과 호흡기도가 막히지 않도록 유지하는 것 외에 별 달리 해주는 것이 없어 외출 허가는 쉽게 받았다고 했다. 약속한 시간에 누나와 함께 찾아온 그의 모습은 내가 상상했던 것보다 훨씬 심각했다. 온몸에 뼈와 가죽만 남아 있었고 코에는 튜브를 낀 채 몸도 제대로 가누지 못했다. 하지만 많이 남지 않은 머리칼을 단정히 빗어 넘기고 환자복 대신 평상복을 깔끔하게 차려입은 모습에서 가족들이 그 날의 외출을 정성껏 준비해주었음을 느낄 수 있었다. 움푹 팬 볼과 퀭한 두 눈은 불안과 두려움, 짜증 섞인 조급함을 내비치고 있었고 가슴과 어깨를 짓누르는 심한 통증을 참느라 얼굴 표정은 수시로 일그러졌다.

죽음을 앞둔 말기암 환자가 주는 느낌과 모습은 항상 비슷하다. 비현실적으로 보일 만큼 몸이 망가져버린 모습은 이미 죽은 사람이 움직이고 있는 듯 묘한 느낌을 준다. 소생의 희망이 없음을 그의 모습은 분명히 보여주고 있었다.

마주 앉아 누나의 소개로 간단히 인사를 나눈 후 나는 "여러 가지로 불편과 고통이 심하다고 누나를 통해 들었어요. 최면을 잘 활용하면 심한 통증을 많이 줄일 수 있고 잠도 누워서 편하게 잘 수 있을 거예요. 익숙해질수록 더 큰 도움을 얻을 수 있고 노력하는 만큼 성과가 있을 겁니다"라고 말을 걸었다.

그는 똑바로 앉아 있기도 힘들어 보였지만 애써 정신을 집중하며 내 말에 귀를 기울이는 듯했다. 그의 체력과 집중력으로는 긴 이야기를 나눌 수 없어 최면치료에 대한 기본적 이론과 흔히 가질 수 있는 오해에 대해 간단히 설명한 후 치료실로 자리를 옮겼다.

누우면 호흡기도가 눌려 숨쉬기가 곤란하고 통증도 더 심해지기 때문에 꼿꼿한 자세로 등을 기대 앉힌 채 최면 유도에 들어갔다. 그러자 금방 긴장을 풀며 편안한 표정으로 숨쉬기 시작했다. 스스로 몸 전체의 긴장과 통증을 풀고 불안과 잡념을 없앨 수 있는 방법을 조금 연습시킨 후 치료는 다음과 같이 진행되었다.

김 : 생각을 비우고 편안한 마음으로 자신의 마음 깊은 곳을 느껴보세요. 지금 자신의 상태가 어떻게 느껴집니까?

이 : …… [겨우 들릴 정도로] 아주 안 좋습니다. 죽어가고 있어요.

김 : 좀 더 자세히 자신을 살펴보세요.

이 : 병이 깊어요. …… 이제, 어쩔 수 없네요.

김 : 회복될 수 있겠어요?

이 : …… [담담하게] 아뇨.

김 : 죽음이 두려운가요?

이 : …… [눈물을 조금 흘리며] 아뇨. …… 제가 살아온 것에 후회가 좀 있습니다.

김 : 어떤 후회죠?

이 : …… [말하기가 힘든 듯] 뜻대로 되지 않을 때 화를 내고, 나 자신을 파괴하는 행동들을 했습니다. …… 매사를 더 적극적으로 노력했어야 합니다.

김 : 자신의 본질적인 영혼의 의식으로 지금의 자기 모습을 내려다봅니다. 어떤 느낌이 듭니까?

이 : …… [괴로운 듯] 제 모습이 애처롭습니다. …… 이렇게밖에 살지 못한 것은 제 탓입니다. 극복하기 위해 노력하기보다 화를 마음속에 담고 있으면서 모든 원인을 외부 탓으로 돌린 것이 이 병을 불렀습니다. …… 그러나 저는 이 병에 걸릴 수 있다는 것을 이미 태어나기 전부터 알고 있었던 것 같습니다. 이 병을 통해, 가족들과의 이별을 통해 저는 한 단계 성숙해지고 앞으로 같은 실수를 하지 않게 될 겁니다. …… 그동안 제가 죽는다는 것을 인정하지 않았습니다. …… 현실을 외면하고 병을 원망했습니다. …… 높은 곳에서 저를 내려다보고 있는데 제 영혼은 밝은 모습입니다. 건강하고요. …… [편안한 목소리로] 죽음은 끝이 아니고 또 하나의 시작입니다. …… 이제 그것을 받아들일 수 있어요.

김 : 살거나 죽거나 앞으로의 경과를 받아들일 수 있겠어요?

이 : [담담하게] 네.

김 : 만약 죽게 된다면 죽은 후의 자기 모습과 주변을 상상해보세요.

이 : …… [신기한 듯] 더 이상 아프지 않습니다. 몸이 자유롭게 움직여져요. 주위는 아주 밝고…… 표현하기 어렵습니다. 마음도 편안합니다.

최면 상태에서 마음을 집중하는 이런 치료는 에너지 소모가 크기 때문에 체력과 집중력이 많이 떨어지는 사람은 도중에 자주 쉬어가며 작업을 이어나가야 한다. 많은 대화를 나누지 못했지만 시간이 얼마 남지 않아, 통증을 없애는 요령과 잠을 편하게 잘 수 있는 방법, 건강한 에너지로 자신을 채우고 치료하는 방법, 스스로의 가장 깊고 높은 차원의 의식을 느끼는 방법 등을 훈련시킨 후 작업을 끝냈다.

깨어났을 때 그의 표정은 비교적 평온하고 밝아 보였으며 통증도 훨씬 줄었다고 했다. 불안과 긴장으로 한 곳에 머물지 못하던 시선도 안정을 찾은 듯 더 이상 두리번거리지 않았다. 다시 만날 기회가 올 것 같지는 않았지만, 경과를 지켜보며 가능하면 또 만나자고 인사를 나누고 그를 내보낸 후 그의 누나를 불러 마주 앉았다.

"병원에서는 앞으로 얼마나 살 수 있다고 하던가요?"

"한 3개월 정도로 보는 것 같아요. 그 이상은 어렵다고 해요."

"그동안 계속 입원하고 있을 건가요?"

"집으로 옮기면 우선 통증을 어떻게 할 수 없을 것 같고 산소를 공급하는 것도 문제가 되죠. 매일 밤잠을 제대로 못 자니 가족들도 힘들고요. 지금은 진통제와 수면제를 쓰니까 그나마 조금은 잘 수 있지만요. 지금도 옆에서 지켜보기가 많이 힘들어요. 짜증과 화를 자주 내고 삶에 대해 강한 집착을 보여서 가슴 아파요. 가족들 모두 많이 지쳐 있어요."

"최면이 도움이 되기는 하겠지만 워낙 고통이 심해서 어떨지 모르겠네요. 본인이 노력한다면 큰 도움이 될 수 있는데, 체력이 많이 떨어져 있으니 얼마나 노력할 수 있을지도 걱정이 고요."

"큰 기대는 하지 않아요. 다만 조금이라도 도움이 된다면 저희 가족은 만족해요."

"몸을 편하게 해주는 것도 중요하지만 지금의 현실을 있는 그대로 편안하게 받아들일 수 있게 해주는 것이 사실 더 중요하다고 생각해요. 오늘 치료를 하면서 그 부분에 대해서도 강조를 했으니 앞으로 동생의 태도가 어떤 변화를 보이는지 지켜보세요."

이 대화로 그 날의 만남을 마무리 지었다. 두 사람은 일과 후의 시간을 내준 것에 대해 다시 한 번 감사하다는 인사를 남기고 돌아갔다. 그들의 뒷모습을 바라보며 나는 마음속으로 그가 그처럼 고통스런 상태로 3개월이나 버티지는 않을 것이라고 생각했고, 앞당겨 부조한다는 심정으로 진료비를 전혀 받지 않았다.

죽음이 다가온 환자에는 두 종류가 있다고 나는 생각한다. 환자와 의사가 힘을 합해 전력을 다해 적극적으로 병과 싸워야 하는 경우와, 다가온 죽음을 편하게 받아들여야 하는 경우다. 이 환자는 후자에 속했다는 것이 그를 만난 후의 내 판단이었다. 그 날로부터 3일째인 다음 주 화요일 오후에 그의 누나로부터 다시 전화가 왔다.

"동생이 어젯밤에 운명했어요. 토요일에 선생님께 다녀온 그 날 밤은 평소보다 잠을 편하게 잘 잤어요. 고통스러워하는 모습도 별로 없었고요. 일요일 낮에는 많이 괴로워했는데, 어젯밤에 편안하게 숨을 거두었어요. 선생님은 처음부터 뭔가 알고 계셨던 것 같아요. 그렇죠? 말씀해주세요. 이렇게 될 줄 아셨어요?"

"글쎄요. 제가 생각했던 것보다 빨리 진행이 되었군요. 어차피 시간 문제였으니 마음을 편히 가지세요. 동생은 그 날 치료를 받으면서 마음의 준비를 한 겁니다. 집착을 버리고 떠날 결심을 한 거죠. 최면 상태에서 삶과 죽음의 의미를 깨달았기 때문에 가능한 일입니다."

"어쨌든 감사드려요. 동생의 고통이 이렇게 빨리 끝날 수 있어서요."

그녀는 이렇게 말하고 전화를 끊었다.

그 날의 최면치료가 없었다면 그녀의 동생은 몇 달간을 더 고통 속에서 살았을지 모른다.

최선을 다해 끝까지 투병하는 것은 언제나 옳은 일이지만 내면의 영혼으로부터 죽음을 받아들일 이유를 납득한 사람에게는 또 다른 선택이 있을 수 있다. 이 환자 역시 다가온 죽음을 받아들여야 한다는 사실을 마음 깊은 곳에서는 알고 있었겠지만 못다 피운 삶과 가족에 대한 미련과 집착으로 괴로워하며 망설이다가 표면의식의 두려움과 불안을 가라앉힌 최면 상태에서 마지막 마음의 결정을 내릴 수 있었을 것이다.

이처럼 생사의 기로에 서 있는 환자들과 언제 죽음을 맞이할지 모르는 고령의 노인들에게는 머잖아 다가올 죽음에 대한 두려움을 극복하고 평화롭고 초연하게 받아들일 수 있는 마음의 준비를 위해 최면치료의 경험이 큰 도움이 될 수 있다. 최면 상태에서 자신의 생명이 가진 본질과 영혼을 인식하고 느낌으로써 죽음에 대한 거부감과 두려움을 극복하고, 죽음이 모든 것의 끝이 아니라는 사실을 마음 깊은 곳으로부터 깨닫고 받아들일 수 있기 때문이다.

'나는 누구이며, 무엇을 원하는가?'

정신분석이나 인지치료, 일반 상담 등 여러 방법의 정신과 치료로도 호전되지 않아 마지막으로 최면치료에 희망을 거는 환자들에게 나는 이렇게 말한다.

"불편한 증상 한두 가지를 없애는 것이 치료의 목적이라고 나는 생각하지 않습니다. 증상을 없애는 것은 1차적 목적이지만, 완치되기 위해서는 그것을 넘어서 자신의 본질과 삶의 깊은 의미를 인식하고 느낄 수 있는 체험이 필요하다고 생각합니다. 치료 과정에서의 새로운 체험을 바탕으로 자기 삶과 세상에 대한 인식이 바뀌고 신념과 인생관이 올바로 선다면 앞으로 살면서 겪게 될 갖가지 어려운 일들을 잘 이해하고 견디며 극복할 수 있을 겁니다.

따라서 이 치료의 궁극적 목표는 당신이 삶을 보는 시각과 삶의 문제들을 풀어가는 능력을 최대한 높은 수준으로 끌어올려, 살면서 겪는 일 전체에 대한 깊은 이해와 지혜를 바탕으로 스스로 어떤 문제든 해결할 수 있는 힘을 갖추는 것입니다. 이 치료 과정을 통해 지금보다 높은 의식 수준에 도달함으로써 현재의 눈높이에서 경험하고 있는 여러 괴로운 문제들을 뛰어넘을 수 있고, 그 의미를 이해하고 받아들여 지혜롭게 해결할 수 있을 만큼 모든 면에서 확장되고 강해지는 결과를 얻을 수 있을 겁니다. 자신과 삶의 근원적이고 본질적인 모습을 찾아간다는 마음으로 조급해하거나 서두르지 않는다면 놀랍고 경이로운 여러 가지 경험을 하게 될 겁니다."

안종우 씨는 처음 만났을 때 스물다섯 살의 법대 졸업반으로 사법시험을 준비하고 있었다. 전공을 따라 당연히 사법시험 준비를 해야 한다고 생각하면서도 마음 한편으로는 자기 적성과 미래의 진로에 대해 확신을 가지지 못한 채 고민하고 있었다.

그는 오래 전부터, 출가해 수행자가 되고 싶은 생각을 마음 한구석에 강하게 가지고 있었지만 생활에 부담이 될 만큼 큰 것은 아니었고 다른 불편한 정신 증상이나 질병을 가지고 있는 것도 아니었다. 자기 안에 있는, 수행자로서의 삶에 대한 막연한 동경의 뿌리를 이해하고 어떤 삶을 선택하는 것이 진정 자신의 존재 목적에 맞고 마음 깊은 곳에서 원하는 것인지를 인식하고 깨닫는 데 최면치료가 도움이 될 것으로 생각해 나를 찾아왔다.

처음 예약을 한 후 실제 최면치료를 시작하기까지는 2년 가까운 시간이 흘렀지만 다시 마주한 그의 모습은 별로 달라진 것이 없었다. 2년 전보다 자기 적성에 대한 믿음은 생겼는데, 어릴 때부터 단순하고 평범한 삶의 모습에 만족할 수 없어 항상 높은 기준을 스스로에게 적용하며 살아왔고 '자기'라는 자아의식에 대한 집착이 유달리 강했던 것 같다고 했다. 그러면서도 뭔가 답답하고 풀리지 않는 것이 늘 가슴속에 있어 최면치료를 통해 그 원인을 찾아 해결하고, 나아가서는 자신의 성장을 위한 더 나은 길이 무엇인가를 깨닫기를 원했다.

첫 면담에서는 어린 시절 얘기와 현실적인 여러 문제들을 살펴보고 평소 관심을 가졌던 주제들에 대해 편하고 자유로운 대화를 나눈 후 최면의 의미와 가능성에 대해 간단한 설명을 해주고 최면치료에 들어갔다. 어린 시절 기억을 몇 가지 떠올려본 후 긴장을 더 풀도록 하고 지금의 자신에게 가장 중요한 의미를 가진 것이 무엇인지 느껴보라고 했다.

안 : …… [뜻밖이라는 표정으로] '사랑'이란 말이 느껴져요. 제게는 생소한
　　개념이에요. 이해는 하지만 사실 잘 모릅니다. …… 저 스스로에 대
　　한 집착이 너무 강해서 그런 것 같아요. …… 고대 신전의 제사장과
　　같은 사람의 모습이 보이는데, 제 과거의 모습 같습니다.
　　저는 수행자의 삶을 살았던 것 같습니다. …… 파랑새와 같은 희망을
　　추구해 집을 떠났는데, 아버지만을 집에 남겨두고 혼자 떠났어요.
　　[괴로운 듯] 아버지는 저를 이해했지만 제 마음에는 무거움이 남아 있
　　습니다. …… 나쁜 사람을 죽이고 옳은 일을 했다는 생각을 했지만
　　나중에 그 사람의 아내를 만나 그녀의 슬픔을 느끼면서 제가 그녀의
　　남편을 죽인 것에 대해 후회했습니다. …… 그녀를 만남으로써 모든
　　것이 하나로 연결되어 있다는 사실을 알았기 때문이죠.
　　수행자로서 제가 찾던 것들이 사실은 평범한 생활 속에 모두 있었습
　　니다. 제가 찾던 파랑새가 바로 옆에 있었던 거죠. …… 나이를 먹어
　　서는 거지의 모습으로 살아가고 있어요. 아주 담담하고 평범한 마음

으로.

자신이 현재 고민하는 문제와 성격 특징과 관련 있는 과거의 기억을 떠올려보라는 내 암시에 따라 자연스럽게 이어진 전생퇴행은 이렇게 진행되었다. 깨어난 후 최면 상태에서 자신이 떠올렸던 장면들을 돌아보며 그는 상당히 놀라워했다.

"오늘 보고 느낀 것들이 마음속에서 어떻게 받아들여지고 어떤 의미로 다가오는지 시간을 두고 지켜보세요. 최면 상태에서의 경험을 액면 그대로 받아들이거나 단정해서는 안 되지만 자신이 떠올린 것들은 어떤 내용이건 모두 자기 내면의 모습을 반영하고 있다는 사실도 알아야 합니다. 앞으로 치료를 진행해가면서 점차 더 많은 것을 느끼게 될 겁니다."

첫 치료를 마치며 나는 이렇게 정리해주었고, 그는 "사랑이라는 말이 생각난 것은 정말 의외였습니다. 제게는 사랑이 부족하다고 늘 생각하고 있었는데, 정말 그렇다는 느낌이 들었습니다"라고 말하며 생각에 잠긴 표정으로 돌아갔다.

두 번째 치료 시간은 한 달 후였다.

"이제 시험 준비를 본격적으로 시작했습니다. 공부가 힘들지만 전처럼 큰 갈등은 없어요. 출가하지 않기로 결정한 것도 잘한 것 같아요. 그동안 지난 치료 시간에 떠올렸던 내용들이 많이 생각났어요. 마음속으로 수도생활을 원하면서도 한편으로는 세속적인 성취와 이성에 대한 강한 호기심과 집착도 버릴 수 없었는데, 결국 제게는 그런 극단적인 이중 성향이 있고 그것이 서로 연결되어 있는 것 같아요. 제가 추구하는 것들의 모순도 이런 성향 때문인 것 같고요. 단순하고 평범한 삶 속에서는 진리를 찾기에 부족하지 않을까 하는 생각에 늘 특별한 삶을 살아야 한다고 생각하고 스스로에 대해 바라는 게 너무 많았다는 걸 깨달았습니다. 자신에 대한 기대치가 너무 높아 늘 만족을 못한 것이죠."

어떻게 지냈냐는 내 인사에 그는 이렇게 대답했고, 몇 가지 간단한 얘기를 더 나눈 후 바로 치료에 들어갔다. 첫 시간보다 안정된 모습으로 진행된 그 날의 치료 과정은 다음과 같았다.

김 : 마음속에서 떠오르는 것들을 자유롭게 얘기하세요.

안 : 아주 밝은 빛 속에 제가 누워 있습니다.

김 : 누워서 어떤 생각을 하고 있습니까?

안 : …… [약간 흥분한 어조로] 세상에 빛을 전하는 것이 제가 해야 할 일 같습니다.

김 : 또 다른 장면을 느껴보세요.

안 : 어둠에 쌓인 산 속입니다.

김 : 거기서는 뭘 느낍니까?

안 : 주위의 모든 것 하나하나가 장면이 되고…… [놀랍다는 듯] 모든 것이 살아 있고 연결되어 있습니다. …… 제가 대로변에 서서 무수히 많은 차가 지나가는 것을 바라보는 장면도 보입니다.

김 : 다음 장면을 보세요.

안 : 바닷가입니다. …… 밀려오고 가는 파도를 바라봅니다.

김 : 그것은 어떤 의미를 담고 있습니까?

안 : 세월의 의미입니다. 과거와 현재와 미래가 …… 밀려오고 가는 바닷

물처럼 하나로 관통되는 것이죠. 과거와 현재가 하나라는 사실을 보여줍니다.

김 : 다음으로 갑니다.

안 : …… 제가 끝없이 하늘로 올라갑니다. …… 높은 곳에서 빛과 어둠의 관계를 느낍니다. …… 저는 빛 속에 있는데 저 쪽의 어둠을 바라보고 있습니다. 어두운 그 공간은 제가 언젠가 빛을 채워 넣어야 할 부분입니다. …… [의외라는 듯] 아는 선배의 모습이 보입니다. …… 너무 많은 일을 겪어 자갈처럼 평범한 모습입니다. …… 큰 돌이 깨지고 모가 깎여 둥근 자갈이 되었지만 그 둥근 매끄러움 속에 있는 상처는 자세히 봐야 보입니다. 그 선배에게 이런 면이 있다는 사실이 놀랍군요.

김 : 다음으로 갑시다.

안 : …… [자발적인 전생퇴행으로 이어짐] 성당의 모습이 보입니다. 어릴 때 봤던 성전의 이미지와 닮았습니다. …… 성당 안으로 스테인드글라스를 통과한 햇빛이 비치고 있는데, 사제 혼자 제단 앞에 서 있습니다. 그 사제가 저입니다.

김 : 그가 무엇을 하고 있습니까?

안 : …… 그는 '나를 완전히 버리고 신에 대한 사랑으로만 채우려 한다'는 마음을 갖고 있습니다. …… 어떤 수녀의 모습이 보입니다. …… 그는 내게 '좋은 사제'라는 감정을 가지고 있습니다. 저는 그녀에 대해 깊은 사랑을 가지고 있지만 애써 무시하고 있습니다.

김 : 다음의 중요한 장면을 봅시다.

안 : …… 나이가 좀 들었지만 두 사람은 같은 관계입니다. 그러나 그녀

의 비중이 마음속에서 더 커졌습니다. …… '신에 대한 사랑만 아니라면 그녀에게서 인간적인 애정을 느끼고 싶다'고 생각하면서도 더 이상의 욕심은 없습니다. 마치 오랫동안 같이 산 부인에게 느끼는 감정과 비슷한 것 같습니다. …… 나이가 들어 제가 먼저 죽습니다. …… [안타까운 듯] 죽기 전에 '사랑한다'고 말하고 싶었는데, 말하지 않아도 서로 알고 있습니다. 미소 지으며 마주보고 있습니다. 제 감정이 전달은 되었지만 그 말을 못 한 것이 아쉽습니다.

김 : 그 삶에서 느낀 것들을 얘기합니다.

안 : …… 그녀에 대한 사랑도 저를 따뜻하게 해주었습니다. …… 세월이 가면서 처음에 가졌던 혼란도 많이 정리되었습니다. 사람에 대한 사랑과 신에 대한 사랑은 공통점이 있습니다. 그 삶은 내적인 중심을 다지고, 제 영혼을 맑게 하는 삶이었지만 너무 추상적인 삶을 추구했던 것 같습니다. …… 그녀를 통해 세속에 대한 사랑 역시 중요하고 신에 대한 사랑과 본질적으로 차이가 없다는 것을 깨달았습니다. 활동이 너무 없었던 삶이고 혼자만 느낀 마음의 평화였습니다. …… [아쉬운 듯] 다른 사람들에게 그 평화를 전하지 못했습니다.

김 : 지금의 자기 모습과 닮은 점이 있나요?

안 : …… 두 삶을 모두 관통하는 관성이 있습니다. …… 내면적 삶을 위해 달려온 추진력이 지금도 앞으로 달려 나가고 있습니다. …… 더 깨달아야 한다는 맹목적 관성이 비슷합니다. 그 때는 마음이 차분하고 단순했고 오로지 내면의 성장만을 바라봤지만 지금은 외부에 대해서도 신경을 씁니다. 지나치게 내면적 개인 수련에만 집착했는데 …… 그 때보다 지금은 많이 넓어졌습니다. …… 세상에 대한 애착

을 그녀와의 관계를 통해 배운 것 같습니다.

두 번째 치료는 이렇게 끝났고, 한 달 후에 그와 나는 마지막으로 마주
앉았다.

"어릴 때부터 일종의 선민의식이 있었는데, 대개는 그것이 긍정적으로
작용했습니다. 그러나 마음속에 어떤 정형화된 모습을 기준으로 정해놓고,
그렇게 되지 못하는 자신에 대해 자주 불만을 가졌죠. 요즘은 많이 편해졌
고 평범한 것에 대한 거부감이 줄었습니다. 제가 약해져서 그런 것은 아닙
니다. 한때는 물리학에 관심이 컸는데 지금은 사람의 내면에 관심이 더 갑
니다. 한 사람 한 사람 속에 인류 전체가 보이는 것 같아요. 전체와 하나의
관계를 이해할 것 같습니다. 10년 동안 길을 찾아왔는데 이제 조금 알 것 같
아요."

그는 이렇게 얘기하며 마음도 편하고 공부도 잘되고 있다며 밝은 표정으
로 웃었다. 자리를 옮겨 진행한 마지막 최면치료는 다음과 같았다.

김 : 현재의 자신에게 필요한 장면을 떠올려보세요.
안 : …… 거지를 바라보고 있습니다. …… '그는 자신을 어떻게 바라볼
    까?', '저 사람의 존재 가치는 뭘까?', '내가 그라면 나는 어떻게 생각
    할까?' 과거에 저는 이런 물음들을 마음에 품고 그를 바라봤습니다.
    …… 크게 달라진 것은 없지만, 지금은 '저 사람에게도 인생이 있구
    나', '저 사람에게도 의미 있는 자기 삶이 있구나'라는 생각을 합니다.
김 : 그 거지는 당신을 보며 뭘 생각합니까?
안 : …… [의외라는 듯] 그는 저를 바라보며 '저 사람도 나와 같은 사람이

다'라고 생각합니다. 제가 그를 보며 하는 것과 같은 생각을 하고 있습니다. …… 그 생활에 익숙해져서 별로 괴로운 것 같지 않습니다. 그것을 자신의 삶으로 생각하고 있고, 후회와 열등감은 세월이 가면서 모두 스러졌습니다. …… '왜?'라는 물음을 이미 오래 전에 버렸고, 주어진 대로의 삶을 살고 있습니다.

김 : 그는 주위의 세상을 어떤 눈으로 보고 있습니까?

안 : …… 시기심이 없습니다. 마음에 평화와 담담함이 있습니다.

김 : 지금의 자기 눈으로 그를 바라보면 어떤 생각들이 떠오르는지 살펴봅니다.

안 : …… '나는 왜 사는가', '저 거지와 내 삶이 다르지 않고 슬픔과 감동에도 차이가 없다면 나는 어디로 가는 것일까', '왜 나는 저 사람과 다르게 살려고 하는 것일까', '위로 날아올라서 무엇을 하며, 좀 더 나아져서 무엇을 할 것인가' …… 이런 생각을 하며 '왜 사는가?'라는 질문으로 돌아옵니다.

김 : 그 질문에 대한 답을 느껴보세요.

안 : …… 삶의 목표는 위로 올라가는 것이 아닙니다. …… 좀 더 나은 방향으로의 발전이 아니라, 자기 위치가 밑이건 위건 그것이 중요한 게 아닙니다. 뿌연 안개에 싸인 세상의 장막을 걷어버리고 밝은 눈으로 바라보는 것입니다. …… 세상을 있는 그대로 바라보는 것, 그것이 가장 중요합니다. …… 세상은 과거나 지금이나 변한 것이 없지만 바라보는 저는 차이가 있습니다.

김 : 어떤 차이가 있죠?

안 : [탄식하듯] 그 때도 평화가 있었지만 느끼지 못했어요. …… 이젠 평화

가 있는 걸 압니다. 항상 행복한 것이었는데, 모르고 지냈어요.

김 : 계속 진행해보세요.

안 : …… 푸른 하늘을 바라보며 높이 올라가고 있어요. 가야 할 곳으로 가고 있습니다. …… [황홀한 듯] 이제 푸른 창공에 있습니다. 아주 시원합니다. 아무것도 엉기지 않은, 모든 것이 풀어져 있는 공간입니다. 욕심이란 상념과 집착이 뭉친 것입니다. 창공은 아무 욕심이 없습니다. …… 텅 비어 있으니 모든 것이 잘 보입니다. …… 욕심들이 엉겨 구름을 만들고 구름이 제 시야를 가리고 있었습니다. 텅 비어 풀어지고 구름이 사라지니 시야가 끝까지 넓어집니다. …… [감격스러운 듯] 이것이 제가 추구하고 가야 하는 길인 것 같습니다. 위로 가는 게 중요한 게 아니라 안개를 걷고 바라보는 게 제가 추구해야할 길입니다. …… 어머니의 모습이 보입니다. …… 저를 걱정하고 계십니다. 걱정하실 필요가 없는데, 제가 고난을 겪을 때마다 어머니는 같이 걱정하시지만 세상의 아들딸 중 고난을 겪지 않는 자가 어디 있나요? 괴로워하실 일이 아니라고 말씀드리고 싶습니다.

김 : 어머니를 보며 뭘 생각합니까?

안 : …… [가슴 벅찬 듯] 제 사랑을 드리고 싶습니다. 어머니의 마음속에 제 사랑의 빛을 드리고 싶습니다. 그렇게 하면 어머니의 마음이 밝아질 텐데……. 저는 아직 제 감정에 싸여 있어서…… [안타까운 듯] 스스로 밝지 못하고 어두운 상태라 빛을 드리지 못하고 있습니다. 앞으로의 노력, 노력이 중요합니다.

김 : 자신의 미래 모습으로 가봅니다.

안 : …… 저는 관찰자의 삶을 살고 있습니다. …… 연기자라기보다 관찰

자에 가깝습니다. 열정에 휩싸여 강력한 에너지를 발산하는 사람들이 있지만 저는 항상 한 걸음 떨어져 세상을 관찰합니다. …… 저는 그런 사람입니다. 객석에 앉아 무대에 발을 들여놓아야 할지 말지를 망설이고 있고, 연기자와 관찰자의 삶을 동시에 살기에는 아직 좀 약합니다. 그러나 앞으로 가능해질 겁니다.

치료는 이렇게 끝났고 그 간의 과정을 정리하며 나는 이렇게 말했다.

"예정대로 오늘의 작업이 마지막입니다. 지금도 충분히 자기 문제들을 잘 해결해나갈 수 있을 겁니다. 그러나 산다는 것은 어느 시점에 어떤 정점이나 완성에 이르는 것이 아니라 평생 앞으로 나아가는 여정이라는 점을 꼭 기억해야 합니다. 갈 만큼 갔을 때 우리는 그 자리에서 삶을 끝내는 것이죠. 목적지가 있는 것이 아니라 여정 자체가 목적이라는 사실을 알아야 합니다. 지혜로운 눈과 판단을 흐리는 것은 언제나 조급함과 집착이고, 앞으로 나이를 더 먹는다 해도 그 나이에 맞는 고민과 문제들이 기다리고 있다는 사실을 당연하게 받아들여야 합니다.

자신이 마음속에 늘 가지고 있었던 기준과 모습들은 현재를 비춰보는 거울이 될 수 있지만 자기를 얽어매는 족쇄가 될 수도 있습니다. 적절한 최면은 자신의 내면에 이미 갖춰져 있는 지혜와 인내와 힘을 확인할 수 있는 열쇠입니다. 어려운 문제를 해결하기 위해 아무리 머리를 써도 안 될 때 최면은 아주 쉽게 가슴 깊은 곳으로부터의 지혜를 불러올 수 있습니다.

10년 이상 정리되지 않던 문제들이 단 몇 번의 최면치료로 가닥을 잡을 수 있는 이유는 이 치료가 머릿속의 논리를 움직이는 것이 아니라 가슴속의 영혼을 일깨울 수 있기 때문입니다. 앞으로도 어려운 일이 생기면 머리만을 쓰는 것이 아니라 내면에 숨어 있는 힘과 지혜를 쓸 줄 알아야 합니다. 사람들은 흔히 '깨닫는다', '해탈한다'라는 말을 하지만 그 말의 뜻은 혼자 세상의 어려움을 뛰어넘어 안락하게 호강한다는 것이 아닙니다. 치료 과정에서 느꼈던 것처럼 안개와 같은 장막을 걷어 모든 것을 투명하게 볼 수 있고 그 이면에 숨어 있는 질서와 원리를 깨닫게 되는 것을 말합니다. 깨달은 사람은 삶의 무게와 고통이 줄어드는 것이 아니라, 그것을 견디고 이해하며 극복하는 힘과 지혜가 무한히 커지는 것이죠. 어려운 일을 삶의 한 부분으로 당연하게 받아들이고 정면으로 뚫고 나갈 때 두려움 속에 숨는 것보다 훨씬 많은 것을 볼 수 있게 됩니다. 관찰자의 통찰이나 연기자의 참여는 다같이 중요합니다. 앞으로 그 두 가지 면의 균형을 잡고 발전해나갈 수 있도록 노력해야 합니다. 치료는 오늘 끝나지만 앞으로도 언제나 필요할 때는 대화를 나눌 수 있습니다."

그 역시 밝은 얼굴로 내 말에 공감하며 "그동안 감사했습니다. 처음에 생각했던 것보다 최면은 더 많은 것을 느끼고 깨닫게 하는 것 같아요. 이제 공부에 전념해 목전에 닥친 시험을 잘 마쳐야 겠어요"라는 말을 남기고 돌아갔다.

중환자실의 노인

여러 해 전 어느 날 오후 나는 예사롭지 않은 전화 한 통을 받았다. 가늘게 들려오는 젊은 여인의 목소리는 슬픔에 젖어 지치고 갈라져 있었다.

"선생님, 저와 저의 가족은 선생님께서 쓰신 《전생 여행》의 독자입니다. 어려운 일인 줄 알지만 부탁이 꼭 하나 있어 이렇게 전화 드렸습니다. 들어주실 수 있을는지요?"

"어떤 일인지 모르지만 제가 해드릴 수 있는 일이라면 도와드리죠."

"저희 아버지께서 올해 환갑이 되셨는데, 며칠 전에 지방에 볼 일이 있어 혼자 내려가셨다가 뭘 잘못 잡수셨는지 갑자기 심한 식중독에 걸리셨어요. 의식을 완전히 잃고 위중한 상태로 병원으로 실려가셨다는 연락이 와서 가족들이 급히 내려가 서울에 있는 대학병원으로 이송해 지금은 내과 중환자실에 입원하고 계세요. 원래 건강하셨기 때문에 전혀 예상 못했던 일이라 무척 놀라고 당황했어요. 어제부터 의식은 조금 돌아왔는데 몸도 못 움직이고 말씀도 전혀 못 하세요. 담당의사 얘기로는 처음에는 식중독 비슷한 증세였지만 지금은 원인을 알 수 없는 뇌출혈과 심한 폐렴 증상이 같이 왔고, 신장과 간 기능도 많이 떨어져 생명이 위독한 상태라고 해요. 며칠을 버티기 어려우실 거라고요."

"제가 뭘 도와드릴 수 있나요?"

다음 환자가 기다리고 있었기 때문에 장황하게 이어지는 얘기가 언제 끝날지 몰라 나는 이렇게 물었다.

"바쁘실 텐데 죄송해요. 조금만 더 말씀드릴게요. 아버지께서는 저희 형제들이 아직 어리기 때문에 늘 이것저것 걱정을 많이 하셨어요. 본인께서 뭐든 챙기셔야 직성이 풀리는 성격이시죠. 두 달 후에 동생의 결혼 날짜가 잡혀 있기 때문에 요즘은 더 그러셨어요. 의식이 조금 돌아오긴 했어도 열도 높고 몸 상태가 아주 나쁘기 때문에 혼수상태처럼 잠들어 계신 시간이 많아요. 정해진 면회 시간에 어쩌다 깨어 계실 때는 저희 얘기를 알아듣기는 하시는 것 같은데 몸도 못 움직이고 말씀도 못 하시니까 서로 답답하죠. 아버지 스스로도 회복이 어려울 것을 느끼시는지 눈빛에 불안감과 두려움이 많아 보이는데 저희들 걱정을 많이 하셔서 그렇다고 생각해요. 어린 자식들을 두고 갑자기 돌아가시기가 너무 불안하시겠죠.

이렇게 전화 드린 이유는 바로 그 때문이에요. 아버지께서는 선생님 책을 참 좋아하셨고 그 내용을 모두 받아들이셨어요. 그래서 만약 선생님께서 아버지를 만나 '가족들 모두 아버지가 안 계셔도 잘 지낼 테니 염려하지 말고 돌아가셔도 된다'고 해주신다면 아마 편안하게 눈을 감으실 수 있을 거예요. 선생님께서 무척 바쁘신 줄은 알지만 그렇게 해주실 수 있다면 정말 저희 가족은 깊이 감사드릴 거예요."

이 색다른 제안에 나는 잠시 망설였다.

"그래도 회복되실지 모르는데 좀 기다려봐야 하지 않을까요?"

"만약 회복되신다면 좋겠지만 지금으로서는 그러지 못할 가능성이 훨씬 큰 것 같아서요. 저희도 받아들이기 힘들지만 마음의 준비를 하고 있어요. 선생님께서 시간이 정 없으시다면 할 수 없다고 생각해요."

"생각을 좀 해볼게요. 만약 제가 간다면 언제쯤이 좋겠어요?"

"언제라도 좋아요. 저희는 중환자실 옆에 붙어 있는 보호자 대기실에 있어요. 언제 돌아가실지 모르니까 가능하면 빠를수록 저희야 좋죠. 선생님, 정말 여기까지 와주실 수 있으세요? 저희도 무리한 부탁이라는 것은 잘 알고 있지만, 와주신다면 아버지께서 정말 편안하게 돌아가실 수 있을 것 같아요."

"확실하게 가겠다고 말씀을 드릴 수는 없습니다. 생각을 좀 해보고 나중에 연락을 드릴 테니 전화번호를 알려주세요."

"못 오신다 해도 상관없으니 너무 부담을 가지지는 마세요. 제 얘기를 끝까지 들어주신 것만도 감사합니다."

그녀의 이름과 휴대전화 번호를 메모한 후 전화를 끊고 다음 환자 진료를 시작했지만 내 마음 한구석에서는 과연 그 청을 들어주어야 할 것인지, 들어준다면 언제 찾아가는 것이 좋을지 그 날의 스케줄을 따져보고 있었다.

그 날 저녁은 참석해야 할 모임이 하나 있었고 그 장소로부터 그녀의 아버지가 입원하고 있다는 대학병원까지는 한 시간 이상 운전해야 할 거리였다. 모임에 참석한 후 병원에 간다면 밤 11시는 되어야 할 것 같았고, 그렇게 늦은 시간에는 중환자실 면회가 어려울 것으로 생각되었다.

다가오는 죽음에는 피할 수 없는 것과 피할 수 있는 것이 있다. 피할 수 없는 죽음은 그 삶의 의미와 목적이 마무리되어 더 이상 세상에 머물 필요가 없어진 사람에게 찾아오고, 그의 표면의식에서는 죽음을 두려워하고 피하려 하지만 내면의 영혼은 그 죽음을 자신에게 합당한 것으로 여기고 담담히 받아들인다. 피할 수 있는 죽음의 위기는 삶이 우리에게 주는 큰 시련과 훈련의 한 형태이며 강한 의지와 노력과 지혜를 모아 대처하면 극복할 수 있어 종종 기적 같은 회복이나 불가사의한 치유를 가능하게 한다.

이것은 오래 전 수련의 시절부터 응급실과 수술실, 중환자실에서 죽어가는 환자들과 내 주변에서 일어나는 가깝고 먼 사람들의 죽음을 바라보며 얻은 내 나름대로의 결론이었지만, 그 후 여러 해 동안 최면치료를 통해 들여다볼 수 있었던 수많은 환자들의 여러 삶과 죽음의 모습은 이 결론이 틀린 것이 아님을 보여주었다.

요즘 환갑은 많은 나이가 아니지만 그녀의 아버지 역시 어떤 이유에서건 삶을 마감할 시점에 와 있는 사람이라면 회복되지 못할 것이고, 더 살아야 할 이유가 남아 있다면 어떻게든 회복되리라는 것이 전화를 받은 직후의 내 느낌이었다.

일과 후의 피곤함을 생각하며 처음에는 그 청을 꼭 들어주어야 할 것인가 고민했지만, 사람의 삶에서 죽음은 단 한 번 찾아오는 최후의 매듭이고 사랑하는 가족들로서는 그가 갑작스럽게 찾아온 죽음을 마음의 안정과 평안함 속에서 맞이하기를 간절히 원할 것이라는 사실에 생각이 미치자 시간이 좀 늦더라도 그 병원을 찾아가야겠다는 결심을 굳히게 되었다.

저녁모임에 참석했지만 끝나고 가면 너무 늦을 것 같아 중간에 먼저 일어나 알려준 대학병원을 찾아갔다. 출발하며 '지금 가고 있다'고 알리기 위해 전화를 걸었더니 낮에 전화했던 사람의 남동생이라며 젊은 남자가 전화를 받았다. 그는 '누나에게 얘기를 들었다'며 예상외의 늦은 시간 방문에 무척 놀라면서도 반가워했다.

밤 10시가 조금 넘어 도착해 내과 중환자실을 찾아가자 그 옆의 가족 대기실에는 중환자실 주변 특유의 우울함과 무거운 슬픔에 짓눌린 가족들이 수심과 수면 부족에 찌든 얼굴로 둘씩 셋씩 모여 앉아 있었다. 방 안을 두리번거리는 나를 알아보고 대기실 옆의 나무의자에 앉아 있던 핏기 없고 지친 얼굴의 젊은 여인이 아는 체하며 다가왔다. 같이 있던 남동생과 여동생도 일어나 눈인사를 했다.

"선생님, 와주셨군요. 정말 감사합니다. 제가 아까 전화 드렸던 사람이에요. 저녁시간까지 전화가 없어 오시지 못할 줄 알았어요. 혹시나 해서 낮에 아버지 정신이 좀 돌아왔을 때 선생님이 조만간 오실 거라고 말씀드렸어요. 말씀은 못 하셔도 기뻐하는 눈빛이셨어요. 선생님 책에 나오는 메시지들을 읽고 아버지는 선생님을 영적인 능력을 가진 성직자로 생각하시거든요.

오신다는 전화를 받고 중환자실 간호사들에게는 집안의 중요한 일 때문에 아버지께 말씀드릴 것이 있어 친척 아저씨 한 분이 늦은 시간에 오실 테니 잠시만 아버지를 면회할 수 있게 해달라고 부탁해놨어요. 조금 아까 들어가 봤는데 다행히 아버지가 잠들지 않으셔서 선생님 말씀을 알아들으실 것 같아요. 옆에 가셔서 '아무 걱정 마시라'고 해주시고 '가족 모두가 잘 지낼 것'이라는 말씀도 좀 해주세요. 그렇게만 말씀해주셔도 아버지께 큰 위안이 될 거예요."

"얼마나 도움이 될지는 모르지만 그렇게 해보죠."

입구에서 방문객용 겉옷을 걸쳐 입고 중환자실에 들어서자 인턴 시절 코에 익었던 특유의 냄새가 느껴졌다. 여러 개의 가습기가 안개 같은 습기를 내뿜는 속에 정맥주사와 산소 호스, 몸에 삽입된 여러 개의 튜브, 인공호흡기나 각종 계기를 부착한 채 삶과 죽음의 문턱을 넘나드는 환자들이 모여 있는 곳이기에 아물지 않은 상처에서 흐르는 피와 고름, 구토물과 대소변의 퀴퀴한 냄새는 간호사들이 아무리 부지런히 움직이며 치우고 옷을 갈아입히고 침대 시트를 갈아줘도 희미하게 공기 중을 떠돌 수밖에 없는 곳이 중환자실이다.

병원 실습을 하던 의대 4학년 시절 중환자실에 처음 들어갔을 때 그 곳에 있던 내과 의사 한 사람이 우리를 보고 이렇게 말했었다. "이 환자들을 잘 봐줘라. 우리 모두의 미래 모습이다." 그 말은 오랜 세월이 지난 지금까지도 내게 깊은 인상으로 남아 있다.

아버지의 침대 곁으로 나를 안내한 그녀는 "아버지, 그 선생님이 오셨어요. 말씀을 잘 들어보세요"라고 말한 후 자기가 곁에 있으면 내가 불편할 것으로 생각해서인지 다시 밖으로 나갔다.

아무 반응 없이 산소 호스를 코에 끼고 상반신을 조금 세운 침대에 눈을 감은 채 죽은 듯 누워 있는 그는 작은 체구에 야윈 얼굴이었고, 두 개의 정맥주사와 심장박동과 심전도, 호흡수를 보여주는 모니터를 몸에 붙인 채 소변을 받는 호스와 비닐 백을 차고 있었다. 그의 연약한 숨결은 그 보조기구들이 없으면 당장이라도 멈출 것 같아 보였다. 나는 그의 머리맡으로 다가가 몸을 낮춰 귀엣말을 하듯 속삭였다.

"제 말이 잘 들리고 뜻을 이해하실 수 있으면 눈을 한 번 떴다 감아보세요."

이렇게 말하자 그는 눈을 한 번 가늘게 떴다가 감았다.

"큰 따님의 청으로 찾아왔습니다. 갑작스럽게 많이 아프셔서 무척 힘들어하신다고 가족들이 걱정이 많더군요. 제가 특별히 도와드릴 것은 없지만, 제 책을 읽고 공감하신다니 고통과 죽음에 대해 큰 두려움은 없으실 줄로 생각합니다. 사람에게 영혼이 있다고 믿으신다면 지금의 이 상황도 받아들이실 수 있을 겁니다.

가족들은 제가 의사로서보다는 성직자처럼 아버지께 영적인 확신을 드리기를 원하고 있습니다. 제가 많은 환자들의 진료 경험을 토대로 분명히 말씀드릴 수 있는 것은 우리가 살고 죽는 것은 절대로 우연히 결정되는 일이 아니라는 사실입니다. 지금의 이 상태에서 회복이 잘되시든 그렇지 못하시든 간에 자신의 영혼은 이미 왜 이 같은 상황이 오게 되었는지를 이해하고 있고 앞으로의 결과도 받아들이고 있다는 것을 알아야 합니다. 모두가 각자의 삶과 운명의 목적과 방향을 따라가야 하는 것이 인생입니다.

자식들에 대한 걱정이 많으시겠지만 그들은 나름대로 잘 꾸려나갈 겁니다. 어떤 삶이나 그 목적을 모두 이루게 되면 끝나게 되고, 할 일이 남아 있으면 더 머물게 되죠. 가족과 헤어진다 해도 언젠가 다시 만날 것이고, 육체의 죽음 후에도 소멸되지 않는 영혼이 진정한 자신의 모습이라는 것을 기억하셔야 합니다. 모든 것을 편안하게 '뭔가 이유가 있어 그럴 것'이라는 마음으로 받아들이셔야 합니다. 제 말에 공감하실 수 있고 앞으로의 어떤 결과도 모두 편하게 수용하실 수 있다면 다시 한 번 눈을 떴다 감아보세요."

쇠약한 그가 알아듣기 힘들 것 같아 몸을 구부려 귀에 가까이 입을 대고 속삭이듯 천천히 한 마디씩 분명하게 발음하려고 노력하며 이 말을 해주었다. 얼핏 보기에는 의식이 없는 듯한 환자의 귀에 입을 바짝 대고 뭔가를 중얼거리는 내 모습을 근무 중인 간호사들이 호기심 어린 눈으로 바라보았다.

내 말에 잠시 동안 반응이 없다가 그는 다시 한 번 눈을 가늘게 떴다 감았다. 감는 눈가로 눈물이 조금 흘러내렸지만 그의 무표정한 얼굴은 어떤 감정도 내비치지 않았다.

"그렇게 대답해주시니 감사합니다. 자녀분들에게 아버지께서 제 말을 모두 이해하고 받아들이셨다고 하면 무척 기뻐할 겁니다. 저는 앞으로 가장 합당하고 좋은 결과가 올 것으로 생각합니다."

마지막으로 이렇게 말한 후 작별 인사를 하고 밖으로 나오니 남매가 초조한 얼굴로 기다리고 있었다.

"수고하셨어요, 선생님. 아버지 반응이 어떠신 것 같아요?"

"잘 알 수는 없지만 제 말을 알아들으시는 것 같았어요. 아까 제게 부탁하셨던 말씀들을 전해드렸고 덧붙여서 몇 가지 영적인 확신을 드렸는데 제 말에 공감하시고 앞으로 일어나는 일들도 모두 잘 받아들이시겠다는 반응을 보이셨어요."

"정말이요? 너무 감사합니다. 그런데 그런 반응을 어떻게 보이셨어요?"

기뻐하며 묻는 그들에게 내 말에 따라 아버지가 눈을 떴다 감았다 했다는 얘기를 해주었다.

"저희도 그렇게 해봤는데 반응이 없으셨어요. 오늘 아버지 정신이 더 맑으신가 봐요."

그들도 나름대로 의사소통을 하기 위해 여러 가지 방법으로 애써봤지만 소용이 없었다고 했다. 그러나 그 날 밤 내 말에는 분명한 반응을 보였다는 사실에 그들 남매는 마음의 큰 위안을 받은 것 같았다.

"아버님이 어떻게 되시든 나도 궁금하니 연락을 꼭 해주세요. 아버님도 문제지만 가족들도 마음으로부터 이 상황을 이해하고 소화해나가야 합니다. 아버님을 갑자기 잃게 된다는 것은 아주 큰 슬픔이고 충격도 큰 일이기 때문에 잘 극복해야 합니다."

이렇게 말한 후 거듭 감사하다는 그들을 뒤로 하고 돌아왔다. 그로부터 3일 후, 그 날 밤에 만났던 큰딸로부터 다시 연락이 왔다.

"어제 아버지께서 운명하셨어요. 주무시다가 편안한 얼굴 그대로 돌아가셨어요. 전혀 고통스럽지 않으셨던 것 같아요. 선생님께서 다녀가신 후 뭐라고 표현하기는 힘들지만 훨씬 안정된 모습으로 지내셨어요. 말씀은 못 하셔도 왠지 모르게 초조하고 불안한 느낌이 전혀 없었으니까요. 저는 선생님이 다녀가셔서 아버지가 더 빨리 마음의 결정을 내리셨을 것으로 생각해요. 다시 한 번 감사드립니다."

처음 전화했을 때와는 달리 차분하고 담담한 목소리로 그녀는 이렇게 말했다.

"편안하게 돌아가셨다니 참 다행이군요. 남은 가족들도 아버님의 삶이 그렇게 끝나게 되어 있었다고 생각해야 합니다. 죽고 사는 것은 절대 우연이 없어요. 하실 일을 다 하고 가셨다고 봐야죠."

"저희도 그렇게 생각해요. 아버지께서 병원에 계셨던 것은 단 며칠간이었지만 제게는 몇 년쯤 되는 것처럼 길었어요. 그동안 참 많은 것을 한꺼번에 생각하고 느끼게 되었죠. 마음의 준비를 못 하고 불안해하시던 아버지가 편안한 모습으로 돌아가실 수 있었던 것은 선생님이 그 날 밤에 와주셨기 때문일 거예요."

이 대화를 끝으로 마무리 인사를 나눈 후 전화를 끊었다. 그 날 밤의 내 방문이 그의 마음에 어떤 영향을 주었는지는 알 수 없지만 가족을 두고 가야 하는 안타까움을 조금은 덜어주었을 것으로 나와 그의 가족은 믿고 있다.

가까운 가족의 죽음은 자신의 일부가 죽는 것과 같다. 다른 어떤 사건으로도 체험할 수 없는 사별의 깊은 슬픔과 막막하게 단절된 상실감은 때론 남아 있는 사람의 삶의 의지를 꺾어놓기도 한다. 피할 수 없는 죽음이 우리 곁을 찾아왔을 때 죽음이 생명의 끝이 아니라는 사실을 알고 있다면 충격과 당황 속에서 허둥대는 것은 피할 수 있을 것이다.

그러나 아무리 영혼은 죽지 않는다는 사실을 알고 있어도 죽어가고 있는 지금의 '그 사람'과 '나'의 관계는 유일하고 대체할 수 없는 것이다. 사랑하는 사람들과의 이별은 아무리 짧아도 언제나 가슴 아픈데, 같은 모습 같은 목소리로는 영원히 다시 만날 수 없게 되는 죽음의 이별을 가볍게 생각해서는 안 된다. 불멸의 영혼이 우리의 본질이라 해도 내 곁에서 숨쉬고 웃고 울던 '그 사람'을 잃는 슬픔은 삶의 다른 불행들과는 그 무게가 다른 것이다.

사랑하는 아버지가 마음의 준비를 채 마치지도 못한 채 불안과 두려움 속에서 죽음을 맞이했다고 생각하는 것은 자식들의 가슴에 평생 동안 남을 괴로움이다. 나를 의사로 생각했건 성직자로 생각했건, 갑자기 죽음을 맞게 된 사람과 그 가족의 마음에 큰 위안이 될 수 있었다면 그 날 밤늦게 피곤한 몸을 끌고 찾아갔던 중환자실에서의 만남은 짧았지만 성공적인 치료 시간이었다고 생각한다.

경계성 인격장애 환자에서
인정받는 교수로

전체 인구 중 1~2%에 해당한다는 경계성 인격장애는 치료가 어렵다. 이 환자들은 정서와 행동 · 대인관계 전반에 걸쳐 몹시 불안정하고, 주체성의 혼란으로 인해 안정감 있는 태도를 유지하기 어렵다. 한때 이들은 가벼운 정신분열증의 일종으로 이해되기도 했지만 지금은 독립된 진단명으로 분류되어 있다.

자제력이 부족하고 충동성이 강한 것이 이들의 특징이며, 극단적이고 격렬한 대인관계와 만성적 불안과 우울, 공허감, 자기 이미지에 대한 불만과 불안이 크고, 낭비와 성적 문란, 약물 남용이나 도박 등 자기 파괴적 행동과 습관에 빠지기 쉬우며, 심한 스트레스를 받으면 피해망상적 사고 등을 보일 수 있다.

서른여섯 살의 유성준 씨는 조절할 수 없는 성적 탐닉과 계속되는 충동적이고 자기 파괴적인 행동들을 고치기 위해 병원을 찾았다. 다른 병원에서 일곱 번 최면치료를 받아봤지만 효과가 없었고, 정신과 상담치료 또한 몇 군데서 받아봤지만 전혀 도움이 되지 않았다고 했다. 그를 치료했던 정신과 의사들 중 두 명 이상이 경계성 인격장애로 진단했다고 한다.

부모님이 모두 전문직에 종사해 경제적으로 유복한 집안의 장남이었지만 어릴 때 칭찬보다는 주로 야단을 치는 할머니와 지내면서 상처를 많이 입었다고 했다. 초등학교 때는 공부를 잘했지만 중학교 시절부터는 교우들에게 따돌림을 당하기도 했고 성적이 계속 좋지 않아 삼수 끝에 모 대학의 지방분교에 들어가 전자공학을 전공했다.

어릴 때부터 내성적이고 정서가 불안정했지만 불만스런 대학 진학 후 열등감과 자기 비하적 감정이 깊어졌고, 아버지의 도움으로 취직한 대학에서 전임강사 생활을 하고는 있었지만 항상 자기 능력에 대한 불신과 공부에 대한 두려움이 마음을 짓눌러 섹스 관련 잡지와 책을 탐독하고 만화방과 비디오방, 사창가를 전전하며 시간을 보낼 때가 많다고 했다. 지금은 출신교의 대학원에서 박사과정을 하고 있지만 10년째 학위를 마치지 못하고 있어 1년 후에도 논문이 통과되지 않으면 학위를 포기해야 한다고 했다. 이미 지도교수의 눈 밖에 났기 때문에 학위 취득이 쉽지 않을 것 같아 다른 대학원의 박사과정에도 등록을 해놓았지만 그 쪽 역시 전망이 불투명한 상태였다.

스스로 생각해도 패배주의적이고 자기 파괴적 사고와 습관들이 뿌리 깊게 자리 잡고 있어 최면치료가 도움이 될 것 같아 찾아왔다고 했다. 아버님은 몇 년 전 돌아가셨고 어머니와 두 명의 동생이 있지만 관계가 좋지 않다고 했다. 학교에서 같이 근무하는 윗사람이나 동료들과의 관계에서도 스트레스를 많이 받아 무척 힘들다고 했다.

대학원에 진학한 지 얼마 안 돼 결혼을 했지만 한 달 만에 이혼했고, 그 후 재혼해 아들이 하나 있다고 했다. 전공이 마음에 안 드는 것도 힘들고, 사창가에서 성병이 옮지는 않을까 걱정하면서도 계속 그런 생활을 하는 자신을 이해할 수 없다고 했다.

한두 가지 증상을 가라앉히는 것보다 성격 바탕의 오래 된 문제들을 해결해가며 삶 전체를 변화시켜야 하는 치료는 훨씬 복잡한 작업이다. 어린 시절의 환경과 가족관계, 성장 과정에서 생긴 크고 작은 상처들과 이로 인한 현재의 증상과 문제들을 찾아 해결하기 위해서는 충분한 대화와 환자의 내면을 깊이 파고들어갈 수 있는 최면치료, 필요에 따른 약물 처방을 병행하는 것이 최선이라고 나는 생각한다.

해리 증상과 해리성 정체성 장애를 연구하는 학자들은 경계성 인격장애 환자가 보이는 증상들이 사실은 해리 현상에 의한 것이라고 주장한다. 정신과 의사들이 해리성 정체성 장애라는 진단에 익숙하지 않기 때문에 경계성 인격장애라는 애매한 이름으로 진단되고, 그로 인해 적절한 치료를 받기 힘들어 치료 성과도 적다는 것인데 나 역시 이 주장에 공감한다.

처음 두 번의 치료 시간에 환자는 어린 시절의 중요했던 일들과 가족관계에 대해 주로 이야기했다. "마음을 털어놓고 얘기할 수 있다는 것만으로도 기분이 한결 가볍습니다. 저도 더 이상은 이렇게 살고 싶지 않아요. 이대로 가면 저는 완전히 파멸할 수밖에 없어요. 이젠 치료 시간이 기다려지고 하고 싶은 얘기를 하고 나면 희망이 생기는 것 같아요. 제 평생 짊어지고 있던 것들을 내려놓고 새롭게 출발하고 싶습니다."

가벼운 최면 상태에서 의식의 저항과 통제를 풀고 지금껏 살아오면서 마음속에만 담아두었던 이야기들과 억눌렸던 부정적 감정들을 충분히 배출시킬 기회를 주자 그는 이렇게 말하며 아주 빠른 속도로 안정을 찾아갔다.

다섯 번째 치료까지는 대화를 중심으로 그의 삶 전반의 모습을 살펴보고 여러 현실적 문제 해결에 필요한 가장 합리적이고 적절한 방법들을 의논했다. 그렇게 치료자와의 대화가 편안함과 신뢰감 속에서 조금씩 깊어질 수 있도록 유대를 다져나갔다. 가벼운 최면 상태에서 혼자 긴장을 풀고 충동을 해소하는 방법도 가르쳐주고 평소 생활에서 늘 실천하도록 당부했다.

여섯 번째 치료 시간에는 환자의 내면에서 노인과 어린이의 모습과 특징으로 이루어진 정체불명의 인격들이 여럿 발견되었다. 이들은 모두 '외부에서 침투해 들어왔다'고 주장하며 자신들이 이 환자가 겪는 여러 증상들의 가장 큰 원인이라고 대답했다. 이들을 무력화시킨 후 제거하고 환자에게 스스로를 관리하고 보호하는 최면 기법들을 가르쳐주었다. 그 작업이 끝나고 나서 환자는 "머리가 훨씬 맑아졌어요. 항상 뭔가 머릿속에 꽉 차서 답답했는데 그게 없어졌고 가슴도 눌리는 느낌이 없어요"라며 개운해했다.

다음 시간에 환자는 "이상한 곳에 가서 시간을 보내는 것이 많이 줄었습니다. 잡념도 많이 줄었고 집중력이 좋아지고 있습니다. 조금씩 자신감이 생기는 것 같아요"라며 더 적극적인 태도로 치료에 임했다. 가족관계를 포함한 주변의 현실적 문제들에 대해 세세하게 의논하고 분석하는 작업과 최면치료를 같은 비중으로 병행해가면서 환자는 점점 더 나아졌다.

몇 번에 걸친 전생퇴행과 죽음의 경험, 영혼으로서의 기억과 현재 자아의 한계를 초월한 높은 의식의 관점에서 바라본 자신의 모습 등 여러 종류의 자아초월적 최면 기법을 상담과 적절히 섞어 쓰면서 환자는 하루가 다르게 변해갔다.

그가 떠올렸던 전생의 모습들 중에는 공부에 집중하기 힘들어하는 선비의 모습과 수도자의 모습, 조선시대 등짐장사를 하며 객지를 떠돌다 돌아와 보니 살던 산골 마을이 도적들의 습격을 받아 노모와 부인, 아이들이 모두 어딘가로 떠나버려 다시 만나지 못하고 자신도 출가해 절에서 생활하다가 환속해 죽음을 맞이한 힘든 기억들이 있었다. 여러 번의 전생기억을 떠올린 후 환자는 최면 상태에서 자신에 대해 이렇게 말했다.

유 : 이번 삶에서 저는 앞선 삶에서의 어리석음과 이기심을 극복해야 합니다. …… 지금 저를 괴롭히는 동생과 어머니에게는 전생에서 제가 빚진 것이 많습니다. …… 제게 어려움을 주었던 모든 사람들을 저는 전생에서 이미 만났었고, 지금 그들이 제게 고통을 주는 것은 제가 그 때 그들에게 고통을 주었기 때문입니다.
제 증상의 원인 중에는 빙의 현상도 있었는데, 이것 역시 제가 태어나기 전에 이미 계획되어 있던 일이었고 제 영혼의 힘을 다지기 위한 예방주사라는 마음으로 받아들였습니다 …… 이번 삶이 무척 힘들 것을 태어나기 전부터 알고 있었지만 제 영혼이 성장하기 위한 필수 과정이라는 사실을 알고 모든 어려움을 받아들였습니다 …… 이 치료 경험을 통해 저는 내면에 있는 영혼의 지혜에 점점 눈을 떠가고 있고 불안 속에서 왜곡되었던 것들을 모두 바로잡아가는 중입니다.

열 번의 치료가 끝났을 때 그는 더 이상 비디오방과 만화방, 사창가 등에 관심을 가지지 않고 공부에 몰입할 수 있게 되었다. 마음에도 여유가 생겨 부인과의 대화도 원활해졌고 결혼 후 처음으로 가족과 해외여행도 다녀올 수 있었다.

한번은 최면치료 도중 누군가가 옆에서 말하는 것처럼 "지금까지 수고했다. 이제 너는 한 단계 도약했다. 앞으로 네게는 새로운 세계가 열릴 것이다. 훌륭한 지도자가 될 수 있을 것이다"라는 목소리가 들린다고 했다. 마음이 안정을 찾아감에 따라 학교에서의 생활도 훨씬 나아져 주위의 선배 교수들로부터 능력을 인정받으며 점점 할 일도 많아졌다.

"일이 너무 많아 눈코 뜰 새가 없어졌어요. 걱정이 되기는 하지만 지금의 제 능력에 저도 놀라고 있습니다. 네다섯 사람 분의 일을 제가 혼자 처리하고 있는 것 같아요. 전에는 할 일이 있어도 미뤄놓고 만화방에서 먹고 자면서 2~3일씩 처박혀 있었는데 이제 완전히 변했습니다. 주어지는 일은 뭐든 주저없이 할 수 있고 텔레비전과 비디오, 신문까지도 거의 안 보고 지내고 있습니다. 전에는 싫으면서도 강박적으로 신문을 몇 개나 읽었는데 말이죠.

제가 맡고 있는 학생들에게 비전을 제시할 수 있는 중요한 자리에 있다는 생각이 들고 뭔가 할 일이 있다는 사명감도 듭니다. 제가 안정되니까 기다렸다는 듯 좋은 제안도 들어오고 마치 막혔던 파이프가 뚫린 것처럼 필요한 모든 것이 공급되는 것 같습니다. 평생 처음으로 이제 정말 마음먹은 대로 행동할 수 있습니다. 치료를 받으면서 순간적으로 모든 것이 풀리는 느낌을 받았고 이제 묶여 있던 제 삶 전체가 풀릴 것으로 느껴집니다. 지금 정말 행복하고 당장 죽어도 여한이 없습니다."

"지금은 조율이 필요해요. 지나친 의욕과 계획은 무리입니다. 숨을 고르면서 차근차근 하나씩 해결하면서 나아가야 합니다. 가급적 스트레스와 일을 줄이고 내가 늘 연습하라는 자기치료를 게을리 하지 마세요."

자신의 변화에 흥분한 그의 말을 듣고 나는 이렇게 조언해주었다. 나는 그의 상태가 좋아짐에 따라 거의 포기 단계에 있었던 박사학위에도 적극적으로 도전해보도록 권유했다. 학교에서 교수생활을 하려면 학위는 필수조건이며 어떻게든 넘어야 하는 산이었기 때문이다. 내 제안을 듣고 그는 잠시 불안해하며 망설였다.

"제가 정말 할 수 있을까요? 지도교수님이 워낙 까다롭고 저를 무능한 놈으로 찍어놔서 왠만해서는 어려울 것 같은데요. 10년 동안 제가 학위 때문에 얼마나 고민했는지 모르실 겁니다. 목에 걸린 가시나 족쇄처럼 이것만 생각하면 가슴이 답답해지죠."

"그 생각부터 버리세요. 모든 것은 마음이 만들어가는 것입니다. 그런 생각을 가지고 있다면 그 생각의 파장과 에너지가 자신을 감싸고 묶어버리게 돼요. 교수님께도 지금의 달라진 자신이 가지고 있는 안정된 파장을 텔레파시로 전해야 합니다. '저는 충분히 할 수 있고 그만한 능력과 자격이 됩니다'라는 메시지를 마음의 파장을 통해 교수님과 심사위원들에게 자꾸 전하고 스스로도 그 생각의 에너지 속에 늘 머물러야 합니다. 그에 따르는 노력은 당연히 해야 하고요."

"이번에 졸업 못 하면 저는 끝입니다. 선생님 말씀대로 해보겠습니다."

내 말을 듣고 마음을 굳힌 듯 그는 이렇게 대답했다. 그 후 그는 논문 하나를 짧은 기간 안에 완성해 학술지에 싣는 데 성공함으로써 지도교수의 칭찬을 들을 수 있었다. 박사학위를 위한 논문 제목에 대한 공청회와 심사위원들의 구두시험에도 지난 10년과는 달리 이상할 정도로 호의를 보이며 도와주는 지도교수의 태도로 큰 어려움 없이 통과해 드디어 그토록 소원하던 박사학위를 손에 쥐게 되었다. 졸업과 학위논문 통과가 확정되었을 때는 마치 대학 입학시험의 합격자 발표를 보고 들뜬 목소리로 집에 알리는 수험생처럼 내게 전화를 했다. 그의 기쁨과 감회는 남다른 것이었다.

"선생님, 정말 도저히 불가능한 일이 일어났습니다. 제가 이렇게 될 수 있다는 것은 꿈에도 상상해보지 못했습니다. 정말 꿈만 같습니다."

"자기 안에 묶여 있던 것들을 풀어주는 것만으로도 기적과 같은 변화들이 가능해집니다. 이 모든 변화와 발전이 스스로의 노력의 결과라는 점을 명심하세요. 이 치료를 통해 앞으로 더 나아가는 것 또한 자신의 노력에 따라 얼마든지 가능합니다. 나는 다만 옆에서 도와줄 뿐이죠. 본인이 원하지 않고 노력하지 않으면 내 도움은 소용없습니다."

다음 치료 시간에 그는 최면 상태에서 자신의 삶에 대해 이렇게 평가했다.

유 : 이번 삶의 최대 목적이 완성되어가고 있습니다. …… 마흔 살이 될 때까지 공부를 열심히 했어야 하는데 뜻대로 되지 않았습니다. 지금은 하나의 전환기입니다. 앞으로 저는 강의와 친교를 통해 제가 이 치료를 통해 깨닫게 된 정신세계와 영혼의 세계에 대해 사람들에게 알리고 전파해야 합니다. 지난 10년간은 하나의 준비 단계였고 40대와 50대는 체계적인 지식을 쌓고 제 삶의 내용을 충실히 다져나가는 단계입니다. 50대 이후에는 제가 알게 된 것들을 사람들과 나눌 것입니다.

저는 태어나기 전부터 이것이 삶의 의무라는 것을 알고 있었습니다. 새로운 정신세계와 새로운 철학과 사상이 사람들에게 필요합니다. 저는 더 커져야 하고 스스로를 관리하는 힘도 갖춰야 합니다. 지난 10년간의 후유증이 앞으로도 얼마간은 갈 것입니다. 그러나 시간이 흐르면서 내적, 외적으로 모든 면에서 더 나아질 겁니다. 과거의 후

유증과 상처에서 벗어나 진정한 발전을 이룰 수 있습니다.

스무 번 정도의 최면치료 과정을 거치면서 그는 평생 고통을 당했던 여러 문제들로부터 벗어났고, 자신을 포함한 가족 모두가 불가능할 것으로 여겼던 박사학위까지 받음으로써 가족과 주위의 신뢰도 다시 얻게 되었다. 학위 취득 후 얼마 지나지 않아 조건과 전망이 더 나은 대학으로 직장을 옮길수 있었고, 새 직장에서는 아주 유능한 교수로 인정받아 해를 거듭하면서 순조로운 승진과 함께 중요 보직을 두루 거치는 교수가 되었다. 또한 그의 강의는 학생들로부터 높은 평가를 받으며 이런저런 고민 상담을 해오는 사람도 여럿일 만큼 믿음을 주는 스승이 되었다.

그는 치료가 진행되며 점차 나아지자 내게 여러 번에 걸쳐 "선생님이 앞으로 치료에 대한 책을 쓰시면 제 얘기를 꼭 넣어주세요. 저는 그 책을 제 책장에서 제일 잘 보이는 곳에 꽂아두고 그 책을 볼 때마다 '내가 치료를 받기 전 얼마나 형편없는 상태에 있었는지'를 늘 기억하면서 감사하는 마음과 노력하는 자세를 잊지 않으려고 합니다"라고 부탁했다.

더 이상 치료가 필요 없는 완치 상태에 이르러 그는 치료를 마쳤지만 여러 달에 한 번씩 병원을 찾아와 "치료 후 제 삶에서 계속 경험하고 있는 놀라운 변화와 생각들을 나눌 사람이 없는데, 선생님을 가끔 만나 그동안의 얘기를 나누는 것이 즐겁습니다. 앞으로도 가끔 이렇게 상담을 하면 좋겠습니다"라고 말했다.

내가 2002년에 출간했던 《영혼의 최면치료》에 자신의 치료 사례를 실은 것을 무척 기뻐하며 "전에 말씀드린 대로 그 책은 제 책상에서 머리만 들면 보이는 위치에 꽂혀 있습니다. 그 책이 눈에 띌 때마다 감개가 무량합니다"

라고도 했다. 치료와 상담을 완전히 끝내고 오랜 세월이 지난 지금도 그는
잘 지내고 있다.

경계성 인격장애 환자는 치료가 어렵다는 선입견을 가지면 이런 환자들
을 적극적으로 돕기 힘들다. 치료해도 별 도움이 안 될 것으로 미리 판단하
면 환자가 아무리 원하고 노력해도 치료자가 소극적이 되기 때문이다. 여러
방법의 치료에도 잘 낫지 않는 환자들 중에는 상담과 최면치료를 적절히 활
용해 이처럼 성공적으로 치료될 수 있는 환자가 아주 많기 때문에 정신과
의사들은 최면치료의 여러 기법에 대해 더 관심을 가져야 한다.

단 한 번의 치료로 회복된 실어증

스물한 살의 임정호 씨는 대학 재학 중 육군에 입대해 논산에서 기초 군사훈련을 모두 마치고 소속 부대에 배치를 받았다. 좀 내성적이긴 했지만 입대 전까지 별다른 정신적 문제는 없었다고 했다. 새 부대에 간 지 며칠 지나지 않아 심한 감기에 걸렸는데, 감기 증상과 함께 말을 전혀 하지 못하는 실어증이 생겼다고 했다.

건장한 체격에 눈만 껌벅거리며 전혀 말소리를 내지 못하고 앉아 있는 동생 옆에서 같이 온 누나는 기가 막힌다며 얘기를 이어갔다.

"처음엔 황당했지만 며칠 지나면 나을 거라 생각하고 기다렸는데 감기가 다 낫고 시간이 가도 전혀 말을 못 하는 거예요. 지금까지 군 병원에서 7개월 동안 약을 먹었는데 차도가 없어서 한 달 전부터는 A병원 정신과에서 약을 먹고 있는데 마찬가지로 전혀 도움이 안 됩니다. 본인도 힘들겠지만 부모님과 가족들 모두 걱정이 태산 같습니다. 결국 군에서도 어떻게 할 수 없으니 현역에서 공익요원으로 변경을 해줘서 한 달 후부터는 공익근무를 해야 합니다. 아는 분이 선생님을 소개해줘서 최면치료가 혹시 도움이 될 수 있을까 해서 왔습니다."

그동안 처방받은 약을 보니 안정제와 항우울제, 정신분열증 치료제 등이 골고루 섞여 있었다. 실어증이 발생한 후 한 마디 단어도 발음하지 못했다는 환자는 답답하다는 표정으로 내가 묻는 몇 가지 질문에 고개를 끄덕이거나 젓는 것으로 대답을 대신했고, 간혹 입술을 움직여 간단한 단어를 소리 없이 입 모양으로 전했다.

뇌와 중추신경계의 원인 없이 발생하는 실어증은 해리 증상의 하나인 전환증으로, 환자 내면의 정신적 스트레스를 숨은 원인으로 볼 수 있다. 그러나 말을 전혀 하지 못하는 환자와는 적절한 상담이 어려워 대부분의 정신과 의사는 약물 처방만을 하며 저절로 나아지기를 기다릴 수밖에 없다. 다행히 짧은 기간 안에 정상으로 돌아오는 경우도 있지만 이 환자처럼 오랜 기간 차도가 없었다면 앞으로 얼마나 더 기다려야 회복될지 아무도 예측할 수 없다.

해리 증상에 대해 잘 모르는 사람들은 이 환자들이 꾀병을 부리는 것으로 오해하기 쉽지만 해리는 꾀병과 전혀 다른 것이며, 환자는 실제로 심한 괴로움을 겪으며 낫기 위해 열심히 노력한다. 이 환자도 내 설명을 한 마디도 놓치지 않으려는 적극적 태도로 집중해서 들었다.

나는 환자와 누나에게 "앞으로 하게 될 치료는 일반적 최면치료와 달리 최면을 부수적인 치료 도구로 적절히 활용하는 종합적 정신치료라고 생각하세요. 그러니 최면이라는 말에 너무 의미를 두지 마세요. 심리학 이론보다 의식의 에너지를 설명하는 현대 물리학 이론을 더 활용하게 될 것이니 그 과학적 원리를 이해하는 것이 최면보다 더 중요합니다. 환자 내면의 숨은 원인과 증상을 일으키는 힘을 제거하고 건강하게 바꾸는 것이 목표이고, 치료를 마친 후에도 스스로 발전하고 성장할 수 있는 훈련도 치료 과정에 포함되니 환자 본인이 열심히 배우고 따라와야 합니다."

새로운 치료 방법을 받아들일 생각이 있는지를 물었을 때 환자는 진지한 표정으로 고개를 끄덕였고, 누나도 "다른 방법이 없으니 열심히 할 거예요. 오기 전에 부모님과도 상의했고 본인도 이 치료를 받아보겠다는 표현을 강하게 했어요"라고 말했다.

그 날 이후 한 달이 조금 지나 첫 치료 시간을 가질 수 있었다. 환자는 이미 지방 대도시에서 공익근무를 시작했지만 말을 전혀 할 수 없어 정상적인 근무가 어려웠다. 같이 온 누나에게 치료 원리를 간단히 설명한 후 치료실로 자리를 옮겨 환자에게 상세한 과학적 원리와 방법을 설명해주고, 고개를 움직여 '예'나 '아니오'로 대답할 수 있는 몇 가지 질문을 했다. 그의 대답을 종합하면 '어릴 때부터 예민하고 내성적이었으며, 학교 다닐 때도 사회성이 좋지는 않았다. 스트레스도 속으로 삭히는 성격이라 힘들어도 별로 표현하지 않고 살았다. 입대해서도 힘들었지만 그냥 참고 지냈다. 치료에 대한 설명을 잘 이해했고 열심히 따라오겠다' 는 것이었다.

이어진 최면치료는 대화 없이 내가 일방적으로 진행했고 첫 시간에 늘 하는 대로 환자로 하여금 자신의 에너지 상태를 마음의 눈으로 상상하며 필요한 변화를 만들어가는 것이었다. 문제가 되는 부분들을 건강하게 바꿔가는 방법을 설명해주고 잠시 훈련시킨 후 치료를 마쳤다. 마음이 좀 안정되고 편해졌다는 표정을 짓는 환자에게 집에 돌아가서도 지금 배운 대로 꾸준히 연습하라고 한 후 누나를 따로 불러 대화를 나눴다.

"동생이 원래 내성적이고 감정 표현을 어릴 때부터 잘 못했다고 하네요. 그런 성격 속에서 갈등과 스트레스가 계속 쌓이면 이런 해리성 전환 증상으로 나타날 수 있어요. 실어증이 나은 후에도 이 부분은 계속 치료를 해야 할 것 같아요."

"말이 좀 없는 편이었지만 그 정도로 문제가 될 줄은 몰랐어요. 앞으로 사회생활을 제대로 하려면 그런 성격을 고쳐야 되는데 걱정이네요. 저희는 선생님 의견을 따를 테니 좀 도와주세요."

"오늘 배운 것을 열심히 연습하라고 옆에서 자주 얘기해주세요. 앞으로 경과를 지켜보면서 또 말씀드리겠습니다."

치료를 마치고 돌아간 이틀 후 오후진료를 시작할 무렵 그 누나에게서 전화가 왔다.

"선생님, 그 날 수고 많으셨어요. 동생이 집에 와서도 편안해 보였는데 자고 일어나서 어제 아침부터 정상적으로 말을 해요. 완전히 정상으로 돌아왔다는 말씀드리려고 전화했어요. 정말 고맙습니다."

"아무 막힘없이 말을 하나요?"

"네, 정말 신기해요. 어떻게 그럴 수가 있죠? 여러 가지 얘기를 전혀 막히지 않고 잘해요."

좋아질 것으로는 생각했지만 내 예상보다 빠르게 호전된 셈이었다.

"그래도 잘 지켜보세요. 앞으로 또 심한 스트레스를 받으면 비슷한 증상이 나올 수 있으니 치료 시간에 배운 것을 실천하도록 자주 얘기해주세요. 원인이 된 내면의 문제도 더 치료해야 할 겁니다."

그 후 한 달쯤 지나 누나는 다시 전화를 해 '동생이 아주 잘 지내고 있고 문제가 전혀 없으니 일단 치료는 더 받지 않고 지내다가 공익근무가 끝나고 시간을 낼 수 있을 때 다시 오겠다'며 그래도 되는지 내 의견을 물었다. 나는 "그렇게 하세요. 배운 대로 계속 자기 치료를 열심히 하면 병원에 오지 않아도 될 거예요"라고 말해주었다.

해리성 증상들은 시작도 갑작스럽지만 극적으로 회복되는 경우도 많다. 그렇다고 그냥 내버려두면 언제까지 증상이 지속될지 전혀 예측할 수 없다. 이 환자의 경우 그동안 군 병원과 대학병원을 합해 8개월이나 정신과 치료를 받았어도 전혀 차도가 없었으니 그냥 두었으면 증상은 상당 기간 더 지속되었을 것이다. 한 번의 최면치료로 증상이 없어진 것이 가족의 눈에는 신기하겠지만 비슷한 사례를 자주 봐왔던 나는 특별한 변수가 없다면 회복은 시간 문제라고 생각하고 있었다.

그러나 실어증이 나았다고 해서 이 환자의 문제가 모두 해결된 것은 아니다. 앞으로도 큰 스트레스를 받으면 비슷한 증상이 나타날 수 있기 때문에 환자 내면에 쌓인 갈등과 원인을 찾아 해결하고, 환자 스스로 스트레스를 적절히 풀 수 있는 방법을 익혀야 재발을 막을 수 있다.

환자 내면의 갈등이나 원인을 찾아들어갈 시간도 없었고 환자가 치료 원리를 깊이 이해하지도 못한 상태에서 이런 극적인 회복이 어떻게 가능한지를 설명할 수 있는 정신의학 이론은 아직 없지만 환자의 의식과 정신 증상, 상상으로 만드는 이미지 모두를 일종의 에너지 파장으로 본다면 설명이 가능하다. 즉 환자의 내면에 축적되어 증상을 일으키는 부정적 에너지의 힘을 제거하고, 건강하고 안정적인 에너지로 대체하는 치료 작업이 실제 환자의 몸과 마음에 큰 변화를 일으키는 것이다.

'햇님놀이'로 소아 간질에서 벗어난 다섯 살 아람이

　　엄마 손을 잡고 온 아람이는 다섯 번째 생일을 한 달 앞둔 만 네 살짜리 남자아이였다. 엄마 말에 따르면 몇 달 전부터 잘 놀다가 갑자기 입이 씰룩거리며 옆으로 돌아가는 증상이 수시로 생겼다고 했다. 어린이집에 가서도 증상이 생기면 많이 놀라고 같이 있던 다른 아이들 앞에서 위축되어 어쩔 줄 모른다고 했다.

　　증상이 오기 전에는 머리가 아프다는 전조증상이 있을 때가 많고, 입이 씰룩이는 증상이 1~2분 동안 지속된 후엔 목이 아프다고도 했다고 한다.

　　"어린이집에 가는 것도 싫어하고 요즘은 하루에도 두어 번씩 증상이 일어나요. 더 심해지는 것 같아 집에서 가까운 대학병원 신경과에 가서 진찰을 받고 뇌파검사를 했어요. 거기 선생님이 간질이라고 하면서 빨리 약을 써야 한다고 했는데, 아직 너무 어린데 약을 먹이는 것이 싫어서 찾아왔어요. 최면치료가 도움이 될까요?"

가져온 뇌파검사 결과지에는 분명히 부분발작을 일으킬 수 있는 강력한 파장들이 기록되어 있었고, 결과를 판독한 의사도 부분발작으로 진단하고 있었다.

"글쎄요. 증상이 확실하고 검사 결과가 이렇게 나왔을 때는 1차적으로 약을 쓰는 것이 맞긴 합니다. 최면치료가 도움이 될지는 해봐야 알아요."

"약을 먹기 시작하면 계속 먹어야 하고 언제까지 먹어야 할지도 모른다고 하니 불안해서 다른 방법을 찾다가 선생님을 알게 돼서 왔어요. 아이가 너무 어려서 최면치료가 될지는 모르지만 가능하다면 해보고 싶어요."

간질은 복잡하고 다양한 증상을 일으키는 난치성 질환이다. 뇌의 한 부분에서 갑자기 발생하는 강력한 전류로 인해 사지가 경직되며 의식을 잃는 '대발작'이 대표적이지만 신체의 일부분에만 경련을 일으키는 부분발작도 종류가 다양하고 치료 경과가 복잡하다. 특히 소아 시절에 발생하는 간질은 저절로 낫기도 하지만 자라면서 증상이 변하거나 심해지는 경우도 많아 어른이 될 때까지 같은 약을 계속 먹거나, 증상 변화에 따라 처방을 바꿔가며 치료하게 된다. 내 환자들 중에도 대여섯 살에 약을 먹기 시작해 어른이 된 지금도 계속 약을 먹고 있는 사람이 여럿 있다.

"아이가 어려도 저와 의사소통이 되고 조금만 협조가 되면 치료는 할 수 있습니다."

이렇게 대답하고 아람이에게 부드럽게 "너 선생님하고 같이 치료해볼까? 주사도 안 맞고 쓴 약도 안 먹고 그냥 가만히 누워서 선생님이 하라는 대로 생각만 하면 돼요" 하고 물었다. 아람이는 가만히 나를 쳐다보며 "네"라고 금방 대답했다. 그 또래의 남자아이 치고는 차분하고 얌전한 모습으로 앉아 있는 걸로 봐서 최면치료에 별 어려움은 없을 것으로 생각되었다.

"결과는 어떨지 모르지만 아이가 이 치료를 배우면 여러 모로 도움이 될 겁니다. 치료를 하게 되면 엄마도 설명을 듣고 집에서 보조치료자 역할을 하셔야 합니다. 아직 너무 어려서 혼자서는 필요한 연습을 하기 어려우니까요."

좀 더 자세히 병력을 물어보니 발육이나 지능 발달은 정상이었지만 어릴 때부터 아주 예민했고 대인관계도 낯가림이 심한 편이라고 했다.

최면치료는 첫 진료 후 한 달 정도 지나서 할 수 있었다. 치료를 기다리는 동안 대학병원 신경과 의사의 권유에 따라 뇌의 컴퓨터단층촬영 검사도 했지만 결과는 정상이었고 입 주위의 경련 증상은 하루 평균 한두 번씩 나타난다고 했다.

엄마에게 치료 원리와 과정에 대해 간단히 설명한 후 대기실에서 기다리게 하고 나는 최면치료실 의자에 아람이를 눕히고 "지금부터 선생님하고 재미있는 놀이를 할 거예요. 눈을 감고 자기 몸속을 상상해보는 건데, 눈에 보이지 않아도 그냥 생각나는 대로 얘기하면 돼요. 몸속을 들여다보면 아픈 데가 어둡게 보이는데, 어디가 그런가 보세요" 하고 말했다. 아이는 정신을 집중하듯 미간을 찌푸리고 잠시 있다가 머리 오른쪽에 검은색 큰 덩어리가 있다고 했다. 그 부위는 뇌파검사에서도 이상이 나타났던 부분이었다. 몸의 다른 부분은 어둡게 느껴지지 않고 전체적으로 밝은 편이라고도 했다.

나는 "그 검은 덩어리가 녹아 없어지도록 햇빛이 들어오는 상상을 해요. 머리에 가득히 밝은 햇빛이 들어와서 그 덩어리가 녹아 없어지는 거예요"라고 말하고 옆에서 지켜봤다. 아람이는 눈을 감은 채 여러 가지 표정의 변화를 보이며 나름대로 집중해 내가 시킨 상상을 하는 듯했다. 그러나 지루한지 수시로 눈을 뜨고 나를 보며 "선생님 아직 멀었어요?" 하고 물었다. 나는 계속 "응, 조금만 더 하면 돼요"라고 대답하면서 아이가 집중할 수 있는 시간만큼 최대한 상상을 이어가도록 했다.

얼마간 시간이 흐른 후 치료의 마무리를 지으면서 "어때, 이제 검은 부분이 많이 없어졌니?" 하고 묻자 "네, 이제 다 밝아졌어요. 머리가 시원해요"라고 대답했다. "이따 끝나고 집에 가서도 지금 했던 것처럼 머릿속을 밝게 해줘야 해"라고 당부한 후 아이를 깨워 데리고 나왔다. 대기실에서 기다리던 엄마를 들어오게 한 후 치료 과정에서 있었던 일을 얘기해주고 집에 가서도 같은 연습을 수시로 할 수 있도록 옆에서 도와주라고 했다.

일주일이 조금 지난 다음 치료 시간에 아이 엄마는 "그동안 증상이 한 번도 없었어요. 머리가 아프다는 말도 없었고요. 어린이집에서 애들과도 잘 놀아요. 아침마다 햇님놀이 하자고 하면서 머리가 밝아지는 상상을 시켰는데 잘 따라했어요"라고 말했다. 아이의 표정도 첫 시간보다 밝아졌고 기분도 좋아 보였다.

두 번째 치료를 시작하면서 머릿속을 떠올려보라고 하자 어둡지 않고 밝다고 했다. 지난 시간과 같은 상상을 계속 시키자 2~3분마다 눈을 가늘게 뜨고 "아직 멀었어요?"라고 물어 너무 지루하지 않게 조금 앞당겨 치료를 마치고 나왔다.

밖에서 기다리던 아이 엄마에게 "오늘 돌아가서도 계속 증상이 없으면 그냥 지내면서 일단 치료를 중단하고 지켜보죠. 이대로 나으면 좋지만 아직 속단할 수는 없어요. 집에서 하던 대로 꾸준히 연습을 시키세요. 증상이 한 번이라도 나타나면 다시 치료 시간을 잡도록 하죠"라고 당부하고 돌려보냈다.

그 후 두 달간 아무 연락이 없어 경과를 확인하기 위해 엄마에게 전화를 하니 "안 그래도 전화 드리려고 했어요. 그동안 증상이 한 번도 없었고 아이 컨디션도 좋아요. 아침에 한 번씩 잠깐 햇님 놀이만 하는데 아무 문제가 없어요. 조금이라도 이상이 있으면 바로 연락 드릴게요"라고 밝은 목소리로 반갑게 받았다. 그 후 지금까지 6개월이 지나도록 증상은 한 번도 재발하지 않았고 잘 지내고 있다.

아람이의 증상이 사라진 이유를 정확히 설명할 수는 없다. 그러나 과학적 치료 원리나 설명을 전혀 이해하지 못하는 너덧 살 어린 아이들의 간질 증상이 단순한 이미지의 상상만으로 이렇게 회복되는 경우를 나는 여러 차례 경험했다. 증상의 원인이 일부 뇌신경의 이상 활동이라는 사실이 뇌파검사에서 분명히 확인되었어도 어떤 약물도 사용하지 않고 환자의 상상만으로 그 원인을 무력화시킬 수 있는 경우가 꽤 있는 것이다.

이 방법이 모든 간질 환자에게 적합한 것은 아니지만 약물치료에 반응하지 않는 난치성 간질이나, 아람이처럼 너무 어려 약을 먹이기 부담스러운 경우, 장기간의 약 복용을 기피하는 환자나 임산부 등에는 권유할 만하며, 현재 약물치료만 받고 있는 환자들도 이 치료를 병행한다면 먹고 있는 약의 양을 훨씬 줄이거나 끊을 수 있을 것으로 나는 생각한다.

뇌의 특정 부위나 신체 일부에 영향을 주는 이미지를 상상할 때 그 부위에 흐르는 혈류의 양이나 기능의 변화가 일어나고, 강하고 부정적인 감정 상태가 신체에 파괴적 영향을 미치며, 긍정적 에너지를 담은 이미지와 감정은 분자와 세포, 조직과 기관의 활력과 건강을 실제로 증진시킨다는 사실 또한 널리 알려지고 있다. 아람이와 같이 상상력을 활용하는 치료만으로 증상이 없어지는 환자들은 그 상상이 불러일으키는 에너지가 치료의 직접 요인이라고 봐야 한다.

융합과학으로
한 차원 높은 의식에 도달하라

의학은 대표적인 융합과학이므로 여러 분야의 과학이 발전하는 속도에 보조를 맞추며 앞으로 나아가야 한다. 많은 의학자들이 각자의 분야에서 나름대로 노력하고 있지만, 새로운 과학 지식들이 의학의 일부로 받아들여져 진단과 치료에 활용되려면 어느 정도의 시간과 시행착오가 늘 필요하다.

그러나 지금 우리에게 요구되는 과제는 단순히 새로운 지식을 조금씩 보태며 앞으로 나아가는 변화가 아니라, 지난 300년간 전통 과학의 틀 속에서 형성된 우리의 인생관과 세계관, 사고방식, 사회 모습을 모두 허물고 한 차원 높은 과학과 인식의 세계로 도약하는 것이다. 여러 분야의 첨단 연구를 주도하는 과학자들 사이에도 이 공감대는 최근 몇 년 사이에 폭넓고 빠르게 형성되고 있다.

심리학과 물리학, 생물학과 우주론, 작은 분자와 거대한 천체들을 종합적으로 연결하고 이해할 수 있는 양자물리학이 없다면 이 도약은 불가능할 것이다. 정신의학 역시 예외가 아니다. 우리 생각과 감정, 주위 환경과 사건의 파동과 에너지의 본질을 이해해야 그것이 우리 자신의 몸과 마음에 어떤 영향을 주는지 알 수 있고, 시간의 흐름 속에서 증상과 질병이 생기는 원인과 과정도 이해할 수 있다. 또한 그 파동과 에너지가 우리 주변의 가까운 사람과 먼 사람, 동물과 식물, 물체와 물질, 시간과 공간 등 여러 요소와는 어떻게 연결되어 상호작용하며 영향력과 정보를 주고받는지도 알아야 한다.

그 이유는, 우주 전체에 퍼져 있는 통일성과 양자얽힘, 비국소성이 우리의 삶과 일상에서는 어떻게 드러나고 작용하는지 알아야 하기 때문이다. 이런 근원적 지식들을 모아야 언젠가 우리는 '인간과 우주의 본질과 존재 목적'을 과학적이고 종합적인 눈으로 이해하게 될 것이고 영적 신비현상과 체험, 신의 본질, 창조와 진화는 모순이 아니라 공존하며 상호협조하고 있다는 사실 또한 깨달을 수 있을 것이다.

우리 모두가 그런 눈을 가지고 자신과 세상을 깊이 이해하고 건강하게 관리할 수 있게 될 때 인류는 한 차원 높은 의식에 도달해 현대사회를 짓누르는 여러 어두운 문제를 해결하고 더 나은 미래를 향해 나아갈 수 있을 것이다.

양자물리학은 '모든 물리적 현상은 의식을 가진 관찰자가 있어야 진행되며 관찰자가 없는 공간에서는 아무 일도 일어나지 않는다'고 말한다. 따라서 공간에 잠재되어 있는 무한 에너지로부터 대폭발(Big Bang)을 거쳐 형성된 우주의 창조 역시 거대한 우주 차원의 의식에 의해 진행되었다고 봐야 한다. 오래 전부터 사람들은 그 의식을 '신'이나 '창조주'란 이름으로 불러왔다.

많은 환자들이 각자의 의식을 우주 전체에 편재하는 이 의식과 에너지에 동조시킴으로써 치유되고 성장하며, 소우주인 자신의 삶을 키워가는 것을 나는 오랜 세월 지켜봐왔다. 이들의 변화는 눈부시고 감동적이며 비현실적이다. 세상의 가치관과 처세술이 아니라 우주적 차원의 통찰력과 이해에 도달하여, 삶이 안겨주는 성공에 오만하지 않고, 좌절과 고통을 수용하고 인내하며 극복해가기 때문이다.

이 과정을 수없이 지켜보면서 나는 그 변화를 이끄는 힘의 원천이 우주적 의식의 '사랑'이라는 것을 알게 되었다. 그 사랑은 무조건 따뜻하고 친절한 것이 아니라 '각각의 영혼이 삶의 역경과 장애물을 넘으며 올바른 길을 찾아 무한히 성장하여 궁극적으로 우주적 의식과 하나가 되도록 이끄는 힘'이다. 그 힘은 진지하게 길을 찾는 모든 이를 이끌어주고, 올바르게 노력하는 모든 이가 결실을 거둘 수 있도록 도와준다. 삶의 막연한 불안감과 고통은 이 사랑과 단절될수록 깊어지고 세상의 어떤 것도 그 자리를 채워주지 못한다.

철학과 종교, 수행과 고행으로 얻을 수 있는 궁극적 가르침도 이 사랑을 깨닫는 것이며, 물질 세계의 지식을 축적하여 우주의 비밀을 밝히려는 과학의 종착역도 이 사랑을 발견하는 것이라는 사실을 우리 모두가 알게 될 때 각자 삶과 세상이 안고 있는 수많은 문제들을 풀고 앞으로 나아갈 수 있을 것이다.

참고문헌

• 김영우. 전생여행. 정신세계사. 1996

• ───. 전생퇴행 요법. 제5회 한국정신과학학술대회 논문집. 1996

• ───. 정신의학적 측면에서 본 최면과 전생퇴행. 불교와 문화 제1호. 1997

• 에모토 마사루. 물은 답을 알고 있다. 나무심는사람. 2001

• 이부영, 서경란. 한국에서의 빙의 현상. 심성연구. 한국분석심리학회. 1994

• Arnold Mindell. Quantum Mind. LaoTse press. 2000

• Brian Weiss. 나는 환생을 믿지 않았다. 정신세계사. 1994

• Bruce W. Scotton MD, Allan B. Chinen MD, John R. Battista MD. Textbook of Transpersonal Psychiatry and Psychology. Basic Books. 1996

• C. J. Dalenberg. Accuracy, Tiing and circumstances of Disclosure in Therapy of Recovered and Continuous Memories of Abuse. The Journal of Psychiatry & the Law. 1996

• Carl Wickland. Thirty years among the Dead. National Psychological Institute. 1924

• Chris Carter. Science and the Near Death Experience. Inner Traditions. 2010

• Clara Riley. Healing Prenatal Memories. The journal of regression therapy. 1987

• Colin Ross. Dissociative Identity Disorder. John Wiley and Sons. 1997

• Corydon Hammond, Richard Garver, Charles Mutter, Harold Crasilneck, Edward Frischolz, Melvin Gravitz, Neil Hibler, Jean Olson, Alan Scheflin, Herbert Spiegel, William Wester. Clinical Hypnosis and Memory : Guidelines for Clinicians and for Forensic Hypnosis. ASCH press. 1995

• Corydon Hammond. Handbook of Hypnotic Suggestions and Metaphors. ASCH press. 1992

• David Steere. Spiritual Presence in Psychotherapy. Bruner/Mazel. 1997

• Dean Radin. Entangled Minds. Paraview Pocket Books. 2006

• E. A. Bennet. Analytical Hypnotherapy. Westwood Publishing. 1989

• Edith Fiore. You have been here before. Ballantine books. 1978

• Ernest Pecci. Exploring One's Death. The journal of Regression Therapy. 1987

• Ervin Laszlo. Quantum Shift in the Global Brain. Inner Traditions. 2008

• ─────. Science and the Akashic Field. Inner Traditions. 2004, 2007

• ─────. The Chaos Point. Hampton Roads. 2006

- Frank Lawlis. Transpersonal Medicine. Shambala. 1996
- Frank Leavitt. False attribution of Suggestibility to Explain Recovered Memory of
- Childhood Sexual Abuse Following Extended Amnesia. Child Abuse & Neglect. 1997
- Fritjof capra. The Turning Point. Simon & Schuster. 1982 (《새로운 과학과 문명의 전환》. 범양사. 2006)
- Gary E. Schwartz, Linda Russek. The Living Energy Universe. Hampton Roads. 1999
- Gary E. Schwartz. The Afterlife Experiments. Atria Books. 2002
- —————————. The Energy Healing Experiments. Atria Books. 2007
- Gerald Edelstein. Trauma, Trance, and Transformation. Bruner/Mazel. 1981
- Goswami. The Quantum Doctor. Hampton Roads. 2004, 2011
- Helen Pettinati. Hypnosis and Memory. Guilford. 1998
- Ian Stevenson. Children who remember previous lives. University press of virginia. 1987
- Ian Wilson. The After Death experience. Doubleday & Company. 1987
- Irene Hickman. Hypnosis and Healing. *The Journal of Regression Therapy*. 1987
- —————————. Remote Depossession. Hickman Systems. 1994
- Itzhak Bentov. Stalking the Wild Pendulum. Destiny Books. 1981 (《우주심과 정신물리학》. 정신세계사. 1987)
- J.O. Beahrs, J.J. Cannell & T.G. Gutheil. Delayed Traumatic Recall in Adults. Bulletin of the American Academy of Psychiatry & the Law. 1996
- J.P. McEvoy. 양자론. 김영사. 1999
- Jack Elias. Finding True Magic : Transpersonal Hypnotherapy and NLP. Five Wisdoms Publications. 1996
- Jeffrey Satinover. The Quantum Brain. John Wiley & Sons. 2001 (《퀀텀 브레인》. 시스테마. 2010)
- Jim Baggot. The Quantum Story. Oxford University Press. 2011
- Joel Whitton & Joe Whitton. Life between Life. Warner books. 1986
- John James. The Great Field. Library of Congress. 2007
- John Klimo. Channeling. Tarcher. 1987
- Larry Dossey. Recovering the Soul. Bantam Books. 1989
- Lynne McTaggart. Intention experiment. Free Press. 2007
- Martin Conway. Recovered Memories and False Memories. Oxford. 1997
- Mary Ann Winkowski. When Ghosts Speak. Grand Central Publishing. 2007 (《어스 바운드》. 900. 2011)

- Melvin Morse. Closer to the light. Ivy Books. 1990

- Michael Talbot. Holographic Universe. Harper Collins. 1991(《홀로그램 우주》. 정신세계사. 1999)

- Moshe Torem. Hypnosis and it's clinical applications in Psychiatry and Medicine. Ryandic Publishing. 1992

- Norman Doige. The Brain that changes itself. Penguin Books. 2007

- Peter Bloom. Clinical Guidelines in Using Hypnosis in Uncovering Memories of Sexual Abuse. *International journal of Clinical and Experimental Hypnosis*. 1994

- Rabia Lynn Clark. Past life therapy. Rising Star Press. 1995

- Raymond Moody. Coming back. Bantam Books. 1991

- —————————. Life after life. Bantam books. 1975

- Robert Almeder. Death and Personal survival. Rowman & Littlefield Publishers. 1992

- Robert Smith. Edgar Cayce. Warner books. 1989

- Scheflin & Brown. Repressed Memory or Dissociative Amnesia. *Journal of Psychiatry & the Law*. 1996

- Seymour Boorstein. Transpersonal Psychotherapy. State University of New York Press. 1996

- Shakuntara Modi. Remarkable Healing. Hampton Roads. 1997

- Sheehan. Recovered Memories. *Australian Journal of Clinical and Experimental Hypnosis*. 1997

- Stanislav Grof. The Cosmic Game. SUNY, 1998(《코스믹 게임. 정신세계사》. 2008)

- —————————. When the Impossible happens. Sounds True Inc. 2006(《환각과 우연을 넘어서》. 정신세계사. 2007)

- T. Oesterreich. Possession and Exorcism. 1974

- Ursula Markham. Hypnosis Regression Therapy. London: Judy Platkus. 1991

- Vadim Zeeland. Reality Transurfing. Ves Publishing Group, Russia. 2004

- William Arntz etc. What the Blip does we know?. Health Communications Inc. 2004

- William Baldwin. Spirit Releasement Therapy. Headline Books. 1992

- William Joseph Bray. Quantum Physics, Near Death Experiences, Eternal Consciousness, Religion, and the Human Soul. 2011

- Winafred Lucas. Regression Therapy Handbook. Crest Park. 1993

양자물리학적 정신치료, 빙의는 없다

개정판 1쇄 발행 | 2020년 11월 27일
개정판 2쇄 발행 | 2022년 4월 11일

지은이 | 김영우
펴낸이 | 강효림

편 집 | 곽도경
표지디자인 | 봄바람
내지디자인 | 채지연
마케팅 | 김용우

용지 | 한서지업(주)
제작 | 한영문화사

펴낸곳 | 도서출판 전나무숲 檜林
출판등록 | 1994년 7월 15일·제10-1008호
주소 | 03961 서울시 마포구 방울내로 75, 2층
전화 | 02-322-7128
팩스 | 02-325-0944
홈페이지 | www.firforest.co.kr
이메일 | forest@firforest.co.kr

ISBN | 979-11-88544-57-8 (03400)